大学物理实验

（第2版）

姜友嫦　舒纯军　许　刚　主编

西南交通大学出版社

·成　都·

图书在版编目（CIP）数据

大学物理实验 / 姜友嫦，舒纯军，许刚主编. —2版. 成都：西南交通大学出版社，2016.8（2020.1 重印）
ISBN 978-7-5643-4959-2

Ⅰ. ①大… Ⅱ. ①姜… ②舒… ③许… Ⅲ. ①物理学－实验－高等学校－教材 Ⅳ. ①04-33

中国版本图书馆 CIP 数据核字（2016）第 200759 号

大学物理实验
（第 2 版）
姜友嫦　舒纯军　许　刚　主编
*
责任编辑　张　波
封面设计　何东琳设计工作室
西南交通大学出版社出版发行
四川省成都市二环路北一段 111 号　西南交通大学创新大厦 21 楼
邮政编码: 610031　发行部电话: 028-87600564
http: //www.xnjdcbs.com
成都中永印务有限责任公司印刷
*
成品尺寸: 185 mm × 260 mm　　印张: 13
字数: 326 千字
2016 年 8 月第 2 版　　2020 年 1 月第 9 次印刷
ISBN 978-7-5643-4959-2
定价: 28.00 元

再版前言

本教材第一版，于 2009 年出版。自出版以来，受到我校师生广泛的好评。在此期间，学校的部分物理实验设备进行了更新，同时，参与实验的教师和学生对本教材提出了一些建议和意见。根据以上情况，决定对本教材进行再版。本次再版，保留了初版的体系、风格、特色，并根据实验设备现状以及师生的意见和建议，对部分内容进行了修订更新。同时，对个别疏漏进行了修正。

本次再版由姜友嫦、舒纯军具体负责。

希望广大师生在使用过程中提出建议和意见，以便本教材不断完善。

编　者

2016 年 8 月

前　言

大学物理实验是理工科学生进入大学后较早学习到的一门系统全面的实验课程，是学生实际技能训练的开端。进入 21 世纪以来，随着实验教学改革的不断深入，大学物理实验课程在实验技术、实验内容等方面都在不断地更新变化。为了提高学生的科学素质，培养学生的创新能力，大学物理实验教学既要使学生得到基本的实验技能训练，又要使学生在综合能力方面得到提高。这就要求大学物理实验的教学内容必须兼顾基础、综合、近代物理以及工程技术等方面。

本书是根据全国工科物理实验课程指导委员会制定的《高等工科院校物理实验课程基本要求》，结合我校专业特点和实验室仪器设备情况，在使用多年的大学物理实验讲义基础上，经过大量修改编写而成的。力求做到实验原理简明扼要、实验公式推导完整、实验方法清晰合理、数据处理要求规范。全书分为 5 章，共 58 个实验。第 1 章介绍了误差、有效数字和数据处理的基本知识，第 2 章是力学实验，第 3 章是热学实验，第 4 章是光学实验，第 5 章是电学实验。

本书是集体智慧与劳动的结晶，由主编姜友嫦、谢小维提出主导性意见并立项探索，由主编许刚策划并统筹安排，参编老师苟现奎、廖京川积极参与、充分讨论、分工撰写、反复推敲而完成。其中第 2 章力学实验 1 ~ 17、第 5 章电学实验 42 ~ 50 由姜友嫦编写，第 5 章电学实验 51 ~ 58、第 4 章光学实验 36 ~ 41 由许刚编写，第 1 章误差、有效数字和数据处理的基本知识、第 3 章热学实验 18 ~ 28 由苟现奎编写，第 4 章光学实验 29 ~ 35 由廖京川编写。

实验教学是一项集体工作，从实验内容的确定、实验项目的建设、实验讲义的编写，到实验教学的完成，都是从事实验教学的教师和实验技术人员共同劳动的成果。感谢我院物理学基础实验教学中心以及大学物理教研室各位同仁的热情鼓励，感谢重庆三峡学院教务处、教材科以及西南交通大学出版社的大力支持。本书编写过程中参阅了其他相关的教材和仪器厂家的说明书，在此表示感谢。

由于编者水平所限，书中疏漏、不足之处在所难免，恳请读者批评指正，以便再版时修正。

编　者

2009 年 4 月

目　录

第一章　误差、有效数字和数据处理

第一节　测量误差的基本概念

一、测量误差

进行物理实验，不仅要观察物理现象、定性地研究物体变化规律，而且要定量地测量所观察物体的量值（量值是指用数和适当的单位表示的量，如 2.30 m、15.5 kg 等）。通过测量可以认识物理现象的内在关系，揭示物理过程的本质。所谓测量，就是把待测的物理量与一个被选做标准的同类物理量进行比较，以确定它是标准量的多少倍。这个标准量称为物理量的单位，这个倍数称为待测物理量的数值。一个物理量必须由数值和单位组成。本书使用国际单位制。

1. 直接测量和间接测量

测量可以分为直接测量和间接测量两类。凡是能以量具、仪器的刻度直接测得待测量的大小的测量，叫做直接测量。但是大多数物理量都没有直接测量的仪器，需要进行间接测量。所谓间接测量，就是先经过直接测量得到一些量值，然后再通过一定的数学公式计算，才能得出所求结果的测量。

2. 测量误差

任何物理量在一定条件下都客观地存在一个唯一确定的值，这个值称为真值。但是，由于实验条件、测量方法、测量仪器和测量者自身判断等原因，任何测量都不是绝对准确的，所以测得数值与真值之间总存在着差异。我们把所得测量值与真值之差定义为测量值的误差，用下式表示

$$\Delta x_i = x_i - x' \tag{1}$$

式中：x'为真值；x_i为第 i 次测量值；Δx_i为第 i 次测量误差。

产生误差的原因是多方面的，根据误差的性质及其产生原因，可将误差分为系统误差和偶然误差两大类。

（1）系统误差。

系统误差的特点是测量的结果总向某一定方向偏离，或按照一定的规律变化。产生系统误差有以下几个原因：仪器本身的缺陷、理论公式或测量方法的近似性、环境的改变（如测量过程中温度、压强的变化）、个人存在的不良测量习惯等。

由于系统误差的数值和符号（+、-）是定值或按某种规律变化，因此系统误差不能通

过多次测量来消除或减小。但是，如果能找出产生系统误差的原因，就能采取适当的方法来消除或减小它的影响，或对测量结果进行修正。因此，实验中一定要注意消除系统误差。

（2）偶然误差。

即使在测量过程中已减小或消除了系统误差，但在同一条件下对某一物理量进行多次测量，总存在差异，误差时大时小、时正时负。这种现象的产生是由于观察者受到感官的限制，或由于实验过程中受到周围条件无规则变化的影响，或由于测量对象自身的涨落，或由于其他不可预测的偶然因素所引起的。这样的误差称为偶然误差。对某一次测量来说，偶然误差的大小、符号都无法预先知道，完全出于偶然。但是当测量次数足够多时，偶然误差就具有明显的规律性，即偶然误差遵循统计规律。理论和实验都表明，大量的偶然误差均服从“正态分布”。偶然误差有如下特点：

① 绝对值相等的正负误差出现的几率相等。

② 绝对值小的误差出现的几率比绝对值大的误差出现的几率大。

③ 偶然误差的算术平均值随测量次数的增加而减小，当测量次数趋于无穷时，它趋于零。

④ 偶然误差存在一个“最大误差”，即误差的绝对值不超过某一限度。

由于偶然误差存在上述性质，我们可以用增加测量次数的方法来减小它。当测量次数足够多时，测量列的偶然误差趋于零，测量列的算术平均值就趋近于真值。

故在有限次测量中，我们应取测量列的算术平均值作为真值的估计值，或称之为最佳值。

二、直接测量的误差估算和测量结果的表示

1. 多次直接测量的误差及其表示

上面我们讲过，为了减小偶然误差，可以在同一条件下对同一物理量进行多次重复测量，用多次测量值的算术平均值作为被测量的最佳估计值。

设我们对某一物理量进行了 n 次测量，测量值分别为 $x_1, x_2, \cdots, x_n$。其算术平均值为

$$\overline{x}=\frac{1}{n}(x_1+x_2+\cdots+x_n)=\frac{1}{n}\sum_{i=1}^{n}x_i \qquad (2)$$

由上所述，$\overline{x}$ 为该物理量的最佳值。那么，各次测量值与 $\overline{x}$ 的偏差，就近似为各测量值与真值的误差。在一般的讨论中，我们不去严格区分“偏差”和“误差”。

在物理实验中，多次测量的误差常用算术平均绝对偏差和标准偏差来表示。

（1）算术平均绝对偏差。

在多次测量中，每次测量值与算术平均值的偏差的绝对值为

$$\Delta x_1=|x_1-\overline{x}|,\ \Delta x_2=|x_2-\overline{x}|,\ \cdots,\ \Delta x_n=|x_n-\overline{x}|$$

则算术平均绝对偏差定义为

$$\overline{\Delta x}=\frac{1}{n}(|\Delta x_1|+|\Delta x_2|+\cdots+|\Delta x_n|)=\frac{1}{n}\sum_{i=1}^{n}|\Delta x_i| \qquad (3)$$

测量结果可表示为

$$x=\overline{x}\pm\overline{\Delta x} \tag{4}$$

式（4）为测量结果的算术平均绝对偏差表示方式。它表明被测量值 x 的最佳估计值是 $\overline{x}$，测量值在 $(\overline{x}-\overline{\Delta x})$ 到 $(\overline{x}+\overline{\Delta x})$ 区间内包含真值的可能性最大。这是一种粗略的估算。

（2）标准偏差（又称方均根偏差）。

偶然误差最通常的表示方式为标准偏差。当测量次数足够多时，标准偏差的定义为

$$\sigma=\sqrt{\frac{1}{n}\sum_{i=1}^{n}(x_i-\overline{x})^2} \tag{5}$$

当测量次数有限时，标准偏差可表示为

$$\sigma_x=\sqrt{\frac{1}{n-1}\sum_{i=1}^{n}\left(x_i-\overline{x}\right)^2} \tag{6}$$

又称为样本标准差。由于实验中测量次数都是有限的，我们常用式（6）估算测量值的偶然误差。应当指出，式（6）是在某列测量中某一次测量结果的标准偏差。

如果进行多组重复测量，则每一组所得的算术平均值也存在误差。误差理论表明，n 次测量的算术平均值的标准偏差为 σ_x 的 $\frac{1}{\sqrt{n}}$ 倍。即

$$\sigma_{\overline{x}}=\frac{\sigma_x}{\sqrt{n}}=\sqrt{\frac{1}{n\left(n-1\right)}\sum_{i=1}^{n}\left(x_i-\overline{x}\right)^2} \tag{7}$$

$\sigma_{\overline{x}}$ 称为样本平均值的标准偏差（或简称为标准偏差）。

当偶然误差用标准偏差来表示时，对某一次测量结果可写成

$$x=\overline{x}\pm\sigma_x \tag{8}$$

对 n 次测量结果的平均值，可写成

$$x=\overline{x}\pm\sigma_{\overline{x}} \tag{9}$$

标准偏差的大小，表示了在一列多次测量数据中各个数据之间的离散程度，它是对这组测量数据可靠性的一种评价。标准偏差小，说明绝对值小的误差占优势，正态分布曲线尖锐，测量列的离散性小，测量的精密度高。从偶然误差的正态分布规律可以证明，对 x 的任何一次测量值的误差介于 $[-\sigma_x,\ +\sigma_x]$ 的几率为 68.3%。

由式（7）可知，增加测量次数对于提高测量的精密度是有利的。但我们注意到 $\sigma_{\overline{x}}$ 的下降速度比 n 的增长速度慢得多。因此测量次数应根据实际情况而定，并不是越多越好。测量次数太多，有时会出现“漂移”现象。“漂移”指的是计量仪器特性及所测对象随时间而变化的现象。在物理实验中，根据被测量对象的具体情况一般进行 5 ~ 10 次测量即可。测量次数取得过少，则测量数据将严重偏离正态分布。

2. 单次测量的误差及其表示

有些物理实验是在动态下测量的，不允许重复多次测量；有些实验的精密度要求不高；有些是间接测量，某一个物理量对结果影响不大，在这些情况下，对被测量可以只进行一次

测量。单次测量的误差估计，一般总是估计误差的最大值。误差最大值的估计比较复杂，有各种方法。如果要求不高或不需要很精确时，常取仪器最小分度 d 的一半来表示。其测量结果为

$$x = x_{测} \pm \frac{d}{2} \tag{10}$$

对于标出精度等级的仪器和仪表，可用仪器误差作为单次测量误差，表示为

$$x = x_{测} \pm \Delta x_{仪} \tag{11}$$

仪器误差一般在仪器上或说明书上标明。例如，50 分度游标尺的 $\Delta x_{仪} = 0.02\ \text{mm}$，螺旋测微器上的 $\Delta x_{仪} = 0.004\ \text{mm}$，电学仪表的 $\Delta x_{仪} =$ 量程 × 精度等级%。

有可能会遇到这种情况：在多次测量中，经过计算得到的偶然误差很小，甚至趋近于零。从简单化问题而又不失其合理性考虑，这时仍可取仪器误差作为测量结果的最大误差。

3. 相对误差

上述算术平均绝对偏差 $\overline{\Delta x}$ 和标准偏差 $\sigma_{\bar{x}}$，均是以绝对误差的形式表示测量值的误差。但有时为了全面评价测量的优劣，还需要考虑被测量自身的大小。为此，需引入相对误差的概念。相对误差的定义为

$$E_x = \frac{\Delta x}{x} \times 100\% \tag{12}$$

当 Δx 用算术平均绝对偏差或标准偏差来表示时，相对误差分别为

$$E_x = \frac{\overline{\Delta x}}{\bar{x}} \times 100\%, \quad E_x = \frac{\sigma_{\bar{x}}}{\bar{x}} \times 100\%$$

一般来说，在对同一物理量的测量中，相对误差小的精密度高。

由式（12）可见，相对误差与绝对误差的关系为

$$\Delta x = E_x \bar{x} \tag{13}$$

当被测量值有公认理论值或标准值时，在数据的处理中，还常常把测量值与理论值或标准值进行比较，并用相对误差来表示

$$E_x = \frac{\left|\text{测量值} - \text{理论值(或标准值)}\right|}{\text{理论值(或标准值)}} \times 100\% \tag{14}$$

三、间接测量误差的估算

间接测量值的最佳值，是把各直接测量列中的最佳值代入相对应的函数关系式进行计算而得到的。由于各直接测量值都存在误差，因此间接测量值也必然有一定的误差。这种由直接测量值的误差影响到间接测量值误差的现象，称为误差的传播。所传播的误差与直接测量值误差的大小以及函数关系式的具体形式有关。下面简要介绍算术平均绝对偏差和标准偏差的传播。

1. 算术平均绝对偏差的传播

设间接测量值 N 与各独立的直接测量值 x，y，z，…有下列函数关系

$$N = f(x, y, z, \cdots) \tag{15}$$

用算术平均绝对偏差（通常把算术平均误差看成最大误差）表示各个独立的直接测量值为

$$x = \overline{x} \pm \overline{\Delta x}\,,\quad y = \overline{y} + \overline{\Delta y}\,,\quad z = \overline{z} \pm \overline{\Delta z},\ \cdots$$

则间接测量值可表示为

$$N = \overline{N} \pm \Delta N \tag{16}$$

式中：$\overline{N}$ 是把各个直接测量的最佳值 $\overline{x}, \overline{y}, \overline{z}, \cdots$ 代入式（15）求出来的值；ΔN 的计算式导出如下：

对式（15）求全微分，得

$$\mathrm{d}N = \frac{\partial f}{\partial x}\mathrm{d}x + \frac{\partial f}{\partial y}\mathrm{d}y + \frac{\partial f}{\partial z}\mathrm{d}z + \cdots$$

式中：$\mathrm{d}x, \mathrm{d}y, \mathrm{d}z, \cdots$ 为 $x, y, z, \cdots$ 的微小变化量。由于误差都远小于测量值，我们可把 $\mathrm{d}x, \mathrm{d}y, \mathrm{d}z, \cdots, \mathrm{d}N$ 看做误差，并记以 $\Delta x, \Delta y, \Delta z, \cdots, \Delta N$，则绝对误差 ΔN 可表示为

$$\Delta N = \left|\frac{\partial f}{\partial x}\Delta x\right| + \left|\frac{\partial f}{\partial y}\Delta y\right| + \left|\frac{\partial f}{\partial z}\Delta z\right| + \cdots \tag{17}$$

式中取绝对值是考虑到误差最大的情况。为了计算间接测量值的相对误差，可对式（15）取对数，即

$$\ln N = \ln f(x, y, z, \cdots)$$

对上式求全微分，有

$$\frac{\mathrm{d}N}{N} = \frac{\partial \ln f}{\partial x}\mathrm{d}x + \frac{\partial \ln f}{\partial y}\mathrm{d}y + \frac{\partial \ln f}{\partial z}\mathrm{d}z + \cdots$$

把微分号改为误差号，取各项绝对值，求算术和，得到间接测量的相对误差为

$$E_N = \frac{\Delta N}{N} = \left|\frac{\partial \ln f}{\partial x}\Delta x\right| + \left|\frac{\partial \ln f}{\partial y}\Delta y\right| + \left|\frac{\partial \ln f}{\partial z}\Delta z\right| + \cdots \tag{18}$$

由式（17）和式（18）可见，对于加减运算的函数式，可通过直接求全微分的方法求得绝对误差；对于乘除运算的函数式，可用先取对数后求全微分的方法求得相对误差 $\dfrac{\Delta N}{N}$，再用 $\Delta N = E_N \overline{N}$ 的方法求得绝对误差。

2. 标准偏差的传播

上述算术平均绝对偏差的传播的计算，是在考虑各直接测量误差同时出现最坏的情况下，即取各直接测量误差的绝对值相加得到的。实际上测量中出现这种情况的几率是很小的，这

样做往往夸大了间接测量误差。为了更真实地反映各直接测量误差对间接测量误差的贡献，我们常用标准偏差的传播公式。

可以严格证明，对某间接测量值 $N=f(x, y, z, \cdots)$，标准偏差的传播公式为

$$\sigma_N=\sqrt{\left(\frac{\partial f}{\partial x}\right)^2\sigma_x^2+\left(\frac{\partial f}{\partial y}\right)^2\sigma_y^2+\left(\frac{\partial f}{\partial z}\right)^2\sigma_z^2+\cdots} \tag{19}$$

其相对误差的传播公式为

$$E_N=\frac{\sigma_N}{N}=\sqrt{\left(\frac{\partial f}{\partial x}\right)^2\left(\frac{\sigma_x}{f}\right)^2+\left(\frac{\partial f}{\partial y}\right)^2\left(\frac{\sigma_y}{f}\right)^2+\left(\frac{\partial f}{\partial z}\right)^2\left(\frac{\sigma_z}{f}\right)^2+\cdots} \tag{20}$$

第二节　有效数字及其运算

如第一节所述，任何实验的测量结果都存有误差。那么，当我们直接读取待测量的数值时，应取几位有效数字呢？在间接测量中，计算间接测量值时，又应取多少位有效数字呢？这些都是不能随意决定的，必须按照有效数字及其运算的法则来确定。有效数字及其运算法则对于物理实验，乃至将来从事的科学实验都非常重要，必须很好地掌握。

一、直接测量的有效数字

用量具或仪器直接读取测量值时所得的数值，都含有准确数字和可疑数字两部分。在直接读数时，我们必须在仪器的最小刻度后估读一位，即读数总是由准确数字与最后一位可疑数字组成。准确数字与最后一位可疑数字合称为有效数字。下面对有效数字作几点说明：

① 测量同一物理量时，有效数字的位数与所用测量仪器的精度有关。仪器精度愈高，有效数字的位数愈多。

② 有效数字的位数与测量方法有关。

③ 出现在数值中间的“0”与末尾的“0”均为有效数字。

④ 当进行十进制单位变换时，有效数字与小数点的位置无关。注意，数值前面的“0”不是有效数字。对于特大或特小的数值，一般应该用科学记数法，即用有效数字乘 10 的幂指数的形式表达，如 1.264×10^{-4} km, 2.67×10^{5} m 等。一般小数点前只取一位数字，幂指数（如 10^{-4}）不是有效数字。如果用国际单位词头表示测量结果，习惯上不用科学记数法。例如，用 1.2 μs，而不用 1.2×10^{-6} s；用 1.3 kΩ，而不用 1.3×10^{3} Ω。

⑤ 常数不算有效数字。

⑥ 由于有效数字反映了仪器的精度，最末位的可疑数字是有误差的。因此，任何测量结果应截取的有效数字位数是由绝对误差决定的，有效数字的最末位应与误差（只取一位）所在位对齐。

⑦ 有效数字的位数越多，相对误差越少。

二、有效数字的运算

在计算间接测量的结果时，参与运算的各直接测量值的分量可能很多，有效数字也不一定相同，运算可能相当烦琐。怎样处理运算过程中的有效数字，使之尽快获得正确的结果，而且又不至于引进新的“误差”呢？下面介绍一些运算方法。

总的原则是：由误差决定测量结果应截取有效数字的位数；运算过程的中间数据，可以保留一位或两位可疑数字，最后结果只能按尾数舍入法保留一位可疑数字。尾数舍入法是：小于 5 则舍；大于 5 则入；等于 5，则把尾数凑成偶数。

1. 有效数字的加减

① $25.\underline{3}+4.2\underline{4}=29.\underline{54}=29.\underline{5}$

② $37.\underline{9}-5.6\underline{2}=32.\underline{28}=32.\underline{3}$

③ $71.\underline{4}+0.75\underline{3}=72.\underline{153}=72.\underline{2}$

结论：几个数相加减，其和（或差）在小数点后所保留的位数，跟参与运算的诸数中小数点后位数最少的一个相同。

为了简化运算，也可以小数点后位数最少的数为准，把其余各数用尾数舍入法舍去多余的位数（或保留多一位），再进行运算。

2. 有效数字的乘除

① $52\underline{8}\underline{\div}12\underline{1}=4.\underline{364}=4.3\underline{6}$

② $3.8\underline{5}\underline{\times}9.7\underline{3}=37.\underline{46}=37.\underline{5}$

③ $39.\underline{3}\underline{\times}4.08\underline{4}=16\underline{0}.\underline{5}=16\underline{0}$

结论：几个数相乘除，所得结果的有效数字位数，一般与诸数中有效数字位数最少的一个相同，有时也可多一位或少一位。

为了简化运算，也可以有效数字位数最少的因子为基准，把其他因子的位数用舍入法舍去多余的位数（或保留多一位），再进行运算。

3. 乘方与开方

某数的乘方（或开方）的有效数字位数，应与其底数相同。

例如，$25.2\underline{5}^2=637.\underline{6}$, $\sqrt{19.38}=4.40\underline{2}$。

以上结论虽不十分严密，但都是可行的。最恰当的方法是先算出绝对误差，由此定出可疑数字所在位，最后再确定测量的有效数字。

第三节　数据处理的基本方法

在物理实验中，为了使实验结果能清楚明了地表达出来，需对数据进行处理。处理数据的常用方法有列表法、图示法、逐差法和最小二乘法等。这些方法在科学实验中经常用到，希望能掌握。

一、列表法

在记录数据和处理数据时，为了清楚明确地表示相关物理量的关系，常将数据或处理数据的结果列成表格。这样可以及时发现和分析所测数据是否合理，运算是否正确，并有助于找出各物理量间的规律，得出正确的结论。

列表应该简单明了，使之能看出有关量之间的关系，并便于数据处理。一般的要求是：

① 必须有表题，说明是什么量的关系表。

② 必须注明表中各符号所表示的物理量名称，并写明单位。如果各栏物理量不同，单位应写在标题栏内。

③ 表中的数据要正确反映测量值的有效数字。

④ 必要时可对某一项目加以说明。

二、作图法

为了能直观地表达所测物理量之间的关系，找出它们的变化规律，物理实验所得出的一系列数据，通常都用作图法进行研究。作图法是求经验公式的常用方法之一，也是物理实验中处理数据的常用方法。作出一张正确、实用、美观的图，是实验技能中的基本功。

1. 作图规则

作图前，先要将记录的有关数据列表，然后再按下列要求进行。

（1）选用合适的坐标纸。

常用的作图坐标纸有直角坐标纸、单对数坐标纸和双对数坐标纸等。可以根据具体情况选用适合的坐标纸。在物理实验中常用直角坐标纸。

（2）确定坐标轴。

通常以横坐标表示自变量，以纵坐标表示因变量。画坐标轴时，要标明坐标轴的方向以及所表示的物理量和单位。

（3）确定坐标轴的标度。

选取坐标轴标度时要注意使用测量数据的可靠数字，即最末位可靠数字应与坐标纸中最小分格对应，当然也可以适当扩大一些，可疑数字在图中应是估计的。为了使所作的图线比较对称地充满坐标纸，坐标轴的起点不一定从零开始。同时坐标轴的比例要适当，一般取 1，2，5 等比例，不取 3，7，9 等。选好比例后，在坐标轴上每隔一定间距标明该物理量的数值（注意：标明有效数字！）。

（4）标数据点。

根据测量数据，在坐标纸上找出两个相关数据构成的数据点，并在其对应位置上用削尖的铅笔画上“+”号。“+”号的交叉点应是数据的最佳值点，交叉点到“+”号端点的距离应为该点数据的误差大小。如果一张坐标纸上要画几条曲线，每条曲线的数据点可用不同的标记，如“×”“⊗”“△”等，予以区别。各种符号的交叉点或中心应对应数据的最佳值点。

（5）连线。

用透明直尺、曲线板等作图工具，把数据点连成光滑的直线或曲线（校准曲线可连成折线，除此之外，一般不连成折线）。连直线时，需反复移动直尺，使直线各段两侧分布的数据点大致相等，而且与直线的距离也大致相同。连曲线时，应使各数据点差不多都在曲线的边缘附近。一般采用“连四画三”的方法，即分段选用四个点，使每个点都差不多与曲线板某段曲线吻合，画出中间三点的连线，然后移到下一段，用同样的方法继续画。注意，连线时应保证各段曲线光滑、连贯。

（6）图注或说明。

有时要标明图线名称或当时所处的温度、压强和湿度等。

2. 图解法求图线参数

对已作出的图线，用解析的方法可求得图线的一些参数或图线的方程。

（1）求直线的斜率和截距。

如果图线是直线，则由解析几何可知，它满足 $y=kx+b$。在直线上取两点（为减小相对误差，这两点相距要尽量远些，但不取原始实验数据点）。把两点坐标代入直线方程，解得直线斜率为

$$k=\frac{y_2-y_1}{x_2-x_1} \tag{21}$$

k 的单位由 x，y 的单位决定。

如果横坐标起点为零，则截距 b 的数值可由图中直线读出。如果横坐标起点不为零，则截距 b 的数值为

$$b=\frac{x_2y_1-x_1y_2}{x_2-x_1} \tag{22}$$

（2）外推法。

求出直线的斜率后，我们还可以用“外推法”求得测量范围外的数据点。所谓“外推法”就是把图线向外延伸，对应于某一自变量 x 值，求得函数 y 值的方法。例如，测量电阻温度系数时，可以把直线延长外推而求得 0 °C 时的电阻 R_0。应该注意的是，使用“外推法”时，必须假定物理关系在外延范围内也是成立的。

3. 函数关系的线性化和曲线改直

在实验中，许多物理量之间的关系都不是线性的，但经过适当的变换，可以使函数具有线性关系，这种方法称为函数关系的线性化。如果原来的函数关系是用曲线表示的，则函数关系线性化后，可以用直线来表示，这称为“曲线改直”。现举例如下：

（1）$y=ax^b$，其中 a，b 均为常数，两边取对数，得

$$\lg y=\lg a+b\lg x$$

若以 $\lg x$ 为自变量，$\lg y$ 为函数（或因变量），则得到斜率为 b，截距为 $\lg a$ 的直线。

（2）$y^2=2px$，其中 p 为常数，把上式改写为

$$y=\pm\sqrt{2px}$$

则自变量为 $\sqrt{x}$，函数为 y，斜率为 $\pm\sqrt{2p}$。

（3）$pV=C$，其中 C 为常数，把上式改写为

$$p = C\frac{1}{V}$$

则 p 为 $\frac{1}{V}$ 的线性函数。

4. 用对数坐标纸作图

常用的对数坐标纸有双对数坐标纸和单对数坐标纸。对数坐标纸的尺度与所标数的对数值成正比。对数坐标纸的每一级（一组 1，2，3，…，10）对应一个数量级。

三、逐差法

逐差法是物理实验中经常使用的一种处理数据的方法。设有 $x_0, x_1, x_2, \cdots, x_n$ 共（$n+1$）个测量数据，用逐差法处理这些数据时，把它们对半分成两组，对应项相减，再求平均值和误差。

例如，设有 $x_0, x_1, x_2, \cdots, x_7$ 共 8 个数据，把它们对半分成两组，则对应项的差值为

$$\delta_1 = x_4 - x_0,\ \delta_2 = x_5 - x_1,\ \delta_3 = x_6 - x_2,\ \delta_4 = x_7 - x_3$$

再求平均值

$$\overline{\delta} = \frac{1}{n}\sum_{i=1}^{4}\delta_i = \frac{\delta_1 + \delta_2 + \delta_3 + \delta_4}{n}$$

和算术平均绝对偏差

$$\Delta\overline{\delta} = \frac{1}{n}\sum_{i=1}^{4}\left|\delta_i - \overline{\delta}\right|$$

实际上，这样处理的结果是达到了在大量数据中求平均，以减少误差的目的。

当然，按理也可采用相邻项逐差的方法（逐项逐差），再求其平均值和误差。例如，对上例进行逐项逐差，求平均值为

$$\overline{\delta} = \frac{1}{7}\Big[\left(x_1 - x_0\right) + \left(x_2 - x_1\right) + \left(x_3 - x_2\right) + \left(x_4 - x_3\right) + \left(x_5 - x_4\right) +$$

$$\left(x_6 - x_5\right) + \left(x_7 - x_6\right)\Big] = \frac{1}{7}\left(x_7 - x_0\right)$$

即实际上只有首项和末项起作用。如果这两个数据误差较大，势必影响测量结果。所以，使用逐差法处理数据，一般是采用隔多项逐差的方法。

四、最小二乘法

用作图法虽然可以求得函数间的关系，但具有较大的任意性。如果我们能从实验数据直接求得经验公式，就更为明确。这种从实验数据直接求得经验公式的方法，称为方程回归法。为简单起见，这里只介绍一元函数线性回归。

设物理量 x，y 具有线性关系，其测量值（等精度）为

$$x = x_1, x_2, \cdots, x_n$$
$$y = y_1, y_2, \cdots, y_n$$

这些数据一一对应，具有

$$y = ax + b$$

函数关系。现要从 n 组实验数据中求得系数 a，b，可确定出一条直线，如图 0.1 所示。假定直线 AB 为所求，则在这条直线上对应于测量值 x_i 点，就有一点 $y_i' = ax_i + b$ 与之对应，而在实验中与之对应的测量值为 y_i。一般来说，y_i' 与 y_i 存在偏差。设偏差为

$$e_i = y_i - y_i' = y_i - (ax_i + b)$$

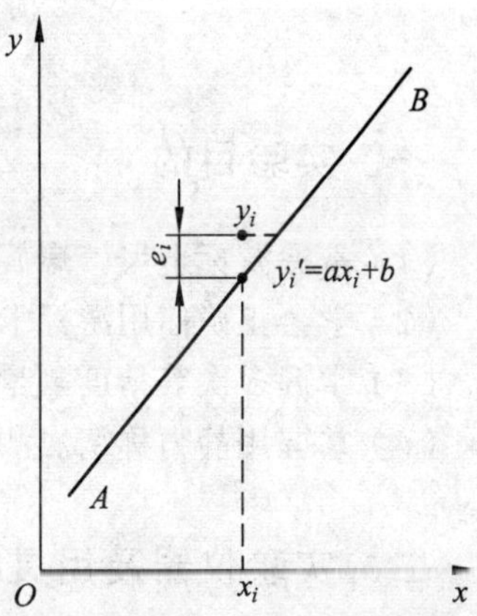

图 0.1 最小二乘法确定直线

对应于任意点，e_i 的大小、符号不尽相同。但是，如果我们选取的点与实验点 y_i' 与 y_i 都尽量接近，则这条直线就为所求。根据最小二乘法原理，通过一批点的最佳直线是使 $\sum_{i=1}^{n} e_i^2$ 最小的直线。

由数学分析可知，要使 $\sum_{i=1}^{n} e_i^2$ 最小，必须令

$$\frac{\partial \sum_{i=1}^{n} e_i^2}{\partial a} = \frac{\partial \sum_{i=1}^{n} \left[y_i - (ax_i + b) \right]^2}{\partial a} = 0$$

$$\frac{\partial \sum_{i=1}^{n} e_i^2}{\partial b} = \frac{\partial \sum_{i=1}^{n} \left[y_i - (ax_i + b) \right]^2}{\partial b} = 0$$

联立解上两式，得

$$a = \frac{n\sum (x_i y_i) - \sum x_i \sum y_i}{n\sum x_i^2 - \left(\sum x_i\right)^2} \tag{23}$$

$$b = \frac{\sum x_i^2 \sum y_i - \sum x_i \sum (x_i y_i)}{n\sum x_i^2 - \left(\sum x_i\right)^2} \tag{24}$$

求出系数 a，b，则方程 $y = ax + b$ 可求。

由上述方法从一组实验数据中拟合直线，在理论上比较严格，函数形式也是唯一的，但计算量很大，常用计算机来进行。

第二章　力学实验

实验 1　力学基本仪器的使用

一、实验目的

（1）掌握游标卡尺、螺旋测微器、物理天平的原理；

（2）学会正确使用游标卡尺、螺旋测微器及物理天平；

（3）掌握多次等精度测量误差的估算方法与有效数字的基本运算；

（4）掌握用静力称衡法测定物体的密度。

二、实验仪器及用具

游标卡尺、螺旋测微器、物理天平、待测物。

三、实验原理

1. 游标卡尺

由主尺、副尺（游标）组成。游标上 n 个刻度总长与主尺上（$n-1$）个刻度的总长相等，设主尺每个刻度长度为 y，游标上每个刻度的长度为 x，则 $nx=(n-1)y$，$x=\dfrac{n-1}{n}y$，由此可求出主尺分度值和游标的分度值之差：$\delta=y-x=\dfrac{y}{n}$，差值 δ 是游标卡尺能读准的最小数值——分度值。

游标卡尺的读数方法：测量某物体的长度时，先读出游标零刻度线刚越过的那条主尺刻度的值 L_0，再判断游标上第几条刻度线（如第 k 条）与主尺某一刻度线对得最齐，则主尺上的估读部分 ΔL 等于 k 乘游标卡尺的最小分度值（一般标在游标卡尺的副尺上），将 L_0 与 ΔL 相加即得待测长度 L 的测量值：$L=L_0+\Delta L=L_0+k\delta$。

游标卡尺不分精度等级，一般测量范围在 300 mm 以下的卡尺，取其最小分度值为仪器的示值误差。

2. 螺旋测微器

利用螺旋旋转推进的原理。

0 ~ 25 mm 的螺旋测微器：

测量杆前进 0.5 mm，微分套筒转一周，在微分套筒上有 50 个刻度，故分度值为 0.5 mm/50 =

0.01 mm。

测量时将开关扳开，旋转微分套筒使测量钻与测量杆分离到略大于待测物的长度，然后将待测面置于它们之间，轻轻转动棘轮旋柄至听到响声为止，此时测量杆、测量钻两平面刚好与待测物紧密接触。关上开关，这时在固定套管的标尺上和微分套筒锥面上的读数就是待测物的长度。读数时，应从标尺上读整数部分（读到 0.5 mm），从微分套筒上读小数部分（估计到最小刻度的 1/10，即 0.001 mm），然后两者相加。

由于制作等原因，仪器所指示的数值常常有误差，把这种误差称为示值误差。示值误差的大小与仪器的准确度等级有关。螺旋测微器的准确度等级分为 0 级，1 级，2 级。测量范围为 0 ~ 25 mm 的螺旋测微器，其示值误差：0 级为 ± 0.002 mm，1 级为 ± 0.004 mm，2 级为 ± 0.008 mm。通常实验室使用的仪器为 1 级。

3. 物理天平（图 1.1）

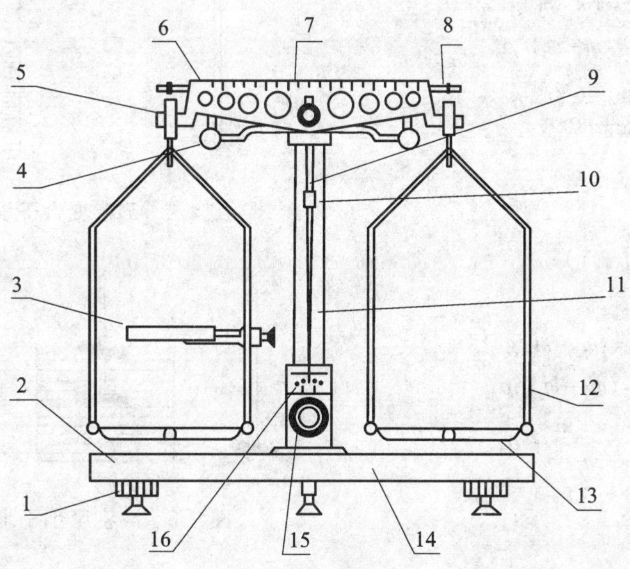

图 1.1　物理天平

1—水平螺钉；2—底板；3—托架；4—支架；5—吊耳；6—游码；7—横梁；8—平衡调节螺母；9—读数指针；10—感量调节器；11—中柱；12—盘梁；13—秤盘；14—水准器；15—开关旋钮；16—读数标牌

天平有两个重要的技术指标：

（1）称量（极限负载）：指允许称衡的最大质量。

（2）感量和灵敏度：感量是指天平指针偏转标尺上的 1 个分度格时，天平秤盘上应增加（或减少）的砝码值。感量的倒数称为天平的灵敏度。天平的仪器误差一般可取感量的一半。

天平的操作步骤：

（1）水平调节：调节底脚螺丝使水准仪器中的气泡居中。

（2）零点调节：将游码调至零刻线，秤盘吊钩挂在两端刀口上，缓慢转动制动旋钮支起横梁，观察指针是否平衡。当指针左、右摆幅的中心在标尺中心线位置，即可认为零点调好，否则应反方向转动制动旋钮使之处于制动位置，调节平衡调节螺母，再支起横梁，观察指针位置。如此反复调节，直至调好零点。

（3）称衡：左加物右加砝码，旋转制动旋钮观察指针是否平衡。如不平衡，则加减砝码或移动游码直至平衡。

（4）称衡或移动游码后，将制动旋钮放到制动处，降下刀承，使横梁固定不动，记录砝码质量和游码读数。将砝码放入砝码盒中，游码移到“0”刻线处。

4. 用静力称衡法测量固体、液体的密度

根据阿基米德定律 $F_{浮}=\rho_{水}V_{排}g$：

（1）固体。

① $\rho_{物}>\rho_{水}$（图 1.2）。

$$\rho_{水}V_{排}g=(m-m_1)g$$
$$V_{物}=V_{排}=(m-m_1)/\rho_{水}$$
$$\rho_{物}=\frac{m}{V_{物}}=\frac{m}{m-m_1}\rho_{水}$$

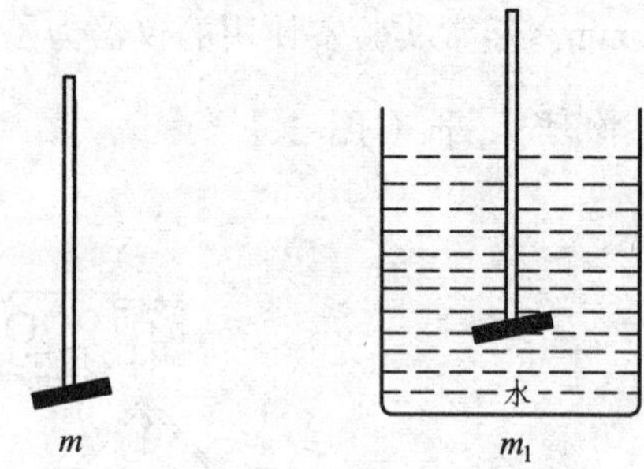

图 1.2　测密度大于水的固体密度

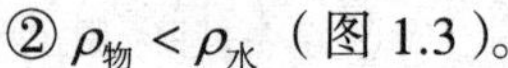

② $\rho_{物}<\rho_{水}$（图 1.3）。

$$\rho_{水}V_{排}g=(m_2-m_3)g$$
$$V_{物}=V_{排}=(m_2-m_3)/\rho_{水}$$
$$\rho_{物}=\frac{m}{V_{物}}=\frac{m}{m_2-m_3}\rho_{水}$$

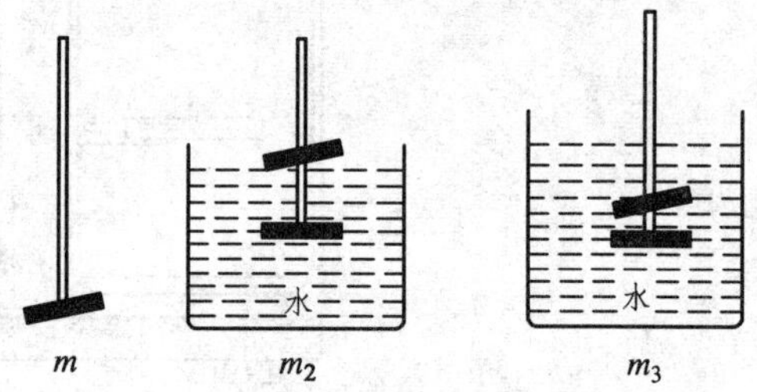

图 1.3　测密度小于水的固体密度

（2）液体（图 1.4）。

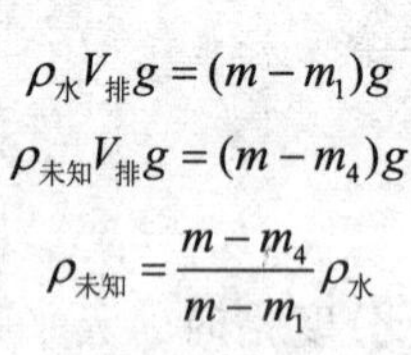

$$\rho_{水}V_{排}g=(m-m_1)g$$
$$\rho_{未知}V_{排}g=(m-m_4)g$$
$$\rho_{未知}=\frac{m-m_4}{m-m_1}\rho_{水}$$

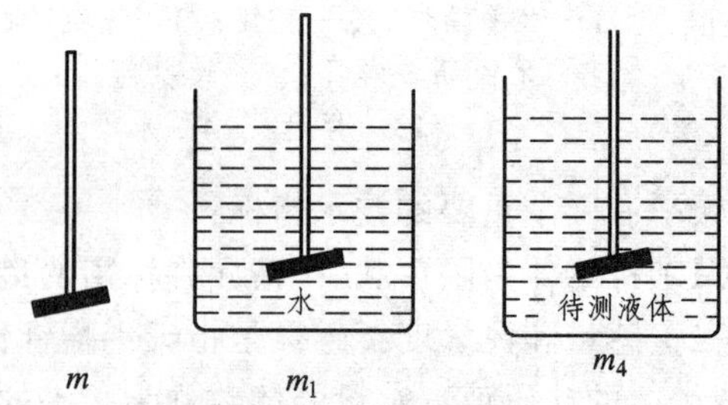

图 1.4　测未知液体密度

四、实验内容

1. 用游标卡尺测量圆柱体的高 H

确定分度值，检查零刻线是否对齐，如未对齐，读出零点偏差 ΔH_0，然后测 H（不同部

位）5 次，将测量结果填入表 1.1 中。

2. 用螺旋测微器测圆柱体的直径 D

弄清螺旋测微器的量程、精度和示值误差，并读出零点偏差 ΔD_0，然后在圆柱体的不同部位测量直径 5 次，将测量结果填入表 1.2 中。

3. 用天平测质量，计算密度

正确使用物理天平称圆柱体的质量 m，然后将圆柱体浸没水中，测质量 m_1，用两种方法计算密度。

五、数据记录及处理

表 1.1 用游标卡尺测圆柱体的高 H

游标卡尺：最小分度______mm，零点偏差 ΔH_0______mm，示值误差______

次数	1	2	3	4	5	平均值
读数 H'						
测量值 $H = H' - \Delta H_0$						$\bar{H}$
$\|\Delta H\|$						$\overline{\Delta H}$

表 1.2 用螺旋测微器测圆柱体的直径 D

量程_____，精度____，最小分度_____，零点偏差 ΔD_0_____，示值误差_____

次数	1	2	3	4	5	平均值
读数 D'						
测量值 $D = D' - \Delta D_0$						$\bar{D}$
$\|\Delta D\|$						$\overline{\Delta D}$

用天平测质量：

$t_{水}$ = ______，$\rho_{水}$ = ______，天平的感量 = ______，m = ______，m_1 = ______，

$\Delta m = \Delta m_{感量} + \Delta m_{砝码}$ = ______，$\Delta m_1 = \Delta m_{感量} + \Delta m_{1砝码}$ = ______

计算结果：

（1）$H = \bar{H} \pm \overline{\Delta H}$ = ____ ± _____，$H = \bar{H}(1 \pm \overline{\Delta H} / \bar{H} \times 100\%)$ = _____

（2）$D = \bar{D} \pm \overline{\Delta D}$ = ____ ± _____，$D = \bar{D}(1 \pm \overline{\Delta D} / \bar{D} \times 100\%)$ = _____

（3）① $\rho' = \dfrac{m}{V} = \dfrac{4m}{\pi \bar{D}^2 \bar{H}}$ = _____

$E = \dfrac{\Delta \rho}{\rho'} = \dfrac{\Delta m}{m} + \dfrac{2\overline{\Delta D}}{\bar{D}} + \dfrac{\overline{\Delta H}}{\bar{H}}$ = _____，$\Delta \rho = E \cdot \rho'$ = _____

$\rho = \rho' \pm \Delta \rho$ = ____ ± _____

② $\rho' = \dfrac{m}{m-m_1}\rho_{水} = $ _____

$$E = \frac{\Delta\rho}{\rho'} = \frac{\Delta m \cdot m_1}{m(m-m_1)} + \frac{\Delta m_1}{m-m_1} = \_\_\_\_\_\_,\quad \Delta\rho = E\cdot\rho' = \_\_\_\_\_$$

$$\rho = \rho' \pm \Delta\rho = \_\_\_\_ \pm \_\_\_\_$$

六、注意事项

（1）游标卡尺：测量前应检查游标的“0”刻线与主尺“0”刻线是否对齐，若未对齐，则有系统误差，应读出零点偏差，加以修正；推动游标时要先旋松紧固螺钉，推力不要过大；测量过程中不要弄伤内量爪的刀口、外量爪的钳口和量尺尖端；用完后应立即放回盒内，不能放在潮湿的地方。

（2）螺旋测微器：测量前应先检查零点读数（有正有负，读数时应注意）；测量钻和测量杆与被测物体之间的接触压力应当微小且恒定，因此，测量时必须利用棘轮旋柄；测量完毕，应使测量钻和测量杆间留出适当间歇，以避免因热膨胀而损坏螺纹。

（3）物理天平：被称物体的质量不能大于天平的量程，以免损坏刀口和压弯横梁；取放物体、砝码和移动游码或调节天平时，应在天平制动后进行，以免损坏刀口和其他部件；取放砝码时必须用镊子；每台天平均附有本台的秤盘和砝码，相互间不得混淆；天平的各部分以及砝码都需要防热、防锈、防蚀，高温物体、液体及有腐蚀性的化学药品不得直接放在盘内称量。

七、误差分析

八、实验总结

实验 2　牛顿第二运动定律的验证

在物理实验中，由于摩擦的存在，某些实验误差很大，采用气垫导轨装置后，由于气垫层的浮托作用，使物体运动时摩擦阻力大大减小，从而可在这些实验中进行较为精确的测量。

气垫技术在机械、电子、纺织、运输等工业生产中已得到广泛的应用，如气垫船、空气轴承、气垫运输等。

一、实验目的

（1）熟悉气垫导轨的构造，掌握其正确的调整和使用方法；

（2）熟悉用光电计时系统测量短暂时间的方法；

（3）学会测运动物体的速度和加速度；

（4）验证牛顿第二运动定律。

二、实验仪器及用具

气垫导轨、滑块、光电门、数字计时器、气源、配重、砝码及砝码盘、数字式电子天平。

三、实验原理

1. 瞬时速度的测量

一个作直线运动的物体，在 t 到 $t+\Delta t$ 时间内经过的位移为 Δx，则该物体在 Δt 时间内的平均速度为

$$\overline{v}=\Delta x/\Delta t$$

为了精确地描述物体的运动状态，将时间 Δt 无限减小，使之趋近于零，则瞬时速度

$$v=\lim_{\Delta t\to 0}\frac{\Delta x}{\Delta t}$$

在实验中，直接测量瞬时速度几乎是不可能的，因为在测量上存在困难。但在一定误差范围内，可取很小的时间间隔 Δt 及位移 Δx，用平均速度 $\Delta x/\Delta t$ 来近似地代替瞬时速度。

2. 加速度的测量

作匀加速直线运动的物体，加速度与速度、位移的关系为：

$${v_2}^2-{v_1}^2=2as \quad \Rightarrow \quad a=({v_2}^2-{v_1}^2)/2s$$

应用气垫导轨装置，可以测出滑块通过第一个光电门的初速度 v_1 和通过第二个光电门的末速度 v_2，再测出两光电门之间的距离 S，从而求出加速度 a。

3. 验证牛顿第二运动定律

如图 2.1，分别以 m_0 和 m_1 为研究对象，根据牛顿第二运动定律，可列出下列方程：

$$\begin{cases} m_0g-T=m_0a \\ T=m_1a \end{cases} \Rightarrow m_0g=(m_1+m_0)a$$

或

$$F=(m_1+m_0)a$$

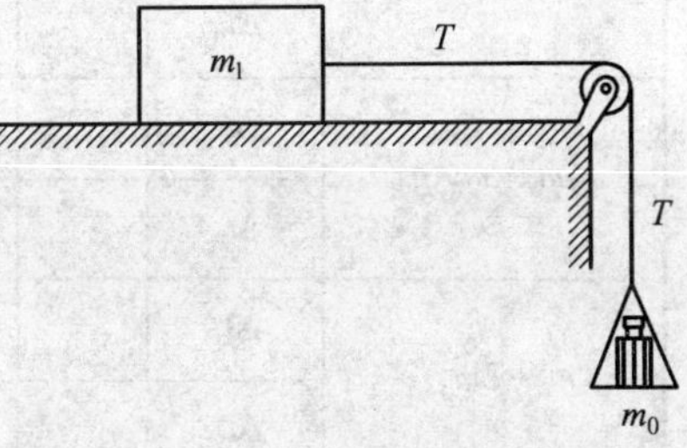

图 2.1　验证牛顿第二运动定律

在实验中，把 m_0 和 m_1 看成一个系统来研究，可以先保持系统的总质量不变，改变外力，测出相应的加速度，验证 a 与 F 成正比；然后保持外力不变，改变系统总质量，测相应的加速度，验证 a 与 m 成反比。在误差范围内若 $F_1/a_1=F_2/a_2=\cdots=m$，或 $m_1a_1=m_2a_2=\cdots=F$，则认为牛顿第二运动定律得到了验证。

四、实验内容

（1）仪器的调整：

① 将压缩空气送入气垫导轨，滑块放在导轨上，使滑块在导轨上自由滑动（注意：在送气前，严禁将滑块在导轨上移动，以免磨损导轨表面）。

② 调节光电计时系统，熟悉计时器的使用，使滑块能顺利通过光电门且都能记下时间。

③ 调节气垫导轨水平：两光电门相距 50.0 ~ 60.0 cm。

粗调：把滑块静止放在导轨中部，调节调平螺钉，使滑块基本保持静止。

细调：给滑块一个初速度（1 ~ 2 m·s^{-1}），观察它经过两个光电门的时间，使 Δt_1 和 Δt_2 相差不超过 5 ms，就认为导轨基本水平。

（2）用数字式电子天平测滑块质量 m_1，砝码盘质量 m'，砝码质量 m_0，配重质量 m_2 的大小。

（3）保持两光电门的距离（50 cm）和系统总质量不变（如何保持？），改变外力，测量 Δt_1 和 Δt_2，重复 5 次，用平均值计算 $\overline{v_1}$，$\overline{v_2}$ 和 a，作 a-F 图线，验证 a 与 F 成正比，或（$F_1/a_1 = F_2/a_2 = \cdots = m$）。

（4）保持外力不变，改变系统总质量，重复步骤（3），作 a-m 图线，验证 a 与 m 成反比，或（$m_1a_1 = m_2a_2 = \cdots = F$）。

五、数据记录及处理

（1）挡光前沿 ΔS = ______，h_1，h_2 光电门之间的距 S = ______

m_0 = ______，m' = ______，m_1 = ______，m_2 = ______

① 步骤（3）数据：$m = m_1 + m' + 4m_0$ = ________

公式：$\overline{v_1} = \Delta S / \overline{\Delta t_1}$　　$\overline{v_2} = \Delta S / \overline{\Delta t_2}$　　$a = (\overline{v_2}^2 - \overline{v_1}^2)/2S$

表 2.1　步骤（3）Δt_1，Δt_2 测量值

外力 \ 时间 \ 次数		1	2	3	4	5	$\overline{\Delta t}$/ms	$\overline{v}$ /m·s^{-1}	$\overline{a}$ /m·s^{-2}
$m'g$	Δt_1								
	Δt_2								
$(m'+m_0)g$	Δt_1								
	Δt_2								
$(m'+2m_0)g$	Δt_1								
	Δt_2								
$(m'+3m_0)g$	Δt_1								
	Δt_2								
$(m'+4m_0)g$	Δt_1								
	Δt_2								

② 步骤（4）数据：$F = (m'+4m_0)g$，$M = m_1 + m' + 4m_0 + nm_2$，令 $m = m_1 + m' + 4m_0$。

表 2.2　步骤（4）Δt_1，Δt_2 测量值

次数 / 时间 / 质量		1	2	3	4	5	$\overline{\Delta t}$ /ms	$\bar{v}$ /m · s^{-1}	$\bar{a}$ /m · s^{-2}
m	Δt_1								
	Δt_2								
$m+m_2$	Δt_1								
	Δt_2								
$m+2m_2$	Δt_1								
	Δt_2								
$m+3m_2$	Δt_1								
	Δt_2								
$m+4m_2$	Δt_1								
	Δt_2								

（2）分析 m 一定时，a 与 F 的关系，作 a-F 图，验证 $F/a = m$。

（3）分析 F 一定时，a 与 m 的关系，作 a-m 图，验证 $ma - F$。

六、预习思考题

（1）气垫导轨由哪几部分组成？如何调节与判断导轨水平？

（2）如何使用数字计时器？

（3）$F = ma$ 中，总质量是由哪几个物体组成的质量之和？如何保持质量不变而改变外力？

七、分析讨论题

（1）试分析实验中产生误差的原因。

（2）当导轨不水平时，对加速度 a 的测量结果有何影响？

八、注意事项

（1）在未打开气源之前严禁将滑块放在导轨上移动，同时防止滑块跌落地面而遭到损坏。在使用前，用药棉蘸少许酒精将导轨擦洗干净。

（2）使用数字计时器前，应先弄清面板上各键的作用。

（3）重复测量时，每次放置物体的位置相同。

九、实验总结

附录：仪器介绍

1. 气垫导轨

气垫导轨是利用气源将压缩空气压入导轨空腔，由导轨表面上的小孔喷出气流，在导轨与滑块之间形成很薄的气膜，将滑块浮起，使滑块能在导轨上作近似无阻力的直线运动。它是一种阻力极小的力学实验装置。主要结构如图 2.2：

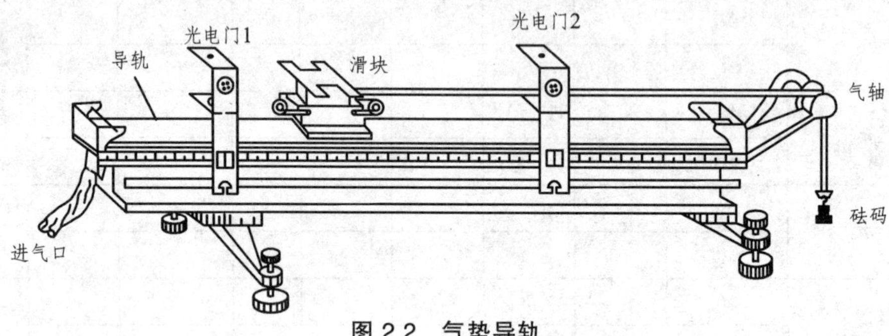

图 2.2 气垫导轨

（1）导轨：采用特制的三角形铝合金管体做成，非常平直地固定在“工”字钢架上。两个导轨面成 90°，每个导轨面上都均匀地钻有气孔。

（2）滑块：用角铝合金做成，上面有槽，可以安装各种挡光附件，两端装有缓冲弹簧。滑块底部与导轨面严密配合，不能将其他导轨上的滑块与本组交换使用。

（3）光电门：是计时装置的传感器。

2. 数字计时器使用操作步骤

（1）开机前接好电源；

（2）将光电门线插入 P_1，P_2 插口；

（3）按下电源开关；

（4）按下功能键，设定在计时功能，让带有挡光片的滑块通过光电门即可显示所测时间。

实验 3　碰撞实验

一、实验目的

（1）验证动量守恒定律；

（2）了解非完全碰撞与完全非弹性碰撞的特点。

二、实验仪器及用具

气垫导轨、滑块、光电门、数字计时器、游标卡尺、尼龙粘胶带或橡皮泥。

三、实验原理

当两滑块在水平的导轨上沿直线作对称碰撞时，若略去滑块运动过程中受到的黏滞性阻力和空气阻力，则两滑块在水平方向除受到碰撞时彼此相互作用的内力外，不受其他外力作用。故根据动量守恒定律，两滑块的总动量在碰撞前后保持不变。

设如图 3.1 所示，滑块 1 和滑块 2 的质量分别是 m_1 和 m_2，碰撞前两滑块的速度分别为 v_{10} 和 v_{20}，碰撞后的速度分别是 v_1 和 v_2，则根据动量守恒定律有

$$\boldsymbol{m_1 v_{10}} + \boldsymbol{m_2 v_{20}} = \boldsymbol{m_1 v_1} + \boldsymbol{m_2 v_2} \tag{3.1}$$

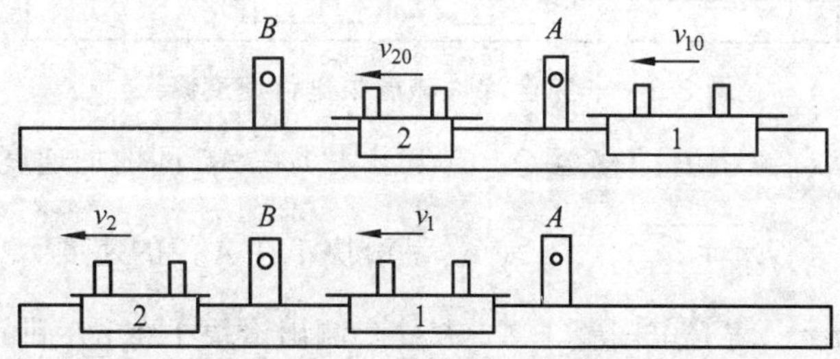

图 3.1　验证动量守恒定律

若写成标量的形式

$$m_1 v_{10} + m_2 v_{20} = m_1 v_1 + m_2 v_2 \tag{3.2}$$

式中的各速度均为代数值，各 v 值的正负号决定于速度的方向与所选取的坐标轴方向是否一致，这一点要特别注意。

牛顿曾提出“弹性恢复系数”的概念。其定义为碰撞后的相对速度与碰撞前的相对速度的比值。一般称为恢复系数，用 e 表示，即

$$e = \frac{v_2 - v_1}{v_{10} - v_{20}} \tag{3.3}$$

当 $e = 1$ 时为完全弹性碰撞，$e = 0$ 时为完全非弹性碰撞，一般 $0<e<1$ 为非完全弹性碰撞。气轨上滑块的碰撞弹簧是钢制的，e 值在 0.95 ~ 0.98 之间，它虽然接近 1，但仍存在明显差异，因此在气轨上不能实现完全弹性碰撞。

1. 非完全弹性碰撞

取大、小二滑块（$m_1 > m_2$），将滑块 2 置于 A、B 光电门之间，使 $v_{20} = 0$。推动滑块 1 以速度 v_{10} 去碰撞滑块 2，碰撞后的速度分别是 v_1 和 v_2，则

$$m_1 v_{10} = m_1 v_1 + m_2 v_2 \tag{3.4}$$

碰撞前后动能的变化为

$$\Delta E_{\mathrm{k}} = \frac{1}{2}(m_1 v_1^2 + m_2 v_2^2) - \frac{1}{2} m_1 v_{10}^2 \tag{3.5}$$

实际实验时，由于滑块运动受到一定的阻力，又由于导轨有少许的弯曲，在 A 门测出的速度 v_{10}、在 B 门测出的速度 v_{2B} 和 v_{1B} 都和碰撞前后瞬间相应的速度有些差异，减少差异的办法之一是，尽可能缩小碰撞点到测速光电门间的距离，例如，VAFN 多用数字测试仪就可以在很短的瞬间记录下两滑块经过光电门的 4 个时间。办法之二是进行速度修正，因为滑块在

“调平”气轨上运动时也有加速度。可参照图 3.2 测出 3 个加速度，对相应的速度进行修正。图中滑块位置为相碰前瞬间的位置，C，D 为此时两滑块挡光片中点的位置，A，B 为实验时光电门的正常位置。

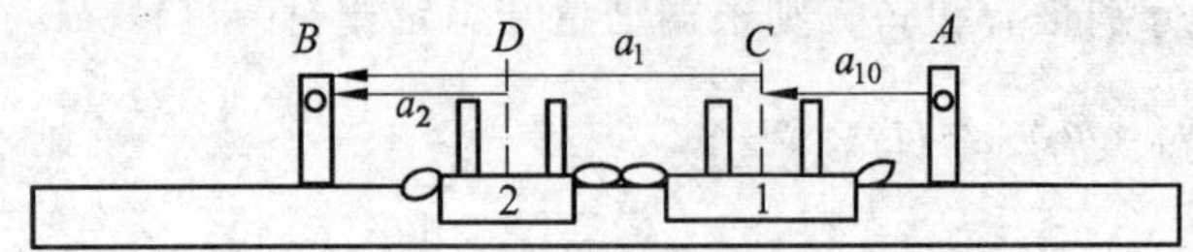

图 3.2　非完全弹性碰撞中进行速度修正

（1）AC 间距离为 s_{10}，将 B 门移至 C，测出滑块 1 在 AC 间的加速度 a_{10}，则

$$v_{10} = \sqrt{v_{1A}^2 + 2a_{10}s_{10}} \quad （v_{1A}\text{ 是滑块 1 在 }A\text{ 门的速度}）$$

（2）CB 间距离为 s_1，将光电门置于 C，B 处，测出滑块 1 在 CB 间的加速度 a_1，则

$$v_1 = \sqrt{v_{1B}^2 - 2a_{10}s_1} \quad （v_{1B}\text{ 是滑块 1 在 }B\text{ 门的速度}）$$

（3）DB 间的距离为 s_2，将光电门置于 D，B 处，测出滑块 2 在 DB 间的加速度 a_2，则

$$v_2 = \sqrt{v_{2B}^2 - 2a_2s_2} \quad （v_{2B}\text{ 是滑块 2 在 }B\text{ 门的速度}）$$

2. 完全非弹性碰撞

此时，$e = 0$，将滑块 2 置于光电门 A，B 间，而且 $v_{20} = 0$，滑块 1 以速度 v_{10} 撞向滑块 2，碰撞后两块粘在一起以同一速度 v_2 运动。

为了实现此类碰撞，要在两滑块的碰撞弹簧上加尼龙胶带或橡皮泥（使用尼龙胶带时里面要有一块软胶皮）。

碰撞前后的动量关系为

$$m_1v_{10} = (m_1 + m_2)v_2 \tag{3.6}$$

动能变化为

$$\Delta E_k = \frac{1}{2}(m_1 + m_2)v_2^2 - \frac{1}{2}m_1v_{10}^2 \tag{3.7}$$

四、实验内容

（1）用纱布粘少许酒精擦导轨面及滑块内表面，检查气孔。

（2）调平气轨；检查滑块碰撞弹簧，保证对心碰撞。

（3）操作上注意：碰撞前后滑块运行是否平稳对此实验十分重要，除检查碰撞弹簧保证对心碰撞以外，在推动滑块 1 去撞滑块 2 时也要特别小心，最好不是用手直接推，而是在滑块 1 后面再加上一个小滑块，通过小滑块去推动滑块 1，使推力和轨道平行。

（4）非完全弹性碰撞。适当安置光电门 A 和 B 的位置，使能顺序测出 3 个时间 t_{1A}（滑块 1 通过 A 门时），t_{2B}，t_{1B}。并在可能的条件下，使 A 和 B 的距离不要太大。

碰撞次数为 6 ~ 10 次左右。

其次，参照图 3.2，测量 s_{10}，a_{10}，s_1，a_1，s_2，a_2。测 a 值也要重复几次，由于这 3

个 a 值都较小，更容易受到干扰，测量要细心。

（5）完全非弹性碰撞。在两滑块相对的碰撞面上加上尼龙胶带或橡皮泥（碰撞弹簧要移开），进行碰撞，也使 $v_{20}=0$。

（6）计算结果与分析：

① 两类碰撞，碰撞后、前动量之比。

② 两类碰撞，碰撞前后动能的变化。

③ 非完全弹性碰撞时的恢复系数。

④ 对实验结果进行分析和评价。

五、数据记录及处理

自己设计数据记录表格记录数据并处理。

六、思考题

（1）对使用的实验装置，如果取 $m_1=m_2$，$v_{20}=0$，并且认为 $v_1=0$，将给结果引入多大的误差？

（2）当取 $m_1<m_2$ 进行碰撞时，其测量误差与 $m_1>m_2$ 时相比，哪一种可能小些？

七、实验总结

附录：

当取 $m_1=m_2$ 进行碰撞时，由于 $e\neq1$，因 $v_1\neq0$，但是 v_1 很小，不易测，如果轨道有些弯曲更不好测，所以实验取 $m_1>m_2$。

严格来说，导轨阻力与加速度有关，这里只是近似处理，碰撞时的速度要适当小些。

实验 4　自由落体实验

重力加速度是物理学中的一个重要参量。地球上各个地区重力加速度数值，随该地区的纬度和相对海平面的高度不同而稍有差异。一般来说，在赤道附近重力加速度 g 的数值最小，越靠近南、北两极，g 的数值越大。g 的数值最大值与最小值相差仅约 1/300。研究重力加速度的分布情形在地球物理学中具有重要意义。利用专门仪器，仔细测绘该地区内重力加速度的分布情况，还可以对地下资源进行探查。

一、实验目的

（1）通过测定重力加速度，深刻理解匀加速直线运动的规律；

（2）加深用数字计时器测量微小时间间隔的掌握；

（3）测定重力加速度。

二、实验仪器及用具

自由落体测定仪、数字计时器、小铁球。

三、实验原理

（1）自由落体运动是初速度为零的匀加速直线运动。

$$\left.\begin{aligned} h &= \frac{1}{2}gt^2 \\ g &= \frac{2h}{t^2} \end{aligned}\right\} \tag{4.1}$$

只要测量出 h，t 就可测得 g。这种测量方法公式简单，测量方便，但测得的重力加速度 g 误差较大（约 1%～3%）。主要原因有以下两个方面：

① h 的精确测量有困难。$v_0 = 0$，第一个光电门调至刚刚不挡光的临界位置，这是十分困难的。

② t 的精确测量不易进行。由于电磁铁有剩磁，电磁铁断电的瞬间，小球并不立刻下落。

（2）用双光电门计时方式。

如图 4.1 所示，小球沿竖直方向从 O 点开始自由下落，设它到达 A 点的速度为 v_1，从 A 点经过时间 t_1 后到达 B 点。

$$h_1 = v_1 t_1 + \frac{1}{2}g{t_1}^2 \tag{4.2}$$

保持上述条件不变，从 A 点经过时间 t_2 后到达 B' 点。

$$h_2 = v_1 t_2 + \frac{1}{2}g{t_2}^2 \tag{4.3}$$

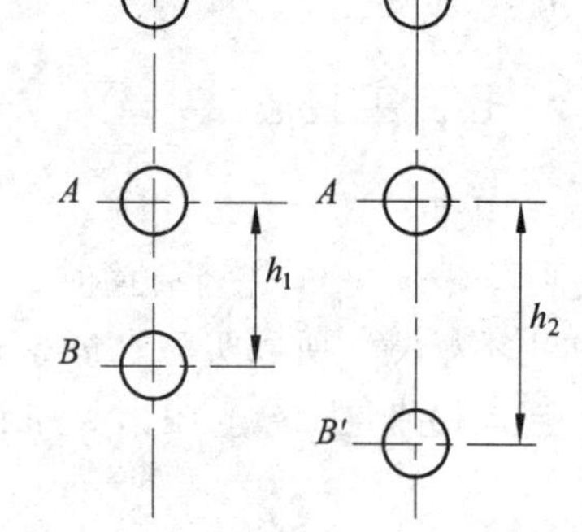

图 4.1　用自由落体测重力加速度

式（4.3）×t_1 – 式（4.2）×t_2 得

$$h_2 t_1 - h_1 t_2 = \frac{1}{2}g({t_2}^2 t_1 - {t_1}^2 t_2) = \frac{1}{2}g t_1 t_2 (t_2 - t_1)$$

$$g = \frac{2(h_2/t_2 - h_1/t_1)}{t_2 - t_1} \tag{4.4}$$

利用这种方法测量，将第一种方式中难以精确测量的 h 转化为测量其差值 h_1，h_2，而且解决了剩磁所引起的时间测量困难。

四、实验内容

（1）调竖直：将重锤悬挂在电磁吸球器左端的校正板挂钩上，两组光电门拉开一定距离。调节底脚调平螺栓，使重锤线在 x 轴和 y 轴两个方向处于光敏管正中，保证小球下落过程中，保持遮光位置的准确性，保证实验精度。

（2）打开光电计时系统，调到 S_2 计时方式。

（3）保持上光电门位置不变，将下光电门移至距离上光电门 20 cm 处，释放小球，记录通过两光电门之间的时间 t 和距离 h 。重复五次。

（4）重复上一步骤，依次测量两个光电门距离为 40 cm，60 cm，80 cm，100 cm 所用的时间。

五、数据记录及处理

自己设计数据表格并计算结果，实验结果要求用相对误差形式表示。

六、误差分析

七、思考题

（1）如果用体积相同而质量不同的空心小铁球来代替原来的小铁球，试问测得的 g 值是否相同？为什么？

（2）立柱不铅直对实验有没有影响？可否用一种简单的方法来判断立柱是否铅直？

（3）在实验中，h_1 和 h_2 相差大一些好，还是小一些好？为什么？

八、实验总结

实验 5　精密称衡

一、实验目的

（1）练习使用分析天平进行精密称衡；

（2）熟悉精密称衡中的系统误差补正。

二、实验仪器及用具

分析天平、被测物（质量在 50 ~ 100 g 间的铝块、玻璃块、有机玻璃块等，被测物的质量大一些、密度小一些，容易显示出天平不等臂及空气浮力的影响）。

三、实验原理

阅读第 2 章实验 1。另外，还需说明一下停点和零点的问题：

停点：天平振动逐渐衰减后的停止点就是停点。阻尼式天平衰减较快，振动 4 ~ 5 次后指针的位置即可认为是停点。

零点：天平秤盘上不加负载（空载）时的停点为零点。

四、实验内容

先回答问题：

（1）在什么情况下支起天平梁？什么情况下落下？

（2）分析天平游码的质量是多少？

1. 调节天平水平（观察重锤或圆形水准器）

2. 调零点

旋转调平螺丝使零点和标尺中点值之差小于 1 分格。

（提示：上述操作必须在落下天平梁之后进行！）

3. 测天平的灵敏度 S

将天平游码置于左侧 1 mg 处，测出停点为 e_1，将游码移到梁上右侧 1 mg 处，测出停点为 e_2，则

$$S=\frac{|e_1-e_2|}{2}\text{div}\cdot\text{mg}^{-1}$$

4. 测物体质量 m（复称法）

以下测量时，每个停点均测 3 次，取平均值。

（1）测零点 e_{01}。

（2）物体放在左盘上，右盘加砝码 m_1 (g)，测出停点为 e_1。要求 e_1 与 e_{01} 之差小于 1 分格，否则要调整砝码。

（3）将砝码增加（或者减小）Δm（ = 2 mg），测停点为 e_2。

根据 e_1 和 e_{01} 的大小，判断 $m_1< m$ 还是 $m_1>m$。当 $m_1<m$ 时，则增加 Δm（ = 2 mg）；相反则减少 Δm（ = 2 mg）。选择增加或减少砝码的目的是使 e_1 和 e_2 分布在 e_{01} 的两侧。

（4）第二次测零点 e_{02}。

（5）物体放在右盘上左盘加砝码 m_2（g），测出停点 e_1'，要求同上。

（6）将砝码增加（或减少）Δm（ = 2 mg），测停点为 e_2'。

（7）第三次测零点 e_{03}。

5. 计算质量

（1）物体在左盘时质量测量值为 m_1'，设 $e_{01}'=(e_{01}+e_{02})/2$，则

$$m_1'=m_1\pm\left|\frac{e_1-e_{01}'}{e_2-e_1}\right|\times\Delta m$$

m_1' 与 m_1 之差为指针偏转 $|e_1-e_{01}'|$ 对应的质量，而 $|e_2-e_1|$ 为将砝码增加（或减少）对应的指针偏转，所以 $\left|\frac{e_1-e_{01}'}{e_2-e_1}\right|\times\Delta m$ 为 m_1' 与 m_1 的差值。

（2）物体在右盘时的质量测量值为 m_2'，设 $e_{02}'=(e_{02}+e_{03})/2$，则

$$m_2'=m_1\pm\left|\frac{e_1'-e_{02}'}{e_2'-e_1'}\right|\times\Delta m$$

（3）消除不等臂误差后的质量测量值。

$$m' = (m_1' + m_2')/2$$

（4）消除空气浮力影响后的质量测量值

$$m_0' = m'\left[1 + \left(\frac{1}{\rho_2} - \frac{1}{\rho_1}\right)\rho_0\right]$$

式中：ρ_1为砝码的密度；ρ_2为被测物的密度；ρ_0为空气的密度，计算时取$\rho_0 = 1.2 \times 10^{-3}\ \mathrm{g \cdot cm^{-3}}$。又当被测物体体积 V 已知时，则

$$m_0' = m' - \frac{m'}{\rho_1}\rho_0 + V\rho_0$$

五、数据记录及处理

自己设计数据记录表格记录数据并处理。

六、思考题

（1）就使用的天平考虑，物体质量小于多少克时，可以不必进行复称？

（2）就称量的物体考虑，其质量小于多少克时可以不必进行空气浮力补正？

（3）如图 5.1 为一自制的天平梁（横梁和指针），如果使自制天平的灵敏度大约为 0.1 div · mg^{-1}，应如何检验和调节？

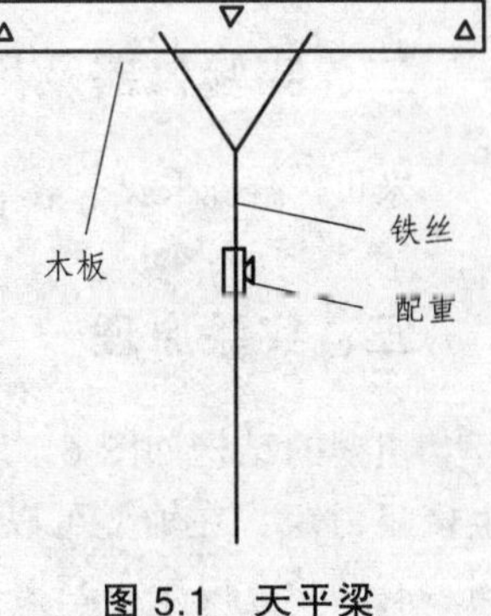

图 5.1　天平梁

七、实验总结

实验 6　刚体转动惯量的测量

刚体转动惯量是刚体转动惯性大小的量度，是表征刚体特性的一个物理量，它与刚体的形状、总质量、质量分布及转轴有关。如果刚体是由几部分组成的，那么刚体总的转动惯量 J 就等于各个部分对同一转轴的转动惯量之和，即

$$J = J_1 + J_2 + \cdots$$

对于形状简单且匀质的刚体，可用公式

$$J_0 = \int r^2 \mathrm{d}m$$

计算出它绕通过刚体质心轴的转动惯量，并按平行轴定理

$$J = J_0 + mx^2$$

算出刚体绕任一特定轴的转动惯量。但对于几何形状较复杂的刚体，用数学方法计算转动惯量非常困难，一般都用实验方法来测定。

转动惯量的测量，一般都是使刚体以一定的形式运动，再通过表征这种运动特征的物理量与转动惯量的关系，来进行转换测量的。测量转动惯量的方法有多种，如三线摆、扭摆、刚体转动仪等。本实验采用扭摆法测定刚体的转动惯量。

一、实验目的

（1）熟练掌握米尺、游标卡尺、数学式电子天平的使用；

（2）熟悉扭摆的构造及使用方法，测量扭摆的仪器常数（弹簧的扭转常数）K；

（3）测定几种不同形状物体的转动惯量，并与理论值进行比较；

（4）验证转动惯量的平行轴定理。

二、实验仪器及用具

米尺、游标卡尺、数字式电子天平、扭摆装置及其附件、数字式计时仪（转动惯量测试仪）。

三、实验原理

扭摆的结构如图 6.1 所示，在其垂直轴（1）上装有一个薄片状的螺旋弹簧（2），用以产生恢复力矩，在轴上可以安装各种待测物体，垂直轴与支架间装有轴承，以减小摩擦力矩。水平仪（3）用来调节系统平衡。将待测物装在轴上，在水平面内转过一个角度θ后，在弹簧的恢复力矩作用下，物体就开始绕垂直轴作往返扭转运动。根据胡克定律，弹簧受扭转而产生的恢复力矩 M 与所转过的角度θ成正比。

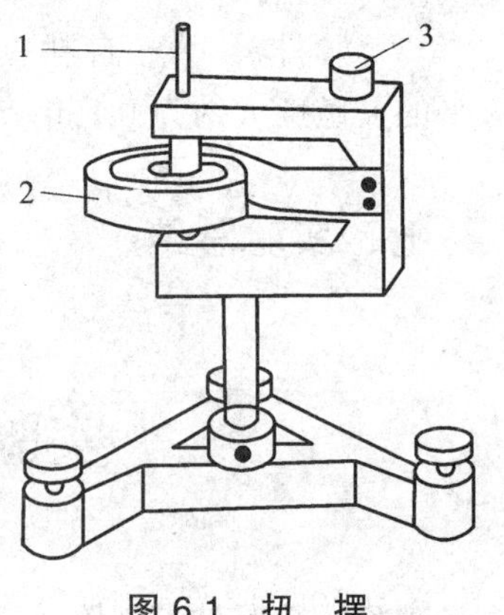

图 6.1 扭 摆

$$M = -K\theta \tag{6.1}$$

式中：K 为弹簧的扭转常数。

根据刚体的定轴转动定律

$$M = J\beta$$

式中：J 为物体绕转轴的转动惯量；β 为角加速度，

$$\beta = M / J \tag{6.2}$$

由式（6.1）（6.2）且忽略轴承的摩擦力矩，得

$$\beta = \frac{\mathrm{d}^2\theta}{\mathrm{d}t^2} = -\frac{K}{J}\theta = -\omega^2\theta \quad （令\ \omega^2 = K / J）$$

此方程表示扭摆运动具有角简谐振动的特性，β 与角位移θ成正比，且方向相反。此微分方程的解为

$$\theta = A\cos(\omega t + \varphi)$$

式中：A 为谐振动的角振幅；φ 为初相位角；ω为角速度。

此谐振动的摆动周期：

$$T = \frac{2\pi}{\omega} = 2\pi\sqrt{\frac{J}{K}} \tag{6.3}$$

由式（6.3）可知，在测得了扭摆的周期后，在 K 和 J 任何一个量已知时，可计算出另外一个量的值。

本实验用一个几何形状规则的物体，它的转动惯量可以根据它的质量和几何尺寸用理论公式直接计算得到，再算出本仪器弹簧的 K 值。

由式（6.3）得出

$$\frac{T_0}{T_1} = \frac{\sqrt{J_0}}{\sqrt{J_0 + J_1'}} \quad \text{或} \quad \frac{J_0}{J_1'} = \frac{T_0^{\ 2}}{T_1^2 - T_0^{\ 2}}$$

式中：J_0 为载物盘的转动惯量；T_0 为其摆动周期；J_1'（$J_1' = \frac{1}{8}m_1 D_1^{\ 2}$）为待测物转动惯量的理论值；$T_1$ 为待测物与载物盘一起的摆动周期，待测物单独绕转轴转动的周期为 $\sqrt{T_1^2 - T_0^{\ 2}}$。

因此弹簧的扭转常数：

$$K = 4\pi^2 \frac{J_1'}{T_1^2 - T_0^2}$$

载物盘的转动惯量：

$$J_0 = \frac{T_0^2}{T_1^2 - T_0^{\ 2}} J_1'$$

若要测定其他形状物体的转动惯量，只需将待测物安装在本仪器顶部的各种夹具上，测定其摆动周期，由公式（6.3）即可计算出该物体绕转轴的转动惯量，即

$$J = \frac{K}{4\pi^2} T^2$$

根据刚体力学理论，若质量为 m 的物体绕通过质心轴的转动惯量为 J_0，则其绕距质心轴平移距离为 x 的轴旋转时，转动惯量为

$$J = J_0 + mx^2$$

称为转动惯量的平行轴定理。

四、实验内容

（1）用数字式电子天平测量塑料圆柱、金属圆筒、实心球、金属细杆以及滑块的质量。

（2）用游标卡尺分别测量塑料圆柱的外径，金属圆筒的内、外径以及实心球的直径，用米尺测金属杆的长度（各测 3 次）。

（3）调整扭摆基座螺钉，使水准泡的气泡居中。

（4）装上金属载物盘，调整光电探头的位置，使载物盘挡光杆处于其缺口中央且能计时，测量其 10 次往返摆动的时间（共测 3 次）。

（5）将塑料圆柱、金属圆筒分别放于载物盘上，测量摆动 10 周的时间（共测 3 次）。计算转动惯量，并与理论值比较，求相对误差。

（6）取下载物盘，分别装上实心球和金属细杆，测量其 10 次往返摆动的时间（共测 3 次）。计算转动惯量，并与理论值比较，求相对误差。

（7）将滑块对称地放在细杆两边的凹槽内（滑块质心距转轴距离分别为 5.00 cm，10.00 cm，15.00 cm，20.00 cm，25.00 cm），分别测量细杆 5 次往返摆动所用时间，计算转动惯量，验证转动惯量平行轴定理。

五、数据记录及处理

把测得的各项数据分别记录在表格中，计算有关物理量，并验证转动惯量平行轴定理。

1. 弹簧扭转常数及物体转动惯量的测定

$$K = 4\pi^2 \frac{J_1'}{\overline{T}_1^2 - \overline{T}_0^2} = \underline{\qquad\qquad} \text{N} \cdot \text{m}, \quad \frac{K}{4\pi^2} = \underline{\qquad\qquad}$$

表 6.1　4 种物体转动惯量测量数据

<table>
<tr><th>物体名称</th><th>质量/kg</th><th colspan="2">几何尺寸/mm</th><th colspan="2">周期/s</th><th>转动惯量理论值/kg · m²</th><th>转动惯量实验值/kg · m²</th><th>相对误差</th></tr>
<tr><td rowspan="4">载物盘</td><td rowspan="4"></td><td colspan="2" rowspan="4"></td><td rowspan="3">T_0</td><td></td><td rowspan="4"></td><td rowspan="4">$J_0 = \frac{\overline{T}_0^2 J_1'}{\overline{T}_1^2 - \overline{T}_0^2}$</td><td rowspan="4"></td></tr>
<tr><td></td></tr>
<tr><td></td></tr>
<tr><td colspan="2">$\overline{T}_0$</td></tr>
<tr><td rowspan="4">塑料圆柱</td><td rowspan="4">m_1</td><td rowspan="3">D_1</td><td></td><td rowspan="3">T_1</td><td></td><td rowspan="4">$J_1' = \frac{1}{8} m_1 \overline{D}_1^2$</td><td rowspan="4">$J_1 = \frac{K\overline{T}_1^2}{4\pi^2} - J_0$</td><td rowspan="4">$\frac{\lvert J_1 - J_1' \rvert}{J_1'} \times 100\%$</td></tr>
<tr><td></td><td></td></tr>
<tr><td></td><td></td></tr>
<tr><td colspan="2">$\overline{D}_1$</td><td colspan="2">$\overline{T}_1$</td></tr>
<tr><td rowspan="8">金属圆筒</td><td rowspan="8">m_2</td><td rowspan="3">$D_{内}$</td><td></td><td rowspan="3">T_2</td><td></td><td rowspan="8">$J_2' = \frac{1}{8} m_2 (\overline{D}_{内}^2 + \overline{D}_{外}^2)$</td><td rowspan="8">$J_2 = \frac{K\overline{T}_2^2}{4\pi^2} - J_0$</td><td rowspan="8"></td></tr>
<tr><td></td><td></td></tr>
<tr><td></td><td></td></tr>
<tr><td colspan="2">$\overline{D}_{内}$</td><td colspan="2" rowspan="5">$\overline{T}_2$</td></tr>
<tr><td rowspan="3">$D_{外}$</td><td></td></tr>
<tr><td></td></tr>
<tr><td></td></tr>
<tr><td colspan="2">$\overline{D}_{外}$</td></tr>
<tr><td rowspan="4">实心球</td><td rowspan="4">m_3
−0.035</td><td colspan="2" rowspan="4">D_3
128.60</td><td rowspan="3">T_3</td><td></td><td rowspan="4">$J_3' = \frac{1}{10} m_3 D_3^2$</td><td rowspan="4">$J_3 = \frac{K\overline{T}_3^2}{4\pi^2} - J_{支座}$</td><td rowspan="4"></td></tr>
<tr><td></td></tr>
<tr><td></td></tr>
<tr><td colspan="2">$\overline{T}_3$</td></tr>
<tr><td rowspan="4">金属细杆</td><td rowspan="4">m_4</td><td rowspan="3">L</td><td></td><td rowspan="3">T_4</td><td></td><td rowspan="4">$J_4' = \frac{1}{12} m_4 \overline{L}^2$</td><td rowspan="4">$J_4 = \frac{K\overline{T}_4^2}{4\pi^2} - J_{夹具}$</td><td rowspan="4"></td></tr>
<tr><td></td><td></td></tr>
<tr><td></td><td></td></tr>
<tr><td colspan="2">$\overline{L}$</td><td colspan="2">$\overline{T}_4$</td></tr>
</table>

2. 验证刚体转动惯量的平行轴定理

滑块质量 m = __________

表 6.2　滑块转动惯量测量数据

$x/10^{-2}\,\mathrm{m}$	5.00	10.00	15.00	20.00	25.00
T /s					
$\bar{T}$ /s					
实验值/kg · m^2 $\left(J=\dfrac{K}{4\pi^2}\bar{T}^2-J_{夹具}\right)$					
理论值/kg · m^2 $(J'=J_4'+mx^2+J_5')$					
相对误差					

其中：$J_{夹具}=0.321\times10^{-4}\ \mathrm{kg\cdot m^2}$，$J_{支座}=0.187\times10^{-4}\ \mathrm{kg\cdot m^2}$

两个滑块绕通过质心轴的转动惯量 $J_5'=0.772\times10^{-4}\ \mathrm{kg\cdot m^2}$

六、误差分析

七、注意事项

（1）弹簧的扭转常数 K 值不是固定的，它与摆动角度有关，但在 40° ~ 90°间基本相同。因此为了减小摆角变化带来的系统误差，应使摆角基本保持在这一范围内。

（2）光电探头宜放置在挡光平衡位置处，且不能相互接触，以免增大摩擦。

（3）在实验过程中，基座应保持水平状态。

（4）在安装待测物时，其支架必须全部套入扭摆主轴，并将止动旋钮旋紧，否则扭摆不能正常工作。

（5）在称金属细杆与塑料球质量时，必须将支架取下，否则会带来极大误差。

八、实验总结

附录：仪器装置

数字式计时仪（转动惯量测试仪）：由主机和光电探头两部分组成。用光电探头来检测挡光杆是否挡光，根据挡光次数自动判断是否已达到所设定的周期数，周期数可设定为 1 ~ 20 之间的数。

光电探头采用红外发光管和红外线接受管。人眼无法直接观察仪器是否正常工作，但可用纸片遮挡光电探头间隙部位，检查计时器是否开始计时和达到预定次数时是否停止计时，以及按下“复位”键时是否显示为“0000”。

实验 7　简谐振动的研究（弹簧振子）

物体在一定的位置附近作来回往复运动，称为机械振动。自然界中广泛存在振动现象。例如，钟摆的运动、心脏的跳动、气缸中活塞的运动、音叉发声时的运动等都是机械振动。

最简单的周期性直线振动是简谐振动。可以证明，任何复杂的振动都可以认为是由几个或很多个简谐振动合成的。因此简谐振动是振动学最基本的内容。

一、实验目的

（1）观察简谐振动的运动学特征；

（2）总结弹簧振子的周期公式；

（3）用 3 种方法测量弹簧的倔强系数 k。

二、实验仪器及用具

集成霍尔传感器特性与简谐振动实验仪、游标卡尺、停表、数字式电子天平。

三、实验原理

（1）胡克定律：在弹性限度内，弹簧的变形量与受到的外力成正比。

$$F=-kx \tag{7.1}$$

k 称为弹簧的倔强系数，其值与弹簧的形状、材料有关。改变外力，测量相应的变形量，即可由式（7.1）计算弹簧的倔强系数 k 值。

（2）若质量为 m 的物体系于一轻质弹簧的自由端，并放在光滑的水平台上（如图 7.1），而弹簧的另一端固定，就构成一个弹簧振子。若使物体在外力 F 作用下离开平衡位置少许，然后释放，则弹簧振子将在平衡点附近作简谐振动。

图 7.1　弹簧振子在水平方向作简谐振动

$$F=-kx=ma=m\frac{\mathrm{d}^2x}{\mathrm{d}t^2} \quad \Rightarrow \quad \frac{\mathrm{d}^2x}{\mathrm{d}t^2}=-\frac{k}{m}x=-\omega^2x$$

$$T=\frac{2\pi}{\omega}=2\pi\sqrt{\frac{m}{k}} \tag{7.2}$$

而实际上弹簧本身有质量 m_0，它必对周期产生影响，故式（7.2）可修正为

$$T=2\pi\sqrt{\frac{m+cm_0}{k}} \tag{7.3}$$

式中：c 是特定系数，$0<c<1$，其值可以通过实验测定。cm_0 称为弹簧的有效质量（亦称折合质量）。

若将上述弹簧振子竖直地悬挂在一个稳固的支架上（见图 7.2），则它仍能在重力和弹性

力的作用下作简谐振动，只是平衡位置有所变动，新的平衡位置是弹簧下端悬挂物体后所处的平衡位置。式（7.3）仍成立。

（3）集成霍尔开关传感器测周期：

如图 7.3 所示，集成霍尔开关由稳压器 A、霍尔片 B（霍尔电势发生器）、差分放大器 C、施密特触发器 D 和 OC 门输出 E 5 个基本部分组成。（1）（2）（3）代表集成霍尔开关的 3 个引出端点。

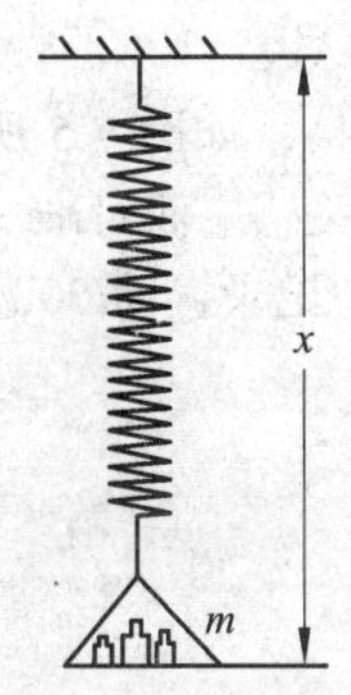

图 7.2　弹簧振子在竖直方向作简谐振动

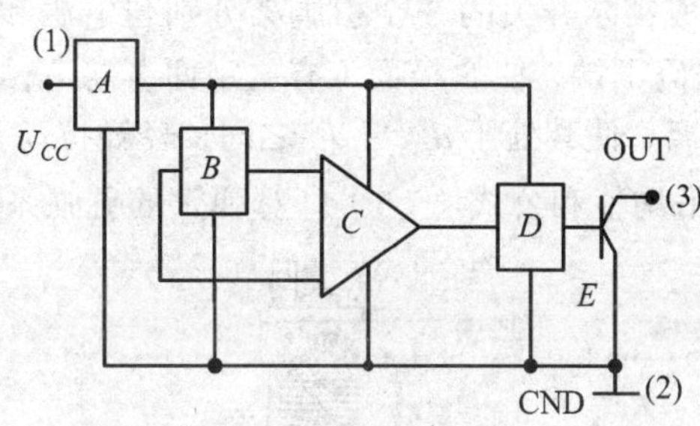

图 7.3　集成霍尔开关传感器

在输入端输入电压 U_{CC}，经稳压器稳压后加在霍尔片两端，如霍尔片处在磁场中，且电流方向垂直于磁场方向，则在与二者相垂直的方向上将产生霍尔电压 U_{H}，U_{H} 经放大器 C 放大后送到施密特触发器 D 上整形，整形后成为方波送到 OC 门输出，当施加的磁场达到“工作点”（B_{op}）时，输出较高电压，使三极管导通，这种状态称为“开”。当施加的磁场达到“释放点”（B_{rp}）时，触发器输出低电压，三极管截止，这时称为“关”。这样两次变换，使霍尔开关完成了一次开关动作。

磁场的工作点强度与释放点强度的差值一定，此差值 $B_{\mathrm{H}} = B_{\mathrm{op}} - B_{\mathrm{rp}}$ 称为磁滞，在此差值内 U_0 保持不变，因而使开关输出稳定可靠，这也就是集成霍尔开关传感器的优良特性之一。

四、实验内容

（1）利用新型焦利秤测定弹簧倔强系数 k。实验装置如图 7.4，在砝码盘中放置砝码 m_1，则作用力：

$$F_1 = (m_1 + m_{\text{砝码盘}} + cm_0)g = k(x - x_0) \qquad (7.4)$$

① 调节实验装置底脚螺丝，使焦利秤立柱竖直；

② 将弹簧固定在焦利秤上部悬臂上，旋转悬臂，使挂于弹簧下方的砝码盘的尖针靠近游标卡尺；

③ 在砝码盘中放置一定质量的砝码 m_1 后（m_1 最好是一个大的加上几个小的砝码组成），弹簧伸长，调节立柱旁游标高度，使砝码盘尖针靠近游标，读出游标读数 x_1。

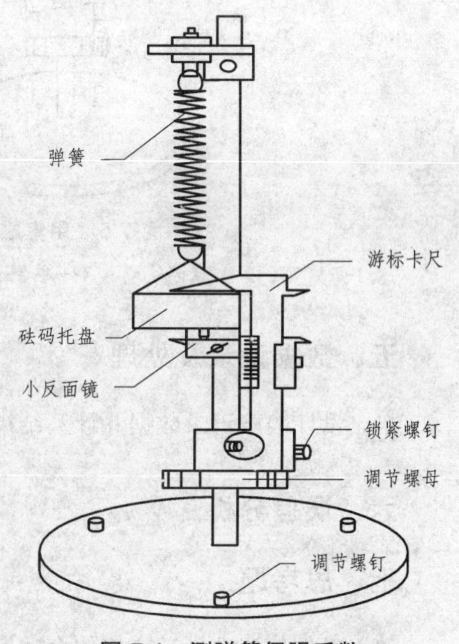

图 7.4　测弹簧倔强系数

④ 从盘中取出一定量的砝码后，弹簧缩短，记下此时盘中的砝码质量 m_2 和所对的游标读数 x_2，继续取出砝码，相应记下 m_3、x_3，m_4、x_4。

⑤ 作 m-x 图，验证 m-x 满足线性关系，并求斜率 k'，$k' \cdot g$ 即为弹簧的倔强系数。

（2）测量弹簧振子的振动周期，求弹簧倔强系数。

① 用停表测弹簧振子振动 50 个周期的时间（共测 5 次），然后用平均值求弹簧振子的振动周期 T，利用公式（7.3）求弹簧的倔强系数 k。（c 取 1/3）

② 用集成霍尔开关传感器测弹簧振动周期，求弹簧倔强系数。

将集成霍尔开关的 3 个引脚架分别与电源和周期测试仪相接，如图 7.5 所示，将磁钢粘于 20 g 砝码下端，使 S 极面（有文字面）向下，把集成霍尔开关感应面对准 S 极，调节两者之间的距离，使其处于 d_{op} 与 d_{rp} 之间，轻轻拉动弹簧使其振动，记录振动 50 次的时间，重复 5 次，用平均值和公式（7.3）计算弹簧的倔强系数 k。

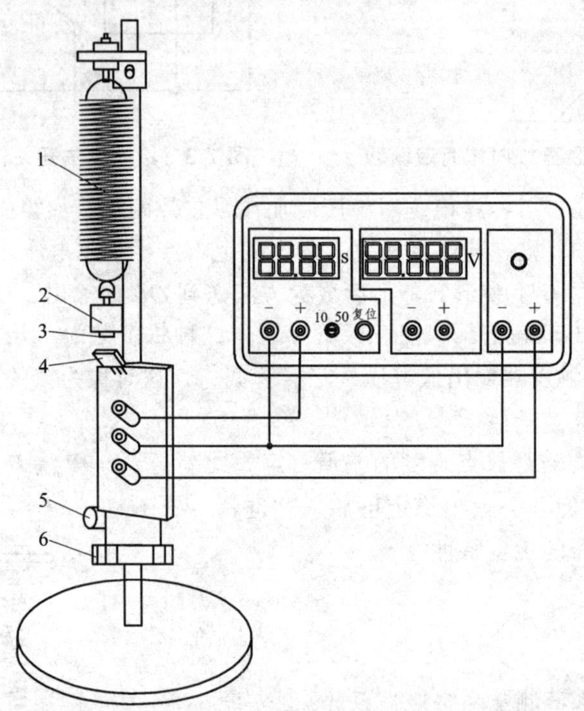

图 7.5 用集成霍尔开关传感器测弹簧振动周期

1—弹簧；2—20 g 砝码；3—磁钢；4—开关霍尔传感器；5—锁紧螺钉；6—调节螺母

五、数据记录及处理

自己设计表格记录数据并计算结果。

六、误差分析

七、思考题

（1）对如何测准周期有何体会？

（2）共学了多少种测量时间的方法？请说出它们各有什么优缺点。

（3）举例说明集成霍尔开关的应用。

八、实验总结

实验 8　简谐振动的研究（气垫导轨上）

弹簧振子的简谐振动是最简单、最基本的振动。通过本实验可对简谐振动的规律以及位移、速度、加速度、弹性力、弹性势能、振动动能等加深感性认识和深入了解。

一、实验目的

（1）观察弹簧振子的简谐振动现象，掌握测定简谐振动周期的方法；

（2）掌握测定弹簧弹性系数的方法；

（3）掌握弹簧振子的运动方程、振动方程，掌握位移、速度、加速度、弹性力、弹性势能和振动动能等有关量的特点，掌握测量弹性势能及振动动能的方法。

二、实验仪器及用具

气垫导轨、数字计时器、电子天平、物理天平、数字式电子天平。

三、实验原理

1. 简谐振动方程

在水平气垫导轨中部置一滑块，两端分别用弹簧和导轨两端固定，如图 8.1（a）所示。设平衡位置为坐标原点 O。两弹簧的弹性系数分别为 k_1 与 k_2。若将滑块移至 A 处，距原点坐标为 x，如图 8.1（b）所示，则滑块受到的弹性力 F 为

$$F=-(k_1+k_2)x \qquad (8.1)$$

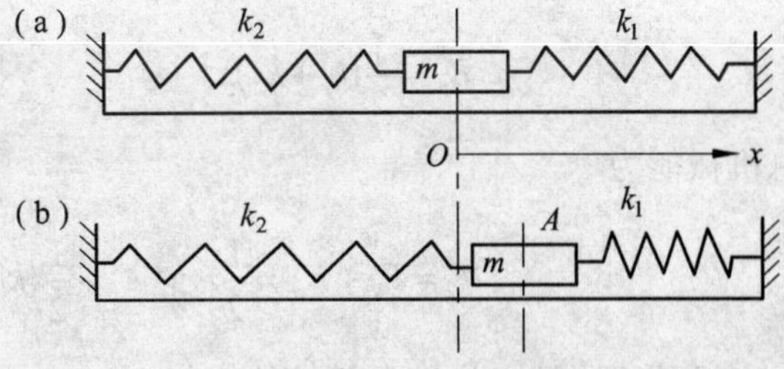

图 8.1　滑块在气垫导轨上作简谐振动

式中负号表示 x 与位移方向相反。将滑块放开，这时滑块将在导轨上振动。因为气垫的悬浮作用，所以滑块在水平方向（x 方向）所受摩擦力可以忽略不计。又气轨为水平，所以垂直方向滑块重力与气垫悬浮力平衡。因此，滑块水平方向只受式（8.1）决定的弹性力，故滑块的振动是简谐振动。其动力学方程为

$$F=-(k_1+k_2)x=m\frac{\mathrm{d}^2x}{\mathrm{d}t^2} \qquad (8.2)$$

式中：m 是振动系统的质量，$m = m' + \frac{1}{3}m''$，m' 为滑块质量，m'' 为两弹簧质量，可以证明参与简谐振动的“等效质量”为实际质量的 1/3。

上式中令：

$$w^2 = \frac{k_1 + k_2}{m} \tag{8.3}$$

则式（8.2）改写为

$$\frac{d^2x}{dt^2} + w^2 x = 0 \tag{8.4}$$

式（8.4）为滑块简谐振动的振动方程。A 为振幅，即离平衡位置的最大位移。w 由式（8.3）决定，称为圆频率，是振动系统的固有圆频率。

由振动频率 f，周期 T 及圆频率 w 之间的关系，得

$$f = \frac{w}{2\pi} = \frac{1}{2\pi}\sqrt{\frac{k_1 + k_2}{m}}$$

$$T = \frac{1}{f} = \frac{2\pi}{w} = 2\pi\sqrt{\frac{m}{k_1 + k_2}} \tag{8.5}$$

将式（8.4）对 t 积分，得滑块的速度方程为

$$v = \frac{dx}{dt} = -wA\sin(wt + \phi_0) \tag{8.6}$$

2. 振动系统机械能

由于滑块只受弹力作用，因此滑块与弹簧振动过程中机械能守恒。设滑块在 x 处的速度为 v，则振动能

$$E_k = \frac{1}{2}mv^2 = \frac{1}{2}mw^2A^2$$

弹性势能为

$$E_p = \frac{1}{2}(k_1 + k_2)x^2$$

总机械能为

$$E = E_k + E_p = \frac{1}{2}mw^2A^2 + \frac{1}{2}(k_1 + k_2)A^2 \tag{8.7}$$

可见不同地点均满足机械能守恒。

3. 平衡法测弹簧弹性系数

将气垫导轨充气后，放置滑块于其上，调气轨倾斜螺丝，使滑块能随处静止，则导轨调平。如图 8.2 所示，弹簧一端固定于导轨一端，弹簧另一端固定于滑块上，滑块再用细线经小滑轮与托盘相连，

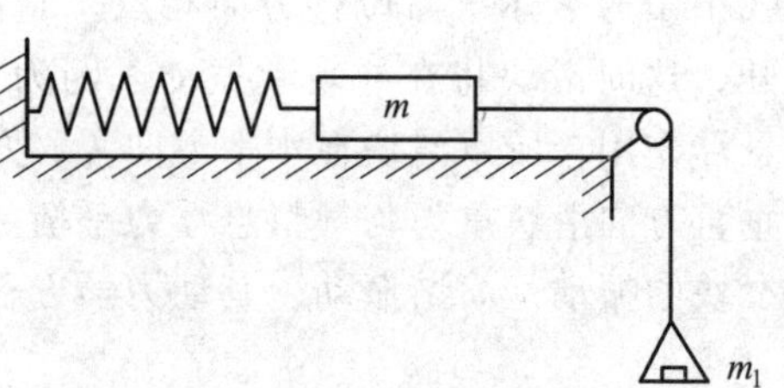

图 8.2 平衡法测弹簧弹性系数

在托盘上放砝码。若砝码质量为 m_1，则滑块位置为 x_1，砝码质量增至 m_2 时，滑块位置为 x_2，则弹簧弹性系数

$$k = \frac{m_2 - m_1}{x_2 - x_1} g \tag{8.8}$$

四、实验内容

1. 平衡法测弹簧弹性系数

（1）采用静态法，调气垫导轨平衡。

（2）按图 8.2 所示，接好实验装置。

（3）托盘分别放 50 g，70 g，100 g，120 g 砝码，记下对应滑块位置读数 x_1，x_2，x_3，x_4。

（4）用弹簧Ⅱ依上法同样操作，将数据填入表 8.1 中。

2. 测简谐振动的周期

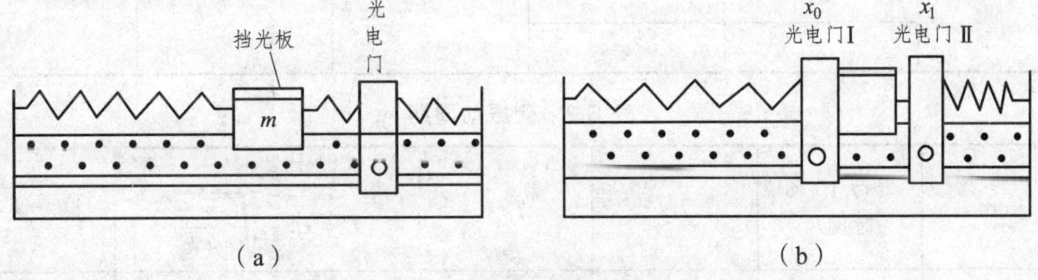

图 8.3　测简谐振动周期

（1）照图 8.3（a）将两个弹簧及滑块与气轨两端连好，滑块上放条形挡光板，光电门与数字计时器相连。

（2）将滑块从平衡位置向右移动 x_1，然后松手让其自由振动，并仔细观察运动情况。

（3）记录振动 10 次所用的时间。数字计时器的使用由教师介绍。

（4）将滑块移至距平衡位置 x_2，x_3 处分别记录 10 次全振动的时间，并将数据填入表 8.2。

3. 测量振动系统的能量

（1）在平衡位置 x_0 处置光电门Ⅰ，在距平衡位置 5 cm 处置光电门Ⅱ，滑块上安装 U 形挡光板。如图 8.3（b）所示。

（2）将滑块移至超过第二光电门的 x_1 处，然后放手，滑块振动时，记录滑块经第一、第二光电门的挡光时间 Δt_1 与 Δt_2。

（3）将滑块移至超过第二光电门的另两个位置 x_2，x_3，再照步骤（2）做。

将数据填入表 8.3。

4. 测量有关质量

用电子天平测两弹簧总质量 m''。

用物理天平测滑块质量 m'。

五、数据记录及处理

将测量结果分别记录入下列表中并处理。

表 8.1　测弹簧弹性系数

弹　簧	m_i / g	x_i / cm	$x_{i+1}-x_i$	k/N · m^{-1}	$\bar{k}$ /N · m^{-1}
（Ⅰ）					
（Ⅱ）					

表 8.2　测振动周期

A/cm	振动 10 周 时间/s	T/s	$\bar{T}$ /s	理论值 $T'=2\pi\cdot\sqrt{\dfrac{m}{k_1+k_2}}$	相对误差
x_1					
x_2					
x_3					
x_4					

振动系统有效质量 $m=$

表 8.3　测振动能量

起始位置 x/cm	光电门	Δt / s	v/ m · s^{-1}	$E_k=\dfrac{1}{2}mv^2$ / J	$E_p=\dfrac{1}{2}(k_1+k_2)x^2$ / J	$E=E_k+E_p$ / J
	Ⅰ					
	Ⅱ					
	Ⅰ					
	Ⅱ					
	Ⅰ					
	Ⅱ					

第一光电门位置 x_1　　　　第二光电门位置 x_2　　　　挡光板长度 L

六、思考题

（1）实际操作中，滑块的振幅将逐渐减小，为什么？对实验有何影响？

（2）若将气轨从水平到倾斜到垂直，滑块振动还是简谐振动吗？为什么？振动周期有无变化？

七、实验总结

实验 9　刚体转动的研究

一、实验目的

（1）研究刚体转动时合外力矩与刚体转动角加速度的关系；

（2）考查刚体的质量分布改变时对转动的影响。

二、实验仪器及用具

刚体转动实验仪、停表、游标卡尺、天平、砝码、开关。

如图 9.1 所示为实验仪的示意图。图中横杆、重物和塔轮构成一转动系统，在砝码重力作用下可作匀加速运动。

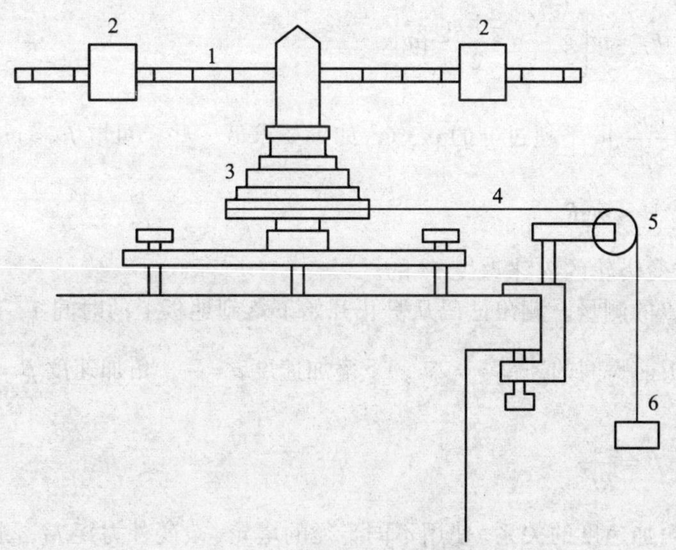

图 9.1　刚体转动实验仪

1—均匀的横杆；2—可转动的圆柱形重物；3—塔轮；4—引线；5—滑轮；6—砝码

三、实验原理

（1）根据刚体定轴转动定律，转动系统所受合外力矩 $M_{合}$ 与角加速度 β 的关系为

$$M_{合} = I\beta \tag{9.1}$$

式中：I 为该系统对回转轴的转动惯量。

合外力矩 $M_{合}$ 主要由引线的张力矩 M 和轴承的摩擦力矩 $M_{阻}$ 构成，则

$$M - M_{阻} = I\beta$$

摩擦力矩 $M_{阻}$ 是未知的，但是它主要来源于接触摩擦，可以认为是恒定的，因而将上式改为

$$M = I\beta + M_{阻} \tag{9.2}$$

在此实验中，若要研究引线的张力矩 M 与角加速度 β 之间是否满足式（9.2）的关系，就要测不同 M 时的 β 值。

① 关于引线张力矩 M。设引线的张力为 F_T，绕线轴半径为 R，则

$$M = F_T R$$

又设滑轮半径为 r，其转动惯量为 $I_{轮}$，转动时砝码下落加速度为 a，参照图 9.2 可以写成

$$mg - F_{T1} = ma$$

$$F_{T1}r - F_T r = I_{轮}\frac{a}{r}$$

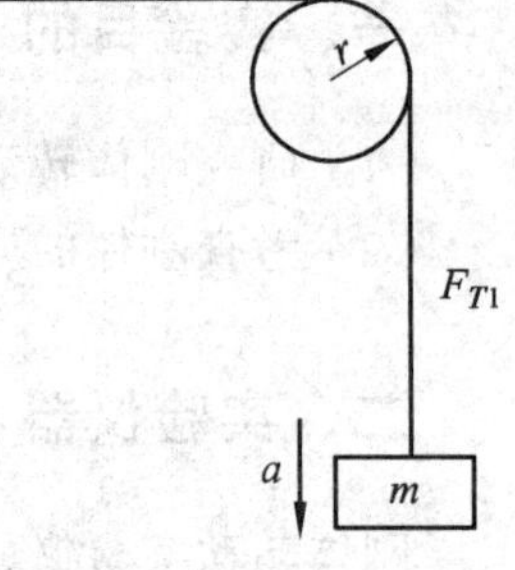

图 9.2　测引线张力矩

从上述两式中消去 F_{T1}，同时取 $I_{轮} = \frac{1}{2}m'r^2$（m' 为滑轮质量），得出

$$F_T = m\left[g - \left(a + \frac{1}{2}\frac{m'}{m}\right)a\right]$$

在此实验中，$\left(a + \frac{1}{2}\frac{m'}{m}\right)a$ 不超过 g 的 0.3%，如果要求低一些，可取 $F_T \approx mg$。这时

$$M \approx mgR \tag{9.3}$$

在实验中是通过改变塔轮的 R 来改变 M 的。

② 角加速度 β 的测量。测出砝码从静止开始下落到地板上的时间 t，路程 s，则平均速度 $\bar{v} = \frac{s}{t}$，落到地板前瞬间的速度 $v = 2\bar{v}$，下落加速度 $a = \frac{v}{t}$，角加速度 $\beta = \frac{a}{R}$，即

$$\beta = \frac{2s}{Rt^2} \tag{9.4}$$

③ 外力矩与角加速度的关系。使用不同半径的塔轮，改变外力矩 M，测量各角加速度 β，作 M-β 图线。这将是一条直线，其截距为阻力矩 $M_{阻}$，斜率为转动系统对转轴的转动惯量。

（2）考查刚体的质量分布对转动的影响。设两重物的位置为 x_1 和 x_2 时（见图 9.3）的转动惯量分别为 I_1 和 I_2，则有

$$\left.\begin{aligned} I_1 = I_0 + 2m_0x_1^2 \\ I_2 = I_0 + 2m_0x_2^2 \end{aligned}\right\} \tag{9.5}$$

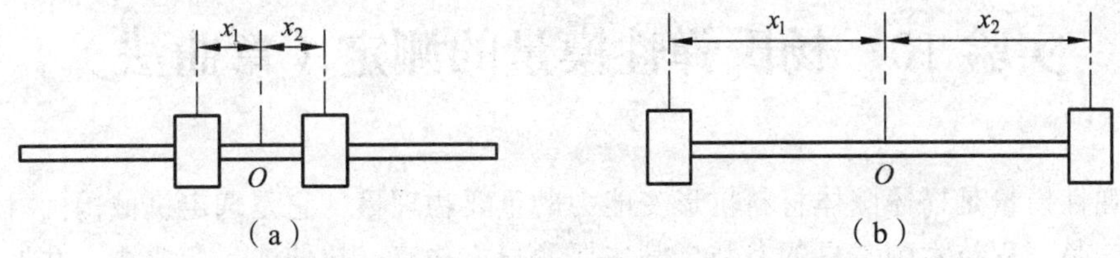

图 9.3　测重物位置改变时的转动惯量

式中：I_0 为 $x=0$ 时的转动惯量，当两次测量 $M_{合}$ 不变时，根据式（9.1），应有

$$I_1\beta_1 = I_2\beta_2$$

综合上式和式（9.5），得出

$$\frac{\beta_1}{\beta_2} = 1 + \frac{2m_0(x_2^2 - x_1^2)}{I_1} \tag{9.6}$$

式（9.6）反映出重物位置 x_1 改变时对转动的影响，也是对平行轴定理的验证。

四、实验内容

1. 考查张力矩 M 与角加速度 β 的关系

（1）用水准器将回转台调成水平，测出塔轮上各轮的直径。并在引线下端加一质量为 m 的砝码，横杆上重物移到最外侧。

（2）将引线分别绕在塔轮的各轮上，测出角加速度 β。

（3）作 M-β 直线，求出纵轴截距 a（即 $M_{阻}$）和斜率 b（即 I）。

2. 考查质量分布对转动的影响

（1）测出横杆上重物在最外侧时，其中心轴到回转轴的距离，设为 x_2，将引线绕在直径最小的轮上，悬挂砝码不变。

（2）改变重物的位置（两侧对称），测其中心轴到回转轴的距离 x 及角加速度 β（改变几次 x）。

根据式（9.5），应有

$$\frac{\beta}{\beta_2} = 1 + \frac{2m_0}{I}(x_2^2 - x^2)$$

作 $\frac{\beta}{\beta_2}$-$(x_2^2 - x^2)$ 图线，并进行分析。

五、数据记录及处理

六、思考题

如果重物对回转轴的分布不是对称的，这对实验是否有影响？

七、实验总结

实验 10　杨氏弹性模量的测定（弯曲法）

杨氏弹性模量是描述固体材料抗形变能力的重要物理量，它是选定机械构件材料的重要依据之一，是工程技术中常见的参数。其主要测量方法有：拉伸法、弯曲法、共振法、脉冲波、传输法等，后两种方法测量精度较高。本实验采用弯曲法测量。该实验从测量方法、仪器调整到数据处理都具有代表性，尤其是利用光杠杆原理测量微小长度变化的方法，简便易行，可以实现非接触式的放大测量，所以常被采用。

一、实验目的

（1）学习光杠杆原理并掌握调节和使用方法；

（2）用梁的弯曲法测定钢梁的杨氏弹性模量；

（3）学会用逐差法处理实验数据；

（4）掌握游标卡尺和螺旋测微器的原理和使用方法。

二、实验仪器及用具

弯曲仪、光杠杆、尺读望远镜、螺旋测微器、游标卡尺、钢卷尺。

三、实验原理

1. 杨氏弹性模量

任何固体在外力作用下都要发生形变，当外力撤除后物体能完全恢复原状的形变为弹性形变。如果加在物体上的外力过大，以致外力撤除后物体不能完全恢复原状而留下剩余形变，称为塑性形变。本实验只研究弹性形变。根据胡克定律，在弹性限度内，弹性体的相对伸长量与外应力成正比。

$$\frac{F}{S}=E\frac{\Delta L}{L} \tag{10.1}$$

式中：比例系数 E 称为该弹性体的杨氏弹性模量（单位为 $\mathrm{N\cdot m^{-2}}$ 或 Pa），它是表征材料本身的性质，E 越大，表示材料发生一定的弹性形变所需要的应力越大，或者在一定的应力作用下所产生的弹性形变越小。

如图 10.1，一根厚度为 h、宽度为 a 的规则矩形钢梁两端自由地放在一对平行的相距为 L 的刀刃上，在钢梁中点悬挂一重物 m 后，则梁被压弯下降 λ，称为驰垂度（挠度），这时钢梁的杨氏弹性模量

$$E=\frac{mgL^3}{4h^3a\lambda} \tag{10.2}$$

式中：m 是所加砝码质量；L 可以直接在弯曲仪上读出；h 用螺旋测微器测量；a 用游标卡

尺测量；驰垂度λ很小，本实验用光杠杆原理测量。

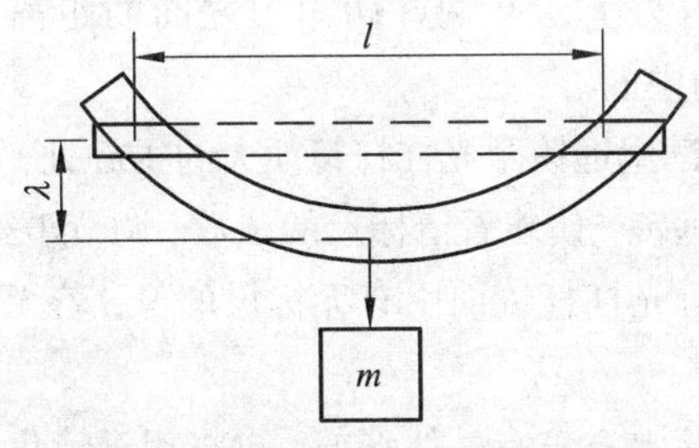

图 10.1 测钢梁杨氏弹性模量

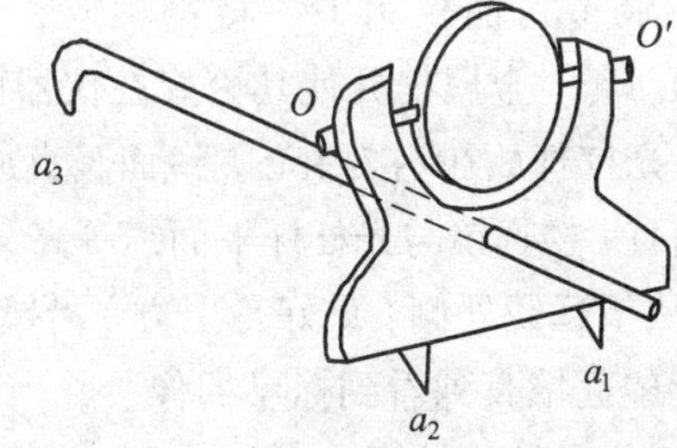

图 10.2 光杠杆

2. 用光杠杆测量微小长度变化

光杠杆的构造如图 10.2 所示，将一个平面镜固定在一个 T 形架上，在支架的下部安装三个脚尖，前两脚与镜面平行。测量时将后脚尖放在待测棒中心，前两脚尖放在前面辅助物上且三个脚尖在同一水平面内，使镜面竖直放置。在镜面相距 1 m 左右处放一尺读望远镜，适当调节后，从望远镜中就可以看清平面镜反射的标尺像，并可读出与望远镜叉丝横线相重合的标尺读数。原理如图 10.3 所示：K 值为光杠杆后脚尖到两前脚尖连线的垂直距离，称为光杠杆常数，D 为尺读望远镜标尺到光杠杆平面镜的距离。设未加砝码时，从望远镜中读标尺读数为 A_0，增加砝码后，钢梁被压弯λ，光杠杆的镜面转过θ角，平面镜的法线也转过θ角，则反射光线偏转 2θ，此时从望远镜中读标尺读数为 A_m。在$\lambda \ll K$ 的情况下，

$$\begin{cases}\tan\theta \approx \theta \approx \lambda / K \\ \tan 2\theta \approx 2\theta \approx (A_m - A_0)/D\end{cases} \Rightarrow \lambda = \frac{A_m - A_0}{2D}K \tag{10.3}$$

由式（10.3）可见，λ被放大了 $2D/K$ 倍，这样光杠杆就把原来的微小变化λ转换成数值较大的标尺读数变化量$(A_m - A_0)$。

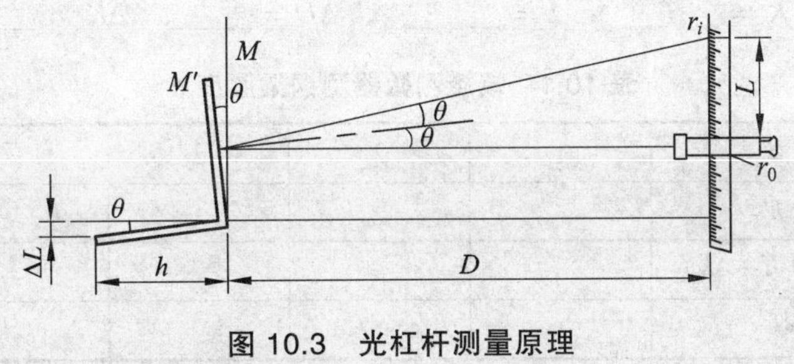

图 10.3 光杠杆测量原理

3. 钢梁的杨氏弹性模量计算公式

将式（10.3）代入式（10.2）得：

$$E = mgL^3 D / 2h^3 aK(A_m - A_0) \tag{10.4}$$

四、实验内容

（1）分别用游标卡尺和螺旋测微器测量钢梁宽度 a 和厚度 h，各测 3 次，注意仪器的零

点偏差。

（2）调节弯曲仪水平，将钢梁放在弯曲仪刀刃上，并调好两刀刃之间的距离（L = 400 mm），套上金属框并使其恰好在仪器两刀刃的中间。

（3）光杠杆放在钢梁中心，镜面竖直放置，尺读望远镜距光杠杆镜面大约 1 m 处，使标尺与地面垂直，望远镜与光杠杆平面镜等高，调好望远镜，使能看清标尺的读数。调节步骤如下：

① 从望远镜外侧（最好是上方）沿镜筒方向看光杠杆镜面中有无标尺的像，若无则左右移动尺读望远镜直到看到标尺的像。

② 调望远镜物镜对准光杠杆平面镜：先从镜筒上方三点一线调好，再将望远镜焦距调小（顺时针方向旋转到头）后从望远镜里面看，调节到物镜正对平面镜。

③ 移动目镜，使十字叉丝调到目镜的焦面上，即能清楚地看见十字叉丝，再调物镜焦距，看清标尺的刻度，并调好零刻线。

（4）测 A_m，A_0：先记下未加砝码时望远镜中间叉丝横线对准的刻度 A_0（最好调到零），再逐渐增加砝码（每次 200 g），连续加 7 次，可读出 8 个数据：A_0, A_1, A_2, A_3, A_4, A_5, A_6, A_7，再加上一个砝码，不读数，然后逐渐减去一个砝码又可读出 8 个数：A_7', A_6', A_5', A_4', A_3', A_2', A_1', A_0'，再重复一次。

（5）D 值和 K 值的测量。

D 值：用钢卷尺测量尺读望远镜刻度尺到光杠杆平面镜镜面的距离 D。

K 值：取光杠杆在白纸上压，印出三个脚的痕迹，用游标卡尺测量后痕点到两前痕点连线的垂直距离。

（6）将测得数据用逐差法处理，以平均值代入公式计算钢梁的杨氏弹性模量。

五、数据记录及处理

D = ________，K = ________，L = ________，ΔD = ______，ΔK = ________，ΔL = ______

表 10.1　螺旋测微器测钢梁厚度 *h*

次　数	1	2	3	平均值
读数 h'				
测量值 $h = h' - \Delta h_0$				
$\|\Delta h\|$				

Δh_0 = ______

表 10.2　游标卡尺测钢梁宽度 *a*

次　数	1	2	3	平均值
读数 a'				
测量值 $a = a' - \Delta a_0$				
$\|\Delta a\|$				

Δa_0 = ______

表 10.3 测 A_m，A_0

<table>
<tr><th rowspan="2">砝码
总质量/g</th><th colspan="5">望远镜中刻度尺读数/cm</th><th rowspan="2">m = 800g 之
读数差/cm</th><th rowspan="2">读数差的绝对
误差/cm</th></tr>
<tr><th>增加质量时</th><th>减少质量时</th><th>增加质量时</th><th>减少质量时</th><th>平均值</th></tr>
<tr><td>0</td><td></td><td></td><td></td><td></td><td></td><td rowspan="2">$\overline{A}_4-\overline{A}_0$</td><td rowspan="2">$\Delta(\overline{A}_4-\overline{A}_0)$</td></tr>
<tr><td>200</td><td></td><td></td><td></td><td></td><td></td></tr>
<tr><td>400</td><td></td><td></td><td></td><td></td><td></td><td rowspan="2">$\overline{A}_5-\overline{A}_1$</td><td rowspan="2">$\Delta(\overline{A}_5-\overline{A}_1)$</td></tr>
<tr><td>600</td><td></td><td></td><td></td><td></td><td></td></tr>
<tr><td>800</td><td></td><td></td><td></td><td></td><td></td><td rowspan="2">$\overline{A}_6-\overline{A}_2$</td><td rowspan="2">$\Delta(\overline{A}_6-\overline{A}_2)$</td></tr>
<tr><td>1 000</td><td></td><td></td><td></td><td></td><td></td></tr>
<tr><td>1 200</td><td></td><td></td><td></td><td></td><td></td><td rowspan="2">$\overline{A}_7-\overline{A}_3$</td><td rowspan="2">$\Delta(\overline{A}_7-\overline{A}_3)$</td></tr>
<tr><td>1 400</td><td></td><td></td><td></td><td></td><td></td></tr>
<tr><td colspan="6">平　　均　　值</td><td>$\overline{A_m-A_0}$</td><td>$\overline{\Delta(A_m-A_0)}$</td></tr>
</table>

在求 A_m-A_0 时采用逐差法处理，即将 $\overline{A}_0, \overline{A}_1, \overline{A}_2, \overline{A}_3, \overline{A}_4, \overline{A}_5, \overline{A}_6, \overline{A}_7$ 分成两组，取相应项的差值求平均，将 $\overline{A_m-A_0}$ 和 m = 800 g 代入公式（10.4）计算：

$$E_i=\frac{mgL^3D}{2\overline{h}^3\overline{a}\,\overline{(A_m-A_0)}K}=\_\_\_\_\_\_\_\_$$

由公式（10.4）推出相对误差公式：

$$\frac{\Delta E}{E_i}=3\frac{\Delta L}{L}+\frac{\Delta D}{D}+3\frac{\overline{\Delta h}}{\overline{h}}+\frac{\overline{\Delta a}}{\overline{a}}+\frac{\overline{\Delta(A_m-A_0)}}{\overline{A_m-A_0}}+\frac{\Delta K}{K}=\_\_\_\_\_\_\_\_$$

计算出绝对误差：

$$\Delta E=E_i\cdot(\Delta E/E_i)=\_\_\_\_\_\_$$

最后结果：

$$E=E_i\pm\Delta E_i=\_\_\_\_\_\_\pm\_\_\_\_\_\_$$

六、思考题

（1）杨氏模量一般是很大的量，试从物理意义上加以说明。

（2）在测量中，λ 等于多少？被光杠杆放大了多少倍？

七、注意事项

（1）仪器调好后，望远镜和光杠杆的位置和方向都不应再动。

（2）在增减砝码时，应轻拿轻放，等不晃动且稳定后再读数。

（3）测 K 值时注意不要打碎镜面。

八、实验总结

实验 11　杨氏弹性模量的测定（拉伸法）

一、实验目的

（1）用拉伸法测定金属丝的杨氏模量；

（2）学习光杠杆原理并掌握使用方法。

二、实验仪器及用具

杨氏模量测定仪、光杠杆、尺度望远镜、螺旋测微仪器、游标卡尺、砝码、米尺、金属丝。

杨氏模量测定仪如图 11.1 所示，A, B 为金属丝两端的螺丝夹，在 B 的下端挂有砝码托盘，调节仪器底部的螺丝 J 可使平台 C 水平，即金属丝与平台垂直，并且 B 刚好悬在 C 台圆孔中间。G 为光杠杆，它的前足尖担在 B 上，两后足尖在 C 台上。

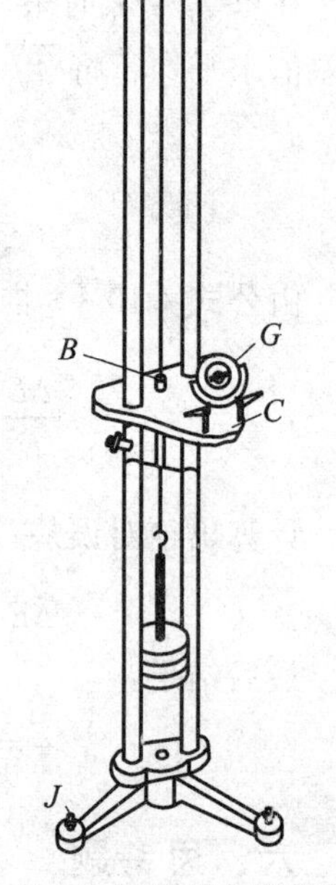

图 11.1　杨氏模量测定仪

三、实验原理

胡克定律指出，在弹性限度内，弹性体的应力和应变成正比。设一根长为 l、横截面积为 S 的钢丝，在外力 F 作用下伸长了 δ，则

$$\frac{F}{S}=E\frac{\delta}{l} \tag{11.1}$$

式中：比例系数 E 称为杨氏模量，单位为 $\mathrm{N\cdot m^{-2}}$。

设钢丝直径为 d，则 $S=\frac{1}{4}\pi d^2$，代入式（11.1）并整理得出

$$E=\frac{4Fl}{\pi d^2\delta} \tag{11.2}$$

式（11.2）表明，对于长度 l、直径 d 和所加外力 F 相同的情况下，杨氏模量大的金属丝的伸长量 δ 较小，而杨氏模量小的伸长量较大。因而，杨氏模量表达了材料抵抗外力产生拉伸（或压缩）形变的能力。

根据式（11.2）测杨氏模量时，伸长量 δ 比较小，不易测准，因此，测定杨氏模量的装置都是围绕如何测准伸长量而设计的。此实验是利用光杠杆装置去测量伸长量 δ。

参照图 11.2 安置光杠杆 G 及尺度望远镜，光杠杆前、后足尖的垂直距离为 d_1，光杠杆平面镜到尺的距离为 d_2，设加砝码质量为 m，金属丝伸长为 δ，加砝码前后望远镜中直尺的读数为 A_0 和 A_m，则

$$\delta = \frac{|A_m - A_0| d_1}{2d_2} \tag{11.3}$$

将 $F = mg$ 和式（11.3）代入式（11.2），得到用伸长法测金属丝杨氏模量 E 的公式为

$$E = \frac{8mgld_2}{\pi d^2 (A_m - A_0) d_1} \tag{11.4}$$

又设 $K =（A_m - A_0）/m$，则 K 为砝码质量改变一个单位，望远镜中所见尺的读数变化量，则式（11.4）改为

$$E = \frac{8gld_2}{\pi d^2 K d_1} \tag{11.5}$$

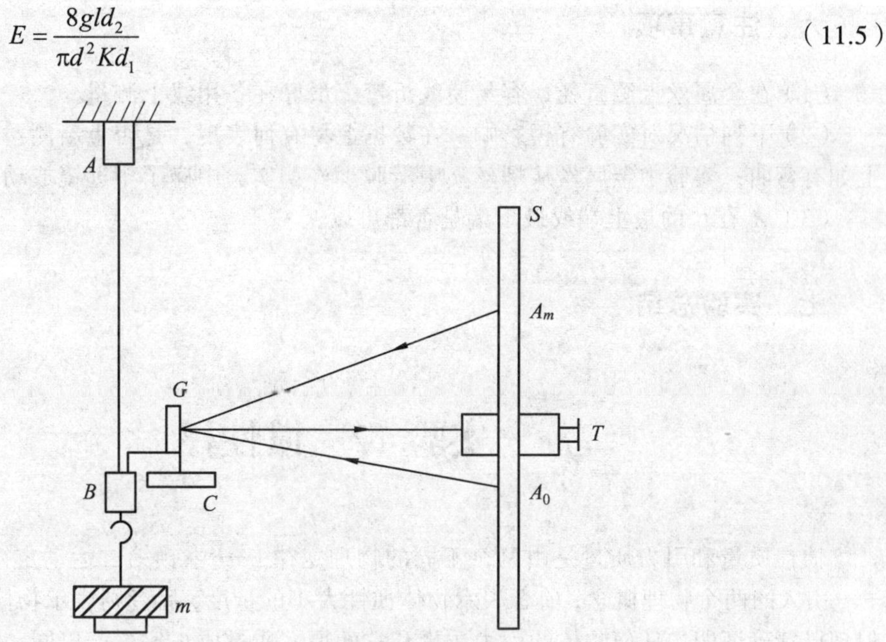

图 11.2　拉伸法测杨氏模量

四、实验内容

此实验要测的量有金属线长 l，金属丝直径 d，光杠杆镜面到直尺的距离 d_2，光杠杆前后足尖的垂直距离 d_1，加砝码 m 前后的读数 A_0 和 A_m。

选取适当仪器，测量 l，d，d_1 和 d_2，测量次数自己定。

测量 d_1 时，可将光杠杆轻轻在纸上压下三个足痕，用游标卡尺测 d_1 值。

关于 m、A_m 的测量：

（1）挂好金属丝后，加上砝码托及 1 ~ 2 kg 砝码（此砝码不必计入 m 中），将线拉直。

（2）安装尺度望远镜并调节好，从望远镜中的水平丝读出直尺读数为 A_0（此时取 $m = 0$）。

（3）逐次增加一定质量的砝码，相应的望远镜中尺的读数为 A_1，A_2，A_3，⋯，至少加 6 次砝码（加砝码后再一一减去，重复两次）。每次加多少砝码，要看金属丝的材料和直径，可请教指导教师。

（4）K 值的计算：取 $x_i = m_i$，$y_i = A_i$ 进行直线拟合（$y = a + bx$），用最小二乘法或其他方法求出斜率 b 及其标准偏差 s_b，此 b 值就是 K 值。

最后按式（11.5）计算 E 值，再按式（11.6）计算 E 值的标准不确定度 $u(E)$：

$$u(E) = E\left\{\left[\frac{u(l)}{l}\right]^2 + \left[\frac{u(d_2)}{d_2}\right]^2 + \left[\frac{u(d)}{d}\right]^2 + \left[\frac{u(K)}{K}\right]^2 + \left[\frac{u(d_1)}{d_1}\right]^2\right\} \tag{11.6}$$

五、数据记录及处理

六、注意事项

（1）在金属丝上测直径，容易使线折弯，最好在备用线上测量。

（2）下列情况对实验有否影响，在数据上将有何表现，是否重新测：实验之初，金属丝上如有弯曲；实验中金属丝从螺丝夹中滑脱少许；实验中碰了望远镜或动了光杠杆。

（3）A_0 在尺的最上端或最下端是否都可以？

七、实验总结

实验 12　惯性秤

惯性质量和引力质量是由两个不同的物理定律——牛顿第二运动定律和万有引力定律——引入的两个物理概念，前者表示物体惯性大小的量度，后者则表示物体引力大小的量度。但现已精确证明，任何物体的引力质量和它的惯性质量成正比，若以同一物体的相应质量作为单位质量，则任何物体的两种质量是同样的，因此，我们可以用一物理量“质量”来表示惯性质量和引力质量。

由牛顿第二运动定律和万有引力定律，原则上讲，可以有两种测定质量的方法：一是通过待测物和选做质量标准的物体达到力矩平衡的杠杆原理求得，用天平称质量就是根据该原理；另一种是由测定待测物体和标准物体在相同的外力作用下的加速度而求得。惯性秤测定质量的原理就是后者。

一、实验目的

（1）掌握用惯性秤测定物体质量的原理和方法；

（2）了解仪器的定标和使用。

二、实验仪器及用具

惯性秤（见图 12.1）、周期测定仪、定标用标准质量块（共 10 块）、待测物体。

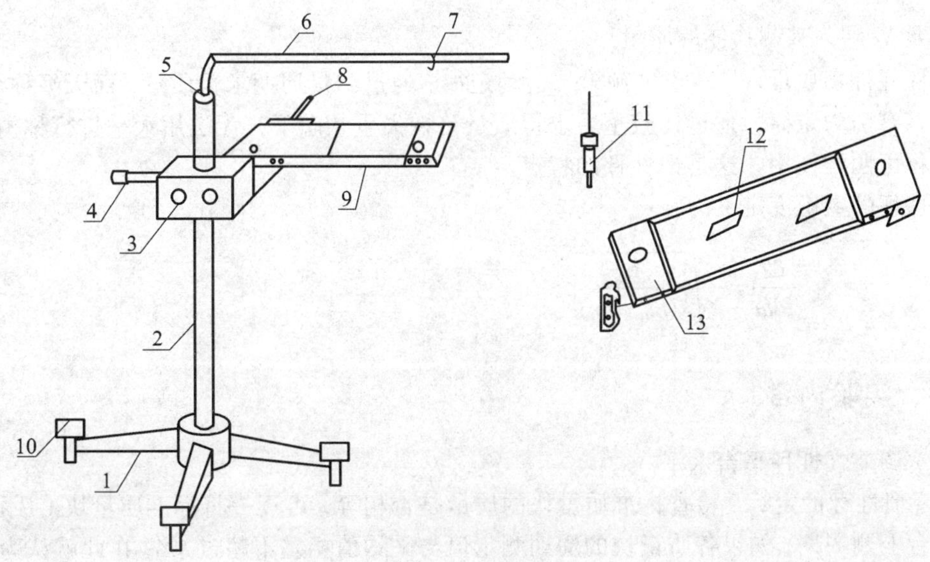

图 12.1　惯性秤

1—三脚架；2—立柱；3—固定座；4—旋钮；5—螺母；6—吊杆；7—挂钩；8—球型手柄；9—秤体；10—水平螺栓；11—待测物体；12—片状砝码；13—平台

惯性秤由两条相同的弹性钢片把秤台和固定座连接起来成一秤体，通过固定座把秤体安装在 3 号座上，秤体的周期用周期测定仪以光电计时法测定。

三、实验原理

惯性秤平台调平后，将其沿水平方向推开一小段距离，平台及其上的物体将在振臂的弹性恢复力作用下左右摆动。在平台上负载不大且平台位移较小的情况下，可以近似地认为平台位移和弹性恢复力成正比，即平台是在水平方向作简谐振动。

$$F=-kx=(m_0+m_i)\frac{\mathrm{d}^2x}{\mathrm{d}t^2} \tag{12.1}$$

式中：m_0 为平台的等效惯性质量；m_i 为砝码或待测物的惯性质量；k 为悬臂振动体的劲度系数。解此方程，得平台及其上物体的振动周期 T：

$$T=2\pi\sqrt{\frac{m_0+m_i}{k}} \tag{12.2}$$

将式（12.2）改写成

$$T^2=\frac{4\pi^2}{k}m_0+\frac{4\pi^2}{k}m_i \tag{12.3}$$

上式表明，惯性秤水平振动周期 T 的平方和附加质量 m_i 成线性关系。

先测得空秤（$m_i=0$）时的周期 T_0，然后将具有相同惯性质量的片状砝码插入平台，测得相应的周期 T_1, T_2 ⋯，作 T^2-m_i 直线图或 T-m_i 曲线图，这就是该惯性秤的定标曲线。如需测量某待测物的质量，可将其置于惯性秤上，测出周期 T_j，即可从定标图线上查出 T_j 对应的惯

性质量 m_j，即为被测物体的质量。

惯性秤称衡质量，是基于牛顿第二运动定律，通过测量周期求得质量；而天平称衡质量，是基于万有引力定律，通过比较重力求得质量。在失重状态下，无法用天平进行称衡质量，而惯性秤可照样使用，这是惯性秤的特点。

惯性秤的灵敏度定义为：

$$\frac{\mathrm{d}T}{\mathrm{d}m}=-\sqrt{\frac{\pi}{k(m_0+m_i)}} \tag{12.4}$$

四、实验内容

（1）调节惯性秤平台水平。

（2）惯性秤的定标。检查标准质量块的质量是否相等，可逐一将标准质量块（片状砝码）置于秤台上测周期，如果各质量块的周期测定值与平均值相差不超过 1%，在此就认为标准质量块的质量是相等的，并且取标准质量块质量的平均值作为此实验中的质量单位。

测空秤的周期 T_0，再依次增加片状砝码 m_i 插入平台中，测量它们的周期 T_i，作定标线（T^2-m_i 或 T-m_i），或求出线性拟合式 $T^2=a+bm$ 的参数 a, b 值。利用定标线或此拟合式，就可从未知质量物体的周期求出其质量。

（3）测待测物质量。将待测物置于秤台中间的孔中，测振动周期 T_j，根据定标曲线找出其对应的质量（或用拟合式计算）。

（4）考察重力对惯性秤的影响：

① 水平放置惯性秤，待测物（圆柱体）通过长约 50 cm 的细线铅直悬挂在秤的圆孔中（图 12.2）。此时圆柱体的重量由吊线承担，当秤台振动时，带动圆柱体一起振动，测其周期。将此周期和前面测定值比较一下，说明二者为何不同。

② 垂直放置惯性秤，使秤在铅直面内左右振动，插入标准质量块测周期。将其和惯性秤在水平方向的周期值进行比较，说明周期变小的原因。

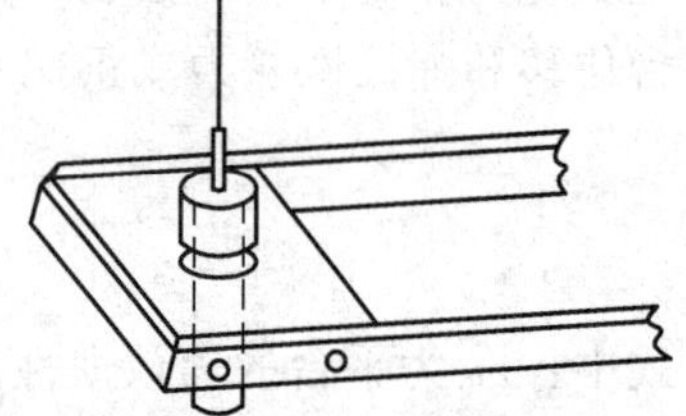

图 12.2　水平放置惯性秤，测待测物周期

（5）研究惯性秤的线性测量范围。T^2 与 m 保持线性关系所对应的质量变化区域称为惯性秤的线性测量范围。由式（12.3）可知，只有在悬臂水平方向的劲度系数保持为常数时才成立，当惯性秤上所加质量太大时，悬臂将发生弯曲，k 值也将有明显变化，T^2 与 m 的线性关系自然受到破坏。

按上述分析，检查所用惯性秤的线性测量范围。

五、数据记录及处理

自己设计数据记录表格并处理数据。

六、误差分析

七、思考题

（1）说明惯性秤称衡质量的特点。

（2）能否设想出其他测量惯性质量的方案？

（3）根据所用周期测试仪的时间测量的分辨率，此惯性秤所能达到的质量灵敏度为多少（不考虑其他误差）？

八、实验总结

实验13　单　摆

牛顿、惠更斯等物理学家都对单摆进行过细致的实验研究，但最早是伽利略发现单摆每次摆动的时间是一样的，即使它摆动变慢时也是一样的（等时性原理）。

等时性原理最直接的应用是计时装置，它导致了世界上第一个精确时钟的发明，即使今天，石英表中的计时装置——石英晶振也是利用简谐振子的这一原埋。

单摆的结构如图13.1所示，其原理参见《大学物理》理论教材中简谐振动的有关内容，单摆振动的近似周期公式为

$$T=\frac{2\pi}{\omega}=2\pi\sqrt{\frac{L}{g}}$$

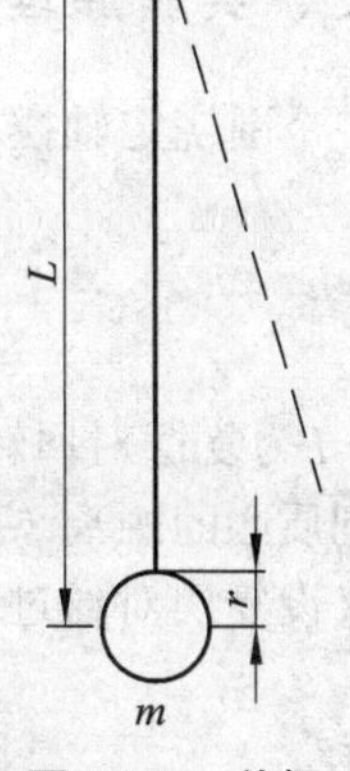

图13.1　单摆

一、实验内容

自行设计实验方案，设计一个单摆装置，合理选择测量仪器和方法，测量重力加速度。

二、思考题

（1）测量单摆周期的计时位置对测量精度有何影响？

（2）单摆周期的经验公式为

$$T=2\pi\sqrt{\frac{g}{L}\left(1+\frac{d^2}{20L^2}-\frac{m_0}{12m}\left(1+\frac{d}{2L}+\frac{m_0}{m}\right)+\frac{\rho_0}{2\rho}+\frac{\theta^2}{16}\right)}$$

式中：T 是单摆的振动周期；L，m_0 是单摆的线长和质量；d，m，ρ 分别是摆球的直径、质量和密度；ρ_0 是空气密度；θ 是摆角。

设 $\rho_0=1.3\times10^{-3}\ \mathrm{g\cdot cm^{-3}}$，$\theta=5°$，实验中分别测量以上各值，然后计算各分量对单摆周期 T 的影响，并由此讨论实验可能得到的最高精度。

式中等号右边第二项表示摆球几何形状对 T 的影响，第三项表示摆的质量对 T 的影响，

第四项表示空气浮力的影响，第五项表示摆角的影响。

实验 14　复摆振动的研究

一、实验目的

（1）考查复摆振动时振动周期与质心到支点距离的关系；

（2）测出重力加速度、回转半径和转动惯量。

二、实验仪器及用具

复摆、米尺、停表、天平、测重心位置用支架。

三、实验原理

一个围绕定轴摆动的刚体就是复摆，当摆动的振幅甚小时，其振动周期 T 为

$$T = 2\pi\sqrt{\frac{I}{mgh}} \tag{14.1}$$

式中：I 为复摆对回转轴 O 的转动惯量；m 为复摆的质量；g 为当地的重力加速度；h 为摆的支点到质心的距离（图 14.1）。

又设复摆对通过质心 G、平行于 O 轴的轴的转动惯量为 I_G，则

$$I = I_G + mh^2 \tag{14.2}$$

而 I_G 又可写成 $I_G = mk^2$，k 是复摆对 G 轴的回转半径，由此可将式（14.1）改为

$$T = 2\pi\sqrt{\frac{k^2 + h^2}{gh}} \tag{14.3}$$

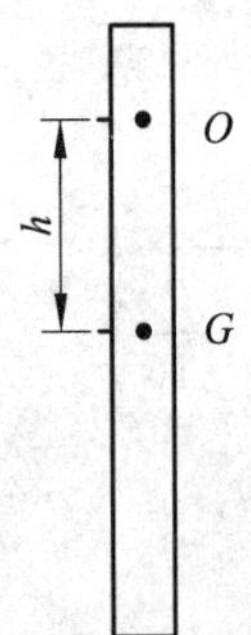

图 14.1　复摆支点到质心距离

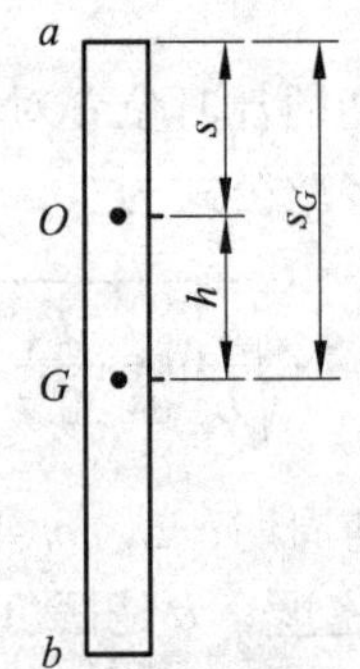

图 14.2　测复摆周期

四、实验内容

（1）测量对应不同支点的周期。支点位置，用从摆的一端 a 量度的距离 s 表示。将支点由靠近 a 端开始，逐渐移向 b 端并测周期 T，摆角小于 5°，改变支点 10 ~ 20 次（图 14.2）。要求测得的周期 T 的相对误差小于 0.5%。

（2）测定质心 G 的位置 S_G。将复摆水平放在支架的刀刃上（图 14.3），利用杠杆原理寻找 G 点的位置，要求 S_G 的误差在 1 mm 以内。

（3）求出各 s 值对应的 h 值（h 均取正值），作 T-h 曲线（图 14.4）。

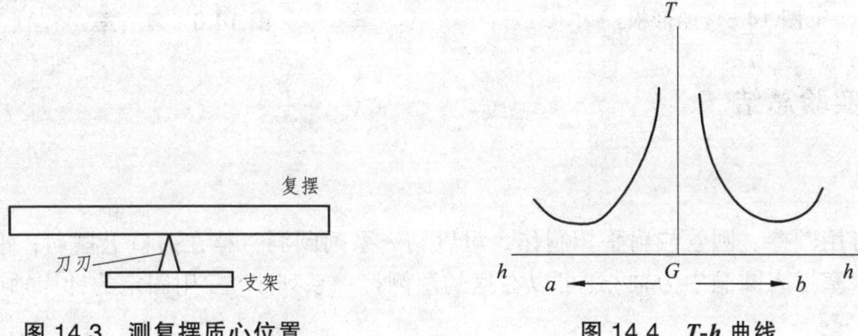

图 14.3　测复摆质心位置　　图 14.4　***T-h*** 曲线

（4）将式（14.3）改写成为

$$T^2 h=\frac{4\pi^2}{g}k^2+\frac{4\pi^2}{g}h^2 \tag{14.4}$$

（5）令 $y=T^2h$，$x=h^2$，则式（14.4）可写成

$$y=\frac{4\pi^2}{g}k^2+\frac{4\pi^2}{g}x \tag{14.5}$$

从测量可得出 n 组（x，y）值，用最小二乘法求出拟合直线 $y=A+Bx$ 的 A（$=\frac{4\pi^2}{g}k^2$）和 B（$=\frac{4\pi^2}{g}$），再由 A，B 求出 g 和 k 值，并计算 g 的不确定度，最后求出 I_G 值。

提示：在 T-h 图上如有明显偏离曲线的点，应重新测量。

五、数据记录及处理

六、思考题

（1）设想在复摆的某一位置上加一配重时，其振动周期将如何变化（增大、缩短、不变）？

（2）用一块均匀的平板，切割下如图 14.5 的船形板，如何用实验的方法求出该船形板在其质心（位置未知）周围的转动惯量（轴与板面垂直）？

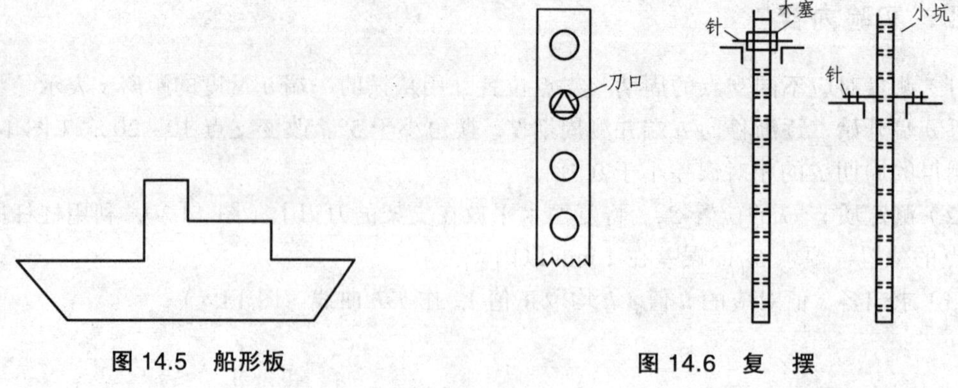

图 14.5　船形板　　　　图 14.6　复　摆

七、实验总结

附录

复摆可用圆棒、圆管或扁平棒制作，可以钻一系列圆洞，挂在刀口上摆动；也可以用穿一细针的木塞插入圆洞中为轴；还可以在摆的两侧打一系列小坑，用固定的针为轴（图 14.6）。

实验 15　物体密度的测定

前面的实验中，我们已经学习了用直接法和间接法测固体密度的多种方法，本实验提出测量小密度值的固体或液体的密度问题。

一、实验任务

测定石蜡、酒精的密度。

二、实验要求

（1）设计实验方案，写出测量公式，简述实验方法。
（2）拟定实验步骤及数据记录表格。
（3）测出物体的密度，正确表示实验结果。
（4）分析讨论误差产生的原因。

三、实验仪器及用具

待测石蜡和酒精、密度未知的金属块、物理天平、比重瓶、烧杯、蒸馏水。

四、实验提示

可参考前面测密度实验的方法，自行设计。

实验 16　气垫导轨上测滑块的瞬时速度

在气垫实验中，是以滑块用很短的时间 Δt 通过一段很短的距离 Δx 的平均速度来近似代替瞬时速度，而遮光片的挡光距离 Δx 越大，所用的时间 Δt 越长，测出的瞬时速度值误差就越大。本实验将研究一个能准确地测出滑块瞬时速度的方法。

一、实验任务

测定运动滑块上某点在气轨斜面上某处的瞬时速度。

二、实验要求

（1）不能用平均速度近视等于瞬时速度。

（2）由要求（1）设计出一种测量瞬时速度的方法，写出实验原理，导出测量公式，并选择适当的仪器进行测量。

（3）拟出实验步骤，列出数据记录表格，正确记录数据，并注意有效数字位数。

（4）用作图法（外推）或最小二乘法处理数据，分析评论此种测速方法的优点。

三、实验仪器及用具

不同宽度的实心、空心遮光片若干（至少 5 种以上）、数字计时器及附件、气垫导轨及附件、游标卡尺。

四、实验提示

根据定义，瞬时速度是平均速度的极限，即

$$v_{瞬} = \lim_{\Delta t \to 0} \frac{\Delta x}{\Delta t}$$

由上式，可将气垫调成倾斜，令滑块从一固定位置 A 点开始下滑，并测出滑块经过 P 点（P 点距 A 点约 50.0 cm）的瞬时速度。

方法 1：采用不同程度的遮光片测量，用极限法得到结果。

方法 2：用匀加速直线运动规律求解。

实验 17 用焦利氏秤测量弹簧的有效质量

自然界存在着多种振动现象，其中最简单的振动是简谐振动。一个复杂的振动都可以看成是由许多个简谐振动合成的，因此，简谐振动是最基本、最重要的振动形式。本实验通过对焦利氏秤上弹簧振子的运动规律和有效质量的研究，加深对简谐振动的认识。

一、实验任务

研究焦利氏秤上弹簧的简谐振动，测量弹簧的有效质量，验证振动周期与质量的关系。

二、实验要求

(1)设计出测定简谐振动周期与弹簧的倔强系数、弹簧振子的有效质量数值关系的方法，写出实验原理和测量公式。

(2)拟出实验步骤，列出数据记录表格（建议多次测量以减小误差）。

(3)用作图法或逐差法处理数据。

三、实验仪器及用具

焦利氏秤及附件、天平、停表或数字计时器。

四、实验提示

在一上端固定的弹簧秤下悬一质量为 m 的物体，弹簧的倔强系数为 k。在弹簧的弹性恢复力作用下，如果略去阻力，则物体作简谐振动。不考虑弹簧自身的质量时列出振动周期 T 与质量 m、倔强系数 k 的关系式。

由于焦利氏秤的弹簧 k 值很小，弹簧自身的有效质量 m_0 与弹簧下所加的物体（包括小镜子、砝码托盘和砝码）的质量相比不能略去，在研究弹簧的简谐振动时，需考虑其有效质量。当考虑弹簧的有效质量时，T，k，m，m_0 等的关系又如何？

第三章　热学实验

实验 18　固体比热容的测量（混合法）

一、实验目的

（1）掌握基本的量热方法——混合法；
（2）测定金属的比热容。

二、实验仪器及用具

量热器、温度计$\left(\frac{1}{10}\ ^\circ\mathrm{C}\right)$、物理天平、停表、加热器、小量筒、待测物（金属块）。

三、实验原理

温度不同的物体混合之后，热量将由高温物体传给低温物体。如果在混合过程中和外界没有热交换，最后将达到均衡稳定的平衡温度，在这个过程中，高温物体放出的热量等于低温物体所吸收的热量，称为热平衡原理。本实验即根据热平衡原理用混合法测固体的比热容。

将质量为m、温度为t_2的金属块投入量热器的水中。设量热器（包括搅拌器和温度计插入水中的部分）的热容为C，其中水的质量为m_0，比热容为c_0，待测物投入水中之前的温度为t_1。待测物投入水中以后，其混合温度为θ，则在不计量热器与外界的热交换的情况下，存在下列关系：

$$mc(t_2-\theta)=(m_0c_0+C)(\theta-t_1) \tag{18.1}$$

即

$$c=\frac{(m_0c_0+C)(\theta-t_1)}{m(t_2-\theta)} \tag{18.2}$$

量热器的热容C也可以用混合法测量。即先将热容器中加入质量为m_0'（以 g 为单位）的水，它和量热器的温度为t_1'，其次将质量为m_0''（以 g 为单位）、温度为t_2'的温水迅速倒入量热器中，搅拌后的温度为θ'，则根据式（18.1），得

$$m_0''c_0(t_2'-\theta')=(m_0'c_0+C)(\theta'-t_1') \tag{18.3}$$

即

$$C=\frac{m_0''c_0(t_2'-\theta')}{\theta'-t_1'}-m_0'c_0 \tag{18.4}$$

但是用混合法测量热器热容 C 时，要注意使水的总质量 $m_0' + m_0''$ 和实际测金属块比热容时水的质量 m_0 大体相等，混合后的温度 θ' 也应该和测金属块比热容时混合温度 θ 尽量接近才好。

上述讨论是在假定量热器与外界没有热交换时的结论。实际上只要有温度差异就必然会有热交换存在，因此，必须考虑如何防止或进行修正热散失的影响。热散失的途径主要有三种：第一是加热后的物体在投入量热器水中之前散失的热量。这部分热量不容易修正，应尽量缩短投放时间。第二是在投下待测物后，在混合过程中量热器由外部吸热和高于室温后向外散失的热量。在本实验中由于测量的是导热良好的金属，从投下物体到达混合温度所需时间较短，可以采用热量出入相互抵消的方法，消除散热的影响。即控制量热器的初温 t_1，使 t_1 低于环境温度 t_0，并使 $(t_0 - t_1)$ 大体上等于 $(\theta - t_0)$。第三是量热器外部水蒸发损失的热量。注意量热器外部不要有水附着（可用干布擦干净），可减小其影响。

由于混合过程中量热器与环境有热交换，先是吸热，后是放热，致使由温度计读出的初温 t_1 和混合温度 θ 都与无热交换时的初温度和混合温度不同。因此，必须对 t_1 和 θ 进行修正。可用图解法进行，如图 18.1 所示。

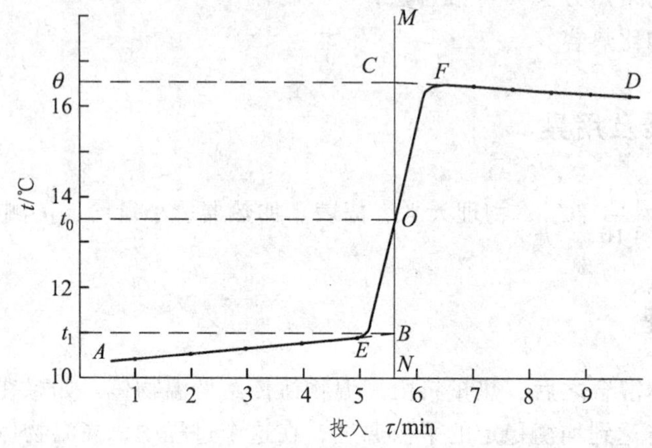

图 18.1　图解法修正 t_1，θ

实验时，从投物前五六分钟开始测水温，每 10 s 测一次，记下投物的时刻与温度，记下到达室温 t_0 的时刻 τ_{t0}，水温达最高点后继续测五六分钟，在图中，过 τ_{t0} 作一竖直线 MN，过 t_0 作一水平线，二者交于 O 点。然后描绘出投物前的吸热线 AB，与 MN 交于 B 点，混合后的放热线 CD 与 MN 交于 C 点。混合过程中的温升线 EF，分别与 AB、CD 交于 E 和 F。因水温达到室温之前，量热器一直在吸热，混合过程的初温是与 B 点对应的 t_1，此值高于投物时记下的温度。同理，水温高于室温后，量热器向环境散热，故混合后的最高温度是 C 点对应的温度 θ，此值也高于温度计显示的最高温度。

在图中，吸热用面积 BOE 表示，散热用面积 COF 表示，当两面积相等时，说明实验过程中对环境的吸热与放热相抵消。否则，实验将受环境影响。实验中，力求两面积相等。

此外，要注意温度计本身的系统误差。设温度计在冰点时读数为 Δ_0，温度计刻度值 1 ℃ 对应的真实值为 α，则温度计读数为 t' 时，其真实温度

$$t = (t' - \Delta_0)\alpha \tag{18.5}$$

每支温度计的 Δ_0 和 α 值都标在仪器卡片上。

四、实验内容

（1）将蒸汽锅中加入半锅水，并和加热器连接好后开始加热。

（2）用物理天平称被测金属块的质量 m，然后将其放入加热器的筒中加热。筒中插入的温度计要靠近待测物。

（3）确定量热器的热容 C。

（4）用烧杯盛低于室温的冷水，称得其质量为 m_{01}，将冷水倒入量热器（约为其容积的 2/3）后再称得烧杯的质量为 m_{02}，则量热器中水的质量 $m_0 = m_{01} - m_{02}$。开始测水温并记录时间，每 30 s 测一次，连续测下去。

（5）当加热器中温度计指示值稳定不变后，再过几分钟测其温度 t_2，就可将被测物体投入量热器中。投放时，将量热器置于加热器的下面，打开量热器上部的投入口和加热器下部的活门，敏捷地将物体放（不是投）入量热器中。记下物体放入量热器的时间和温度。搅拌并观察温度计读数，每 30 s 测一次，继续 5 min。

（6）绘制 t-τ 图，求出混合前的初温 t_1 和混合温度 θ。

（7）将上述各测量值代入式（18.2）求出被测物的比热容及其标准不确定度。比热容的单位为 $\mathrm{J \cdot kg^{-1} \cdot {}^\circ C^{-1}}$。水的比热容 c_0 为 $4.187 \times 10^3\ \mathrm{J \cdot kg^{-1} \cdot {}^\circ C^{-1}}$。

五、数据记录与处理

表 18.1　测量热器热容

m_0'	m_0''	t_1'	t_2'	θ'

表 18.2　测混合前初温

t_{10}	t_{11}	t_{12}	t_{13}	t_{14}	t_{15}	t_{16}	t_{17}	t_{18}	t_{19}	t_{110}

表 18.3　测混合温度

θ_0	θ_1	θ_2	θ_3	θ_4	θ_5	θ_6	θ_7	θ_8	θ_9	θ_{10}

表 18.4　测物体比热容

m	m_{01}	m_{02}	m_0	t_1	t_2	θ	q

六、误差分析

七、思考题

如果用混合法测液体的比热容，说明实验如何安排。

八、注意事项

（1）量热器中温度计位置要适中，不要靠近放入的高温物体，因为未混合均匀的局部温度可能很高。

（2）t_1 的数值不宜比室温低得过多（控制在 2 ~ 3 °C 左右即可），因为温度过低可能使量热器附近的温度降到零点，致使量热器外侧出现凝结水，而在温度升高后这些凝结水蒸发时将散失较多的热量。

（3）搅拌时不要过快，以防水溅出。

九、实验总结

实验 19　液体黏滞系数的测量

一、实验目的

根据斯托克斯公式用落球法测定油的黏滞系数。

二、实验仪器及用具

黏滞系数测定装置、停表、螺旋测微器、游标卡尺、分析天平、密度计或比重计、温度计、小球、镊子、待测液体（蓖麻油）、磁铁。

三、实验原理

当半径为 r 的光滑圆球，以速度 v 在均匀的无限宽广的均匀液体中运动时，若速度不大，球也很小，在液体中不产生涡流的情况下，斯托克斯指出球在液体中所受到的阻力 F 为

$$F = 6\pi\eta vr \tag{19.1}$$

式中：η 为液体的黏滞系数。

此式称为斯托克斯公式。从上式可知，阻力 F 的大小和物体运动的速度成正比。

当质量为 m、体积为 V 的小球在密度为 ρ 的液体中下落时，作用在小球上的力有三个：① 重力 mg，② 液体的浮力 ρVg，③ 液体的黏滞阻力 $6\pi\eta vr$。这三个力都作用在同一铅直线上，重力向下，浮力和阻力向上（图 19.1）。球刚开始下落时，速度 v 很小，阻力不大，小球作加速下落。随着速度的增加，阻力逐渐加大，速度达到一定值时，阻力和浮力之和等于重力，此时物体运动的加速度等于零，小球开始匀速下落，即

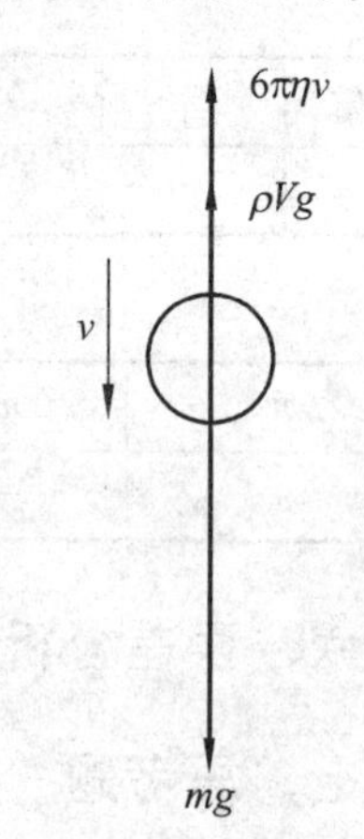

图 19.1　小球在液体中下落时受力

$$mg = \rho Vg + 6\pi\eta vr$$

此时的速度称为收尾速度。由此式可得

$$\eta = \frac{(m-\rho V)g}{6\pi rv}$$

将$V = \frac{4}{3}\pi r^3$代入上式，得

$$\eta = \frac{m - \frac{4}{3}\pi r^3 \rho}{6\pi rv} g \tag{19.2}$$

由于液体在容器中，不满足无限宽广的条件，这时实际测得的速度v_0和上述式中的理想条件下的速度v之间存在如下关系

$$v = v_0\left(1+2.4\frac{r}{R}\right)\left(1+3.3\frac{r}{H}\right) \tag{19.3}$$

式中：R为盛液体圆筒的半径；H为筒中液体的深度。

将式（19.3）代入式（19.2），得出

$$\eta = \frac{\left(m - \frac{4}{3}\pi r^3\rho\right)g}{6\pi rv_0\left(1+2.4\frac{r}{R}\right)\left(1+3.3\frac{r}{H}\right)} \tag{19.4}$$

斯托克斯公式是假设在无涡流的理想状态下导出的，实际上，小球下落时不是处于这样的理想状态，因此还要进行修正。已知在这时的雷诺数Re为

$$Re = \frac{2rv_0\rho}{\eta} \tag{19.5}$$

当雷诺数不甚大（一般在$Re<10$）时，斯托克斯公式修正为

$$F = 6\pi rv\eta\left(1+\frac{3}{16}Re - \frac{19}{1\,080}Re^2\right) \tag{19.6}$$

则考虑此项修正后的黏滞系数测得值η_0为

$$\eta_0 = \eta\left(1+\frac{3}{16}Re - \frac{19}{1\,080}Re^2\right)^{-1} \tag{19.7}$$

实验时，先由式（19.4）求出近似值η，用此η代入式（19.5）求出Re，最后由式（19.7）求出最佳值η_0。

四、实验内容

（1）实验装置如图 19.2 所示。

（2）将待测液体加至油筒上方两红线之间。

（3）测量 N_1N_2 间距离 l，盛待测液圆筒的半径 R，液体深度 H。

（4）用密度计或比重计测量待测液体的密度 ρ。

（5）用乙醚-酒精混合液体洗净小球、擦干后，测量半径 r 和质量 m（分别测 10 个球的半径、质量取平均），测后将其浸在和待测液相同的液体中待用。

（6）将油筒调到铅直方向。

（7）用镊子取一个小球，在油筒中心轴线处放入油中，用停表测出小球通过 N_1N_2 间的时间 t，逐一测量求出 t 的平均值，再求 v_0。

（8）温度对黏滞系数影响较大，测量前后各测一次温度，取平均值。

（9）根据测量数据计算黏滞系数。

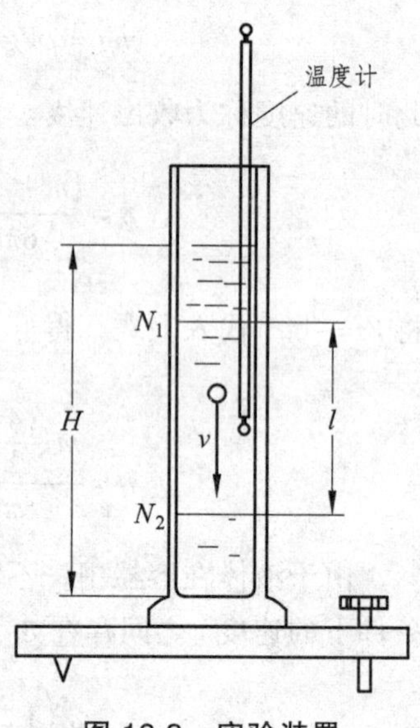

图 19.2 实验装置

五、数据记录及处理

（1）记录。

表 19.1 测一些常量

H/m	l/m	R/m	m/kg	ρ	T_1/°C	T_2/°C	T/°C	$\bar{T}$ /°C

表 19.2 测小球半径 单位：mm

r_1	r_2	r_3	r_4	r_5	r_6	r_7	r_8	r_9	r_{10}	$\bar{r}$

表 19.3 测小球下落时间 单位：s

t_1	t_2	t_3	t_4	t_5	t_6	t_7	t_8	t_9	t_{10}	$\bar{t}$

（2）用算术平均绝对误差表示测量结果［计算误差时，按式（19.2）考虑即可，修正项的误差一般影响不大，可以略去不计］。

六、误差分析

七、思考题

（1）如果用实验的方法求修正项的修正系数 2.4，应如何进行？

（2）如果投入小球偏离圆筒中心轴线，将出现什么影响？

八、注意事项

（1）小球要清洗干净。

（2）读取时间时眼睛要平视小球和标线。

（3）实验过程中要尽量满足公式的适用条件。

实验 20 导热系数的测定

导热系数是表征物质热传导性的物理量。材料结构的变化与所含杂质等因素都会对导热系数产生明显的影响，因此，材料的导热系数常常需要通过实验来具体测定。测量导热系数的方法比较多，但可以归并为两类基本方法：一类是稳态法，另一类是动态法。用稳态法时，先用热源对测试样品加热，并在样品内部形成稳定的温度分布，然后进行测量。而在动态法中，待测样品中的温度分布是随时间变化的，如周期性变化等。本实验采用稳态法进行测量。

一、实验目的

用稳态法测出不良导体的导热系数，并与理论值进行比较。

二、实验仪器及用具

导热系数测定仪、杜瓦瓶、游标卡尺。

三、实验原理

根据傅里叶导热方程式，在物体内部，取两个垂直于热传导方向、彼此间相距为 h、温度分别为 T_1、T_2 的平行平面（设 $T_1 > T_2$），若平面面积均为 S，在 Δt 时间内通过面积 S 的热量 ΔQ 满足下述表达式：

$$\frac{\Delta Q}{\Delta t} = \lambda S \frac{T_1 - T_2}{h} \tag{20.1}$$

式中：$\frac{\Delta Q}{\Delta t}$ 为热流量；λ 即为该物质的热导率（又称为导热系数），λ 在数值上等于相距单位长度的两平面温度相差 1 个单位时，单位时间内通过单位面积的热量，其单位是 $\mathrm{W \cdot m^{-1} \cdot K^{-1}}$。

实验仪器如图 20.1 所示：在支架 D 上先放上圆铜盘 P，在 P 的上面放上待测样品 B（圆盘形的不良导体），再把带发热器的圆铜盘 A 放在 B 上，发热器通电后，热量从 A 盘传到 B，再传到 P 盘，由于 A，P 盘都是良导体，其温度即可代表 B 盘上、下表面的温度 T_1，T_2，分别由插入 A，P 盘边缘小孔热电偶 E 来测量。热电偶的冷端则浸在杜瓦瓶中的冰水混合物中，通过双刀双掷开关 G，切换 A、P 盘中的热电偶与数字电压表 F 的连接回路。由式（20.1）可知，单位时间内通过待测样品 B 任一圆截面的热流量为

$$\frac{\Delta Q}{\Delta t}=\lambda\frac{T_1-T_2}{h_B}\pi R_B^2 \tag{20.2}$$

式中：R_B 为样品的半径，h_B 为样品的厚度。

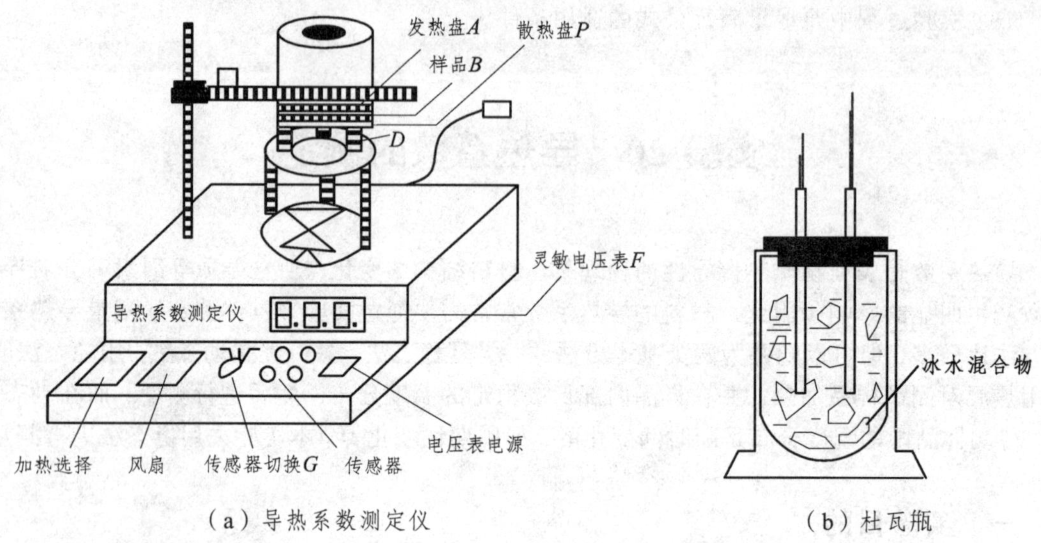

（a）导热系数测定仪　　（b）杜瓦瓶

图 20.1　实验仪器

当热传导达到稳定状态时，T_1 和 T_2 的值不变，于是通过 B 上表面的热量与由铜盘向周围环境散热的速率相等，因此，通过铜盘 P 在稳定温度 T_2 时的散热速率求出热流量 $\frac{\Delta Q}{\Delta t}$。实验中，在读得稳定时的 T_1 和 T_2 后，即可将 B 盘移去，而使 A 的底面与铜盘 P 直接接触。当盘 P 的温度上升到高于稳定时的 T_2 值若干摄氏度后，再将圆盘 A 移开，让铜盘 P 自然冷却，观察其温度 T 随时间 t 变化情况，然后由此求出铜盘在 T_2 的冷却速率 $\left.\frac{\Delta T}{\Delta t}\right|_{T=T_2}$，而 $mc\left.\frac{\Delta T}{\Delta t}\right|_{T=T_2}=\frac{\Delta Q}{\Delta t}$（$m$ 为铜盘 P 的质量，c 为铜的比热容），就是铜盘 P 在温度为 T_2 时的散热速率。但要注意，这样求出的 $\frac{\Delta T}{\Delta t}$ 是铜盘 P 的全部表面暴露于空气中的冷却速率，其散热表面积为 $2\pi R_P^2+2\pi R_P h_P$（其中 R_P 与 h_p 分别为铜盘 P 的半径与厚度）。然而，在观察测试样品的稳态传热时，P 盘的上表面（面积为 πR_P^2）是被样品覆盖的。考虑到物体的冷却速率与它的表面积成正比，则稳态时铜盘散热速率的表达式应作如下修正：

$$\frac{\Delta Q}{\Delta t}=mc\frac{\Delta T}{\Delta t}\frac{(\pi R_P^2+2\pi R_P h_P)}{(2\pi R_P^2+2\pi R_P h_P)} \tag{20.3}$$

将式（20.3）代入（20.2），得：

$$\lambda=mc\frac{\Delta T}{\Delta t}\frac{(R_P+2h_P)\cdot h_B}{(2R_P+2h_P)(T_1-T_2)}\cdot\frac{1}{\pi R_B^2} \tag{20.4}$$

四、实验内容

在测量导热系数前应先对散热盘 P 和待测样品的直径、厚度进行测量。

① 用游标卡尺测量待测样品直径和厚度，各测 5 次。

② 用游标卡尺测量散热盘 P 的直径和厚度，测 5 次，按平均值计算 P 盘的质量。也可直接用天平称出 P 盘的质量。

（1）不良导体导热系数的测量：

① 实验时，先将待测样品（如橡胶圆片）放在散热盘 P 上，然后将发热盘 A 放在样品 B 上方，并用固定螺母固定在机架上，再调节三个螺旋头，使样品盘的上下两个表面与发热盘和散热盘紧密接触。

② 在杜瓦瓶中放入冰水混合物，将热电偶的冷端（黑色）插入杜瓦瓶中，热端（红色）分别插入发热盘 A 和散热盘 P 侧面的小孔中，并分别将插入发热盘 A 和散热盘 P 的热电偶接线连接到仪器面板的传感器Ⅰ、Ⅱ上。

③ 接通电源，将加热开关置于高挡，开始加热。当传感器Ⅰ的温度读数 U_{T_1} 约为 4.2 mV 时，再将加热开关置于低挡，降低加热电压，以免温度过高。

④ 待传感器Ⅰ、Ⅱ的读数不再上升（约需 40 min）时，说明已达到稳态，每隔 5 min 记录 U_{T_1} 和 U_{T_2} 的值。

⑤ 测量散热盘在稳态 T_2 附近的散热速率 $\left(\dfrac{\Delta Q}{\Delta t}\right)$。移开铜盘 A，取下橡胶盘，并使铜盘 A 的底面与铜盘 P 直接接触，当 P 盘的温度上升到高于稳定态的 U_{T_2} 值若干度（0.2 mV 左右）后，再将铜盘 A 移开，让铜盘 P 自然冷却，每隔 30 s（或自定）记录此时的 T_2 值。根据测量值计算出散热速率 $\dfrac{\Delta Q}{\Delta t}$。

（2）金属导热系数的测量：

① 将圆柱形金属铝棒置于发热圆盘与散热圆盘之间。

② 当发热盘与散热盘达到稳定的温度分布后，T_1、T_2 值为金属样品上下两个面的温度，此时散热盘 P 的温度为 T_3。因此测量 P 盘的冷却速度为：

$$\left.\frac{\Delta Q}{\Delta t}\right|_{T=T_3}$$

由此得到导热系数为

$$\lambda = mc\left.\frac{\Delta Q}{\Delta t}\right|_{T=T_3} \times \frac{h}{T_1 - T_2} \times \frac{1}{mR^2}$$

测 T_3 值时可在 T_1，T_2 达到稳定时，将插在发热圆盘与散热圆盘中的热电偶取出，分别插入金属圆柱体的上下两孔中进行测量。

（3）测量空气的导热系数：通过调节三个螺旋头，使发热圆盘与散热圆盘的距离为 h，并用塞尺进行测量（即塞尺的厚度），此距离即为待测空气层的厚度。注意：由于存在空气对流，所以此距离不宜过大。

五、数据记录及处理

（1）实验数据记录。

铜的比热容 $c = 0.385\ \text{J} \cdot \text{g}^{-1} \cdot {}^\circ\text{C}^{-1}$，密度 $8.9\ \text{g} \cdot \text{cm}^{-3}$。

表 20.1　测散热盘半径、厚度

	1	2	3	4	5
D_P /cm					
h_P /cm					

散热盘 P：质量 = ______g，半径 $R_P = \frac{1}{2}D_P =$ ______cm

表 20.2　测样品盘半径、厚度

	1	2	3	4	5
D_P /cm					
h_P /cm					

橡胶盘：半径 $R_B = \frac{1}{2}D_B =$ ______cm

表 20.3　测稳态时的温度

	1	2	3	4	5
U_{T_1} /mV					
U_{T_2} /mV					

稳态时 T_1、T_2 的值（转换关系见附录 C 的分度表）$T_1 =$ __________，$T_2 =$ __________

表 20.4　测散热速度

t/s	30	60	90	120	150	180	210	240
T_2 /°C								

（2）根据实验结果，计算出不良导热体的导热系数，并求出相对误差。

六、误差分析

七、注意事项

（1）放置热电偶的发热和散热圆盘侧面的小孔应与杜瓦瓶同一侧，避免热电偶线相互交叉。

（2）实验中，抽出被测样品时，应先旋松加热圆筒侧面的紧定螺钉。样品取出后，小心将加热圆筒降下，使发热盘与散热盘接触，应防止高温烫伤。

八、实验总结

附录

附录 A　仪器说明

实验采用杭州富阳精科仪器有限公司生产的 TC-2、TC-2/A 型导热系数测定仪。该仪器采用低于 36 V 的隔离电压作为加热电源，安全可靠。整个加热圆筒可上下升降和左右转动，发热圆盘的侧面有一个小孔，为放置热电偶之用。散热盘 P 放在可以调节的三个螺旋头上，可使待测样品盘的上下两个表面与发热圆盘和散热圆盘紧密接触。散热盘 P 下方有一个轴流式风扇，用来快速散热。两个热电偶的冷端分别插在杜瓦瓶中的两根玻璃管中，热端分别插入发热圆盘和散热圆盘的侧面小孔内。冷、热端插入时，涂少量的硅脂，热电偶的两个接线端分别插在仪器面板上的相应插座内。利用面板上的开关可方便地直接测出两个温差电动势，温差电动势采用量程为 20 mV 的数字式电压表测量，再转换成温度值。

TC-2/A 型导热系数测定仪是在 TC-2 型的基础上增加了数字式计时装置，提高实验的计时精度。

附录 B　实验举例

例：实验时室温 7.5 °C，热电偶冷端温度 0 °C。待测样品：硬橡皮盘，直径 $D_P = 13.02$ cm，厚度 $h_B = 8.05$ cm。黄铜盘质量 $m = 1\ 053$ g，$c = 0.385\ \text{J}\cdot\text{g}^{-1}\cdot{}^\circ\text{C}^{-1}$，厚 $h_P = 0.95$ cm。

加热开关置于高挡。20 ~ 30 min 后，改为低挡，每隔 5 min 读取温度示值，见表 20.5。

表 20.5　测温度变化

U_{T_1} /mV	3.45	3.43	3.42	3.42	3.42	3.42	3.42	3.43	3.42	3.42
U_{T_2} /mV	2.41	2.42	2.43	2.44	2.44	2.44	2.45	2.45	2.45	2.45

由于热电偶冷端温度为 0 °C，对一定材料的热电偶而言，当温度变化范围不太大时，其温差电动势（mV）与待测温度（°C）的比值为一常数。故可知稳态温度对应的电动势为 $U_{T_1} = 3.42$ mV 及 $U_{T_2} = 2.45$ mV。

测量黄铜在稳态 T_2 附近的散热速率时，每隔 30 s 记录温度示值，见表 20.6。

表 20.6　测温度变化

U_{T_2} /mV	2.57	2.53	2.49	2.45	2.41	2.37

计算硬橡皮的导热系数：

$$\lambda = mc\frac{\Delta T}{\Delta t}\frac{(R_P + 2h_P)\cdot h_B}{(2R_P + 2h_P)(T_1 - T_2)}\cdot\frac{1}{\pi R_B^2}$$

$$= 0.002\ 0\ \text{W}\cdot\text{cm}^{-1}\cdot{}^\circ\text{C}^{-1}$$

在上式中，从有效数字位数可知，其不确定度主要来源于冷却速率这一项，即

$$\frac{\Delta\lambda}{\lambda} \approx \frac{\delta(\Delta T)}{\delta T} = \frac{0.02}{0.16} = 0.13$$

故 $\Delta\lambda = 0.000\ 3\ \text{W}\cdot\text{cm}^{-1}\cdot{}^\circ\text{C}^{-1}$

因此：$\lambda \pm \Delta\lambda = (0.002\,0 \pm 0.000\,3)\,\text{W} \cdot \text{cm}^{-1} \cdot {}^{\circ}\text{C}^{-1} = (2.0 \pm 0.30)\,\text{mW} \cdot \text{cm}^{-1} \cdot {}^{\circ}\text{C}^{-1}$

附录 C　铜–康铜热电偶分度表

表 20.7　铜–康铜热电偶分度表

温度/°C	温差电动势/mV									
	0	1	2	3	4	5	6	7	8	9
0	0.000	0.039	0.078	0.117	0.156	0.195	0.234	0.273	0.312	0.351
10	0.391	0.430	0.470	0.510	0.549	0.589	0.629	0.669	0.709	0.749
20	0.789	0.830	0.870	0.911	0.951	0.992	1.032	1.073	1.114	1.155
30	1.196	1.237	1.279	1.320	1.361	1.403	1.444	1.486	1.528	1.569
40	1.611	1.653	1.695	1.738	1.780	1.882	1.865	1.907	1.950	1.992
50	2.035	2.078	2.121	2.164	2.207	2.250	2.294	2.337	2.380	2.424
60	2.467	2.511	2.555	2.599	2.643	2.687	2.731	2.775	2.819	2.864
70	2.908	2.953	2.997	3.042	3.087	3.131	3.176	3.221	3.266	3.312
80	3.357	3.402	3.447	3.493	3.538	3.584	3.630	3.676	3.721	3.767
90	3813	3.859	3.906	3.952	3.998	4.044	4.091	4.137	4.184	4.231
100	4.277	4.324	4.371	4.418	4.465	4.512	4.559	4.607	4.654	4.701
110	4.749	4.796	4.844	4.891	4.939	4.987	5.035	5.083	5.131	5.179

实验 21　液体表面张力系数的测定（毛细管法）

一、实验目的

利用毛细管中水柱的升高，测量水的表面张力系数。

二、实验仪器及用具

测高仪、移测显微镜、毛细管、烧杯、温度计。

三、实验原理

将毛细管插入无限广延的水中，由于水对玻璃是浸润的，在管内的水面将成凹面，已知液体的表面在性质上和紧张的弹性薄膜相似。当液面为曲面时，由于有变平的趋势，所以弯曲的液面对于下层的液体施以压力，液面变成凸面时，这压力是正的，液面成凹面时，这压力是负的（图 21.1）。在图 21.2 中，毛细管中的水面是凹面，它对下层的水施以负压，使管内水面下方 B 点的压强比水面上方的大气压小[图 21.2 (a)]，而在管外的平液面处，与 B 在同

一水平面上的 C 点的压强仍与水面上方的大气压相等。当液体静止时，在同一水平面上两点的压强应相等，现在，同一水平面上的 B，C 两点的压强不等，因此，液体不能平衡，水将从管外流向管内使管内水面升高，直至 B 点和 C 点的压强相等为止[图 21.2 (b)]。

图 21.1 液面为曲面时对下层液体的压力

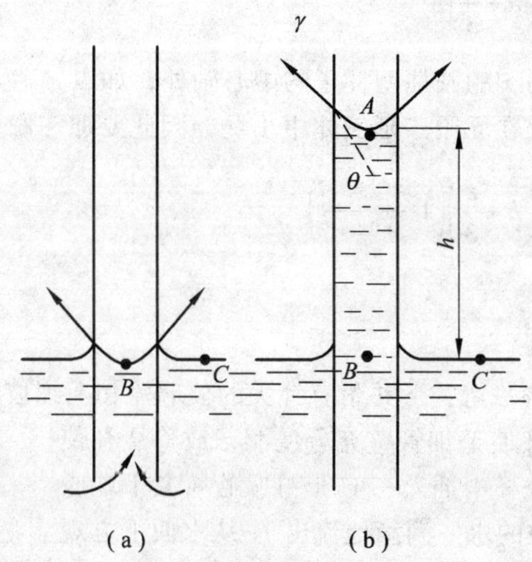

图 21.2 毛细管法测液体表面张力系数原理

设毛细管的截面为圆形，则毛细管内的凹形水面可近似地看成半径为 r 的半球面，若管内水面下 A 点与大气压的压强差为 Δp，则水面平衡的条件是

$$\Delta p \pi r^2 = 2\pi r \gamma \cos\theta \tag{21.1}$$

式中：r 为毛细管半径；θ 为接触角；γ 为表面张力系数。

如水在毛细管中上升的高度为 h，则

$$\Delta p = \rho g h$$

式中：ρ 为水的密度。

将此式代入式（21.1），可得

$$\rho g h \pi r^2 = 2\pi r \gamma \cos\theta$$

即

$$\gamma = \frac{\rho g h r}{2\cos\theta} \tag{21.2}$$

对于玻璃和水都是清洁的，接触角 θ 近似为零，则

$$\gamma = \frac{\rho g h r}{2} \tag{21.3}$$

测量时是以管中凹面最低点到管外水平液面的高度为 h，而在此高度以上，在凹面周围还有

少量的水，因为可以将毛细管中的凹面看成半球形，所以凹面周围水的体积应等于

$$(\pi r^2)r-\frac{1}{2}\left(\frac{4}{3}\pi r^3\right)=\frac{1}{3}\pi r^3=\frac{r}{3}(\pi r^2)$$

即等于管中高为 $\frac{r}{3}$ 的水柱的体积。因此，上述讨论中的 h 应增加 $\frac{r}{3}$ 的修正值，于是，式（21.3）成为

$$\gamma=\frac{\rho gr}{2}\left(h+\frac{r}{3}\right) \tag{21.4}$$

测量时毛细管插入内半径为 r' 的圆柱型杯子的中心轴处，如以 r'' 表示毛细管的外半径，则毛细管中水上升的高度 h 要比在无限广延液体中小些，因此要加一修正项，则式（21.4）变为

$$\gamma=\frac{\rho gr}{2}\left(h+\frac{r}{3}\right)\left(1-\frac{r}{r'-r''}\right) \tag{21.5}$$

四、实验内容

（1）如图 21.3 所示，将一弯钩形并附有针尖的玻璃棒和毛细玻璃管夹在一起，并插在盛水的烧杯中。上下升降烧杯使毛细管壁充分浸润，放稳烧杯使针尖在水面的稍下方，在烧杯中插入一 U 形虹吸管（其下端胶管上有一夹子，可使烧杯中的水一滴滴地流出）。从水面下方观察针尖及水面所形成的针尖的像，在针尖及其像刚刚相接时，表示针尖正在水面处，拧紧虹吸管的夹子使水面稳定在这个位置。

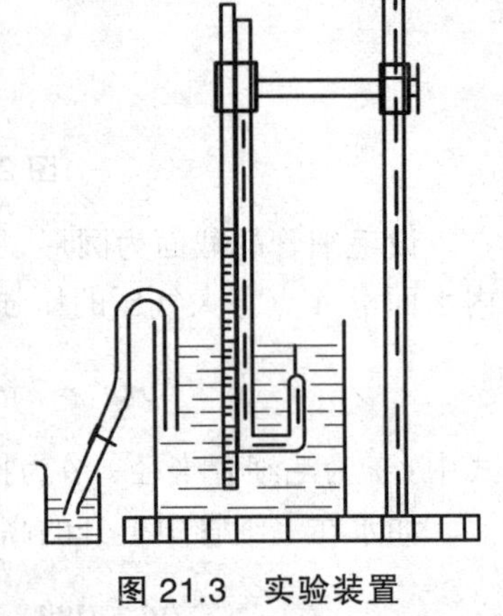

图 21.3　实验装置

设置针尖的目的，是因为测量 h 时，直接测量外液面的位置不易测准，安装针尖后，测量出针尖到毛细管中液体凹面的高度差，即为所求的 h 值。

（2）在毛细管前方 0.5 ~ 1 m 远处安置测高仪，使其望远镜中叉丝横线在水平方向，正确调节好测高仪。通过望远镜观察毛细管及针尖，使两者都能在望远镜的视野中。上下移动望远镜使其叉丝的横线刚好和毛细管中液体凹面的最低点相切，从测高仪上的游标读出望远镜的位置 a。

轻轻移开烧杯（不要碰到毛细管），向下平移望远镜，使叉丝横线和针尖刚好相接，此时望远镜位置为 b，则 $h=|a-b|$。

这一步骤要反复测 5 次。

（3）测量水的温度 t（单位用°C）

（4）用移测显微镜测毛细管半径 r。将显微镜筒转到水平方向，毛细管也转到水平方向，并使二者轴线一致。用显微镜对准毛细管管口，在聚焦之后，观其孔洞的直径。然后将毛细管转 90°再测直径。

在毛细管另一端管口也进行同样测量，最后求出平均半径 r。

（5）计算在温度 t 时水的表面张力系数及其标准不确定度。

计算不确定度时，可以略去修正项的不确定度。

五、数据记录及处理

自己设计数据记录表格并处理数据。

六、误差分析

七、思考题

（1）能否用毛细管法测量水银的表面张力系数？

（2）如图 21.4 的装置，通过漏斗往 A 瓶中加水来增加管内的压强，将毛细管 B 中的水压到和外液面一样平，此时管中的压强可由压强计 C 测出。能否用此装置测水的表面张力系数？压强计 C 是否要用和 B 一样的管，其中的液体是否一定要用水？

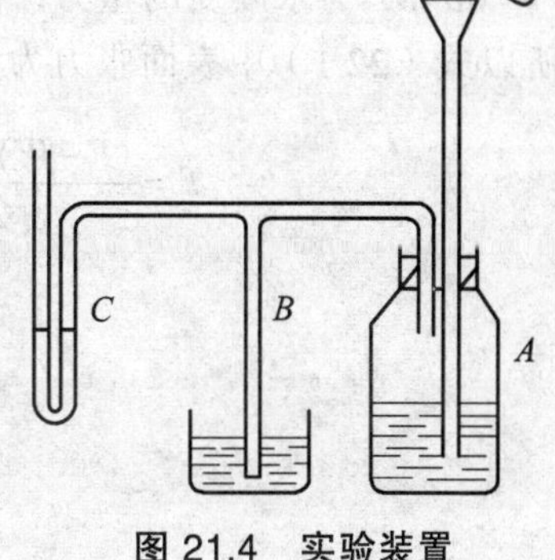

图 21.4　实验装置

八、注意事项

（1）实验时要特别注意清洁，不能用手接触水、毛细管的下半部和烧杯的里侧。

每次实验后要将毛细管浸在洗涤液中，实验前要用蒸馏水充分冲洗，烧杯也要用酒精擦拭后冲洗干净。

（2）步骤（2）中，在测量完毛细管中液体凹面位置后移开烧杯时，要注意不要碰到毛细管及针尖。

九、实验总结

实验 22　液体表面张力系数的测定（拉脱法）

一、实验目的

（1）用拉脱法测量室温下水的表面张力系数；

（2）学习焦利氏秤的使用方法。

二、实验仪器及用具

焦利氏秤、金属框及线、砝码、玻璃皿、温度计、游标卡尺、蒸馏水。

三、实验原理

液体的表面有如紧张的弹性薄膜，都有收缩的趋势，所以液滴总是趋于球形。这说明液体表面内存在一种张力。这种液体表面的张力作用，从性质上看，类似固体内部的拉伸胁强，只不过这种胁强存在于极薄的表面层内，而且不是由于弹性形变引起的，称为表面张力。

设想在液面上作一长为 l 的线段，则张力的作用表现在线段两侧液面以一定的力 F 相互作用，而且力的方向恒与线段垂直，其大小与线段长 l 成正比，即 $F=Tl$，比例系数 T 称为液体的表面张力系数，它表示单位长线段两侧液体的相互作用，单位为 $N\cdot m^{-1}$。

如图 22.1 所示，在一金属框 P 中间拉一金属细线 ab。将框及细线浸入水中后慢慢地将其拉出水面，在细线下面将带起一水膜，当水膜将被拉直时，则有

$$F=W+2Tl+ldh\rho g \tag{22.1}$$

式中：F 为向上的拉力；W 是框和细线所受的重力和浮力之差；l 为金属细线的长度；d 为细线的直径即水膜的厚度；h 为水膜被拉断前的高度；ρ 为水的密度；g 为重力加速度。

$ldh\rho g$ 为水膜受的重力，由于细线的直径 d 很小，所以这一项不大。水膜有前后两面，所以式（22.1）中表面张力为 $2Tl$。从式（22.1）可得

$$T=\frac{(F-W)-ldh\rho g}{2l} \tag{22.2}$$

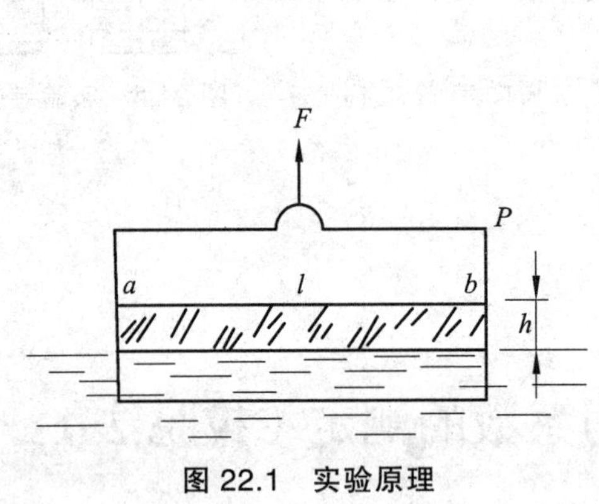

图 22.1　实验原理

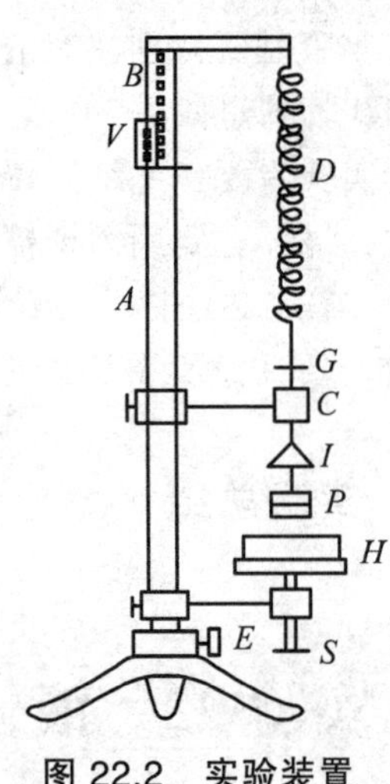

图 22.2　实验装置

四、实验内容

（1）测量弹簧的倔强系数 k。

如图 22.2 所示，将倔强系数大约 $0.2\sim0.3\ N\cdot m^{-1}$ 的弹簧挂在焦利氏秤上，调节支架的底脚螺旋，使指标镜 G 在支架上的小孔中心轴线上，这时弹簧将与 A 柱平行。

在称盘上加 1.00 g 砝码，旋转 E 使弹簧上升，当支架上玻璃管上的横线及横线的像与指标镜 G 上的标线三者重合时为止（以下称三者重合时 G 的位置为零点）。读出标尺的刻度值 L，以后每加 0.50 g 砝码测一次 L，直至加到 4.00 g 后再逐次减下来。将数据按所加砝码的多

少分两组，用分组求差法，求出弹簧倔强系数 k 的值。

（2）测量（$F-W$）和 h。

扭动 E 使金属框 P 下降，P 上的横丝 ab 刚要和玻璃皿 H 中的水面接触时，从柱上的游标 V 读出 B 柱上的刻度值 L_0。旋转 S 使 H 中的水面上升到横丝 ab 处（ab 和水面齐平）。再扭动 E，轻轻向上拉起弹簧直到水膜破裂为止，再读游标 V 处 B 柱之值 L，计算两次读数的差值（$L-L_0$），即为拉起水膜时弹簧的伸长加上水膜的高度，即

$$F-W=[(L-L_0)-h]k$$

重复若干次，求出 L_0 和 L 的平均值。

用一细长金属杆代替弹簧，同样做拉断水膜的操作，这时的两次读数 L' 和 L_0' 之差等于水膜的高度 h，即

$$h=L'-L_0'$$

重复测量，求出 L' 和 L_0' 的平均值。

（3）测量细丝 ab 的长度 l 及直径 d。

（4）计算水的表面张力系数及标准偏差。注明实验时的水温。

五、数据记录与处理

表 22.1　测量弹簧的倔强系数 k

	1.00 g	1.50 g	2.00 g	2.50 g	3.00 g	3.50 g	4.00 g
增加砝码时 L							
减少砝码时 L							
平均值							

表 22.2　测量（$F-W$）

L_0							平均值
L							平均值

表 22.3　测量水膜高度 h

L_0'							平均值
L'							平均值

测量细丝 ab 的长度 l 及直径 d：

$l=$ ________，$d=$ ________

六、误差分析

七、思考题

为使测出的表面张力系数 T 能有 3 位有效数字，对所使用的弹簧的倔强系数有何要求？

八、注意事项

（1）水的表面若有少许污染，其表面张力系数将有明显变化，因此玻璃皿中的水及金属丝必须保持十分洁净，不能用手触摸玻璃皿里侧和金属丝，也不要用手触及水面。每次实验前要用酒精擦拭玻璃皿和金属框，并用蒸馏水冲洗。

（2）测表面张力时，动作要慢，又要防止仪器受震动，特别是水膜要破裂时，更要注意。

实验 23　真空的获得与测量

真空技术是真空器件、半导体器件生产及金属冶炼和提纯中必然碰到的问题，高真空技术也是近代物理实验中不可缺少的手段。为了尽量减少空气分子对实验结果的影响，均将仪器抽成真空，例如，电子显微镜、回旋加速器、电子衍射可控热核反应及表面物理等。真空技术也广泛应用于日常生活中，如白炽灯和日光灯管、电子管、晶体管制作，真空包装和存储等。在光学、微电子及计算机工艺等方面需要真空镀膜，在生命科学工程、医学以及化工工程等方面都离不开真空技术。可以说，物质结构、天体演化、生命起源三大自然科学领域的研究都与真空有密切的联系。因此，作为一名未来的科技工作者，必须具备有关真空获得与测量的基本技能。

一、实验目的

（1）通过实验了解并掌握获得低真空及高真空的基本方法；

（2）掌握用复合真空计测量真空度的原理和方法；

（3）了解真空系统的基本操作知识。

二、实验仪器及用具

高真空装置、机械泵、扩散泵、复合真空计、测漏器。

三、实验原理

1. 真空的概念

真空是指气态空间压强小于 1 个大气压的总称；而真空度是指气态空间内压强小于 1 个大气压的程度，故它用压强大小来度量，压强越小真空度越高，其单位为 Pa（$N\cdot m^{-2}$）为了工程上应用方便常常把不同程度的真空分为以下几个等级：1.333 kPa ~ 1.01×10^{5} Pa，粗真空；0.133 3 Pa ~ 1.333 kPa，低真空；0.133 3 ~ 1.333×10^{-6} Pa，高真空；1.333×10^{-6} ~ 1.333×10^{-12} kPa，超高真空；1.333×10^{-12} Pa，极高真空。

不同的应用目的，对真空度的要求也不同，因此需用不同的方法获得与测量。

2. 真空的获得

获得真空的装置称为真空系统，其中“真空泵”为核心器件，真空泵分为前置泵和后续泵；前置泵将真空系统从 1 个大气压降到较低真空度，一般用机械泵进行；后续泵则把真空度提高到更高的程度，根据要求的高真空的范围不同，它可以用扩散泵（$\sim 1.333\times10^{-8}$ Pa）、离子泵（$\sim 1.333\times10^{-10}$ Pa）、低温冷凝泵（$\sim 1.333\times10^{-11}$ Pa）来实现。本实验使用生产和科研中常用的真空泵，即机械泵和扩散泵组合。

3. 真空度的测量

测量真空度的量具有多种类型，如麦克劳真空计、热电偶真空计、电离真空计等。麦克劳真空计是一种绝对真空计，主要用于校对其他相对真空计，本文不再详述。附录简单介绍了本实验中使用的热电偶真空计和电离真空计。

四、实验内容

图 23.1 是本实验的真空系统装置。

首先要清楚三通活塞通断的位置，以保证实验正常进行。

（1）气体放电现象的观察。启动机械泵，旋转三通活塞（注意：为了防止真空度上升过快，可将三通活塞转到半接通状态，减小抽气量），接通放电管电路，并打开热电偶真空计，观察辉光放电形状与颜色，并记录对应的真空度。

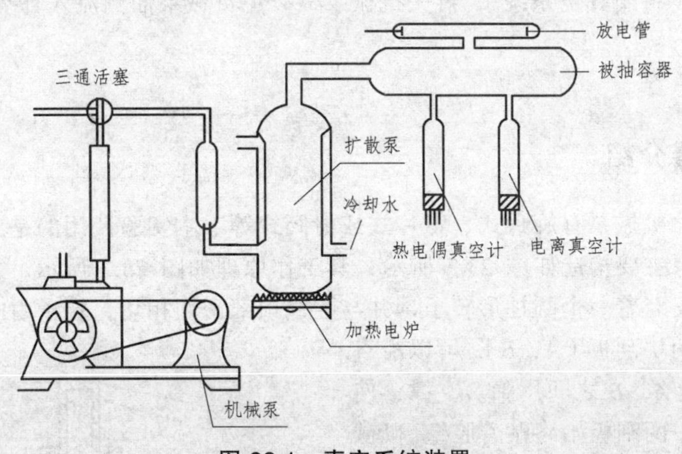

图 23.1 真空系统装置

（2）真空泵工作特性的测量。观察结束后，关闭放电管高压电源，三通活塞旋至全通，同时记录系统真空度与时间的对应数据（真空度变化快时，时间间隔可相应取得短些），达到 6.665 Pa 左右时，接通扩散泵油的加热电炉，同时给扩散泵冷却壁通水，此时机械泵继续抽气并继续记录数据。当真空度达 0.133 3 Pa 时，方可开启电离真空计（为什么?）进行测量，一直到真空度最高为止。整理数据，在直角坐标上作 p-t 图（系统真空泵工作曲线图）。

五、数据记录及处理

自己设计数据记录表格。

六、误差分析

七、思考题

（1）热电偶真空计和电离真空计测量真空度的原理是什么？为什么用电离真空计测量时，系统的真空度一定要高于 0.133 3 Pa？

（2）通过实验，你认为哪些因素会影响真空度的提高？

（3）在真空实验过程中，突然遇到停电或停水，应如何紧急处理？

八、注意事项

（1）实验之前必须认真做好预习。

（2）真空装置大多是玻璃制作，较脆弱，操作时应特别小心，转动三通活塞必须一手护外壳，一手轻轻顺势转动活塞，切勿用力过猛。

（3）复合真空计附热电偶和电离管，极易损坏，一定要正确使用（见复合真空计使用说明书），不了解开关作用之前切勿乱动。

（4）使用高频火花检测器时，输出头应不断移动，不能始终对准一点，以免击穿玻璃管造成漏气。

（5）实验完毕，应先关加热电炉，待扩散泵冷却后再关冷却水，关机械泵之前应将三通活塞转至通大气（封闭真空系统），再关机械泵，以免机械泵油倒流入真空系统。

九、实验总结

附录：仪器介绍

（1）机械泵。机械泵有旋片式、定片式或滑阀式等，本实验使用的是旋片式机械泵。

旋片式机械泵主要构造如图 23.2 所示，其工作原理如图 23.3 所示，泵壳内有一圆柱形空腔，其间偏心安装着一个圆柱形转子，并与腔壁顶部密切相切，转子由电机带动旋转，沿着转子直径嵌有两块刮板（A，B），可以沿直径方向自由滑动，A，B 之间用弹簧支撑，使转子在旋转过程中两刮板始终贴着腔壁。机械泵的抽气过程如下：若起始位置如图 23.3（a）所示，由于刮板将内腔分为 3 个空间（1，2，3），随着转子运行，空间 1 的体积扩大，其间的压强减小，被抽容器的气体从进气口被吸入，同时空间 2 的气体被压缩，如图 23.3（b）所示；又当空间 3 的气体被压缩到压强大于 1 个大气压时，便冲开排气口的阀门而逸出到大气中；图 23.3（c）与图 23.3（a）相同，仅转子运转而交换了两刮板的位置。转子不断旋转，过程不断地重复而达到抽气的目的。

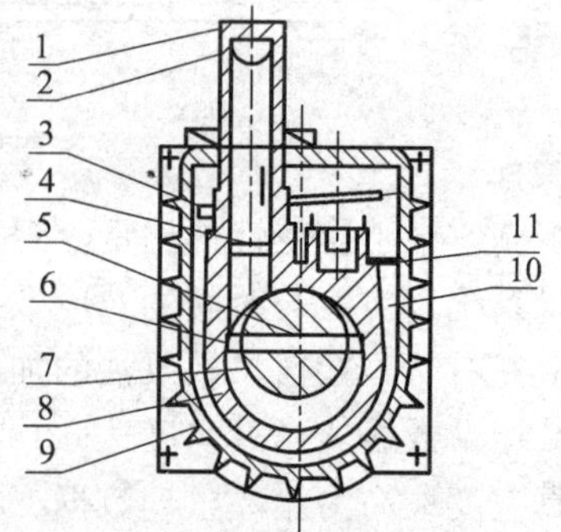

图 23.2 旋片式机械泵

1—进气管；2—滤网；3—挡油板；4—“O”型圈；5—旋片弹簧；6—旋片；7—转子；8—定子；9—油箱；10—真空泵油；11—排气阀门

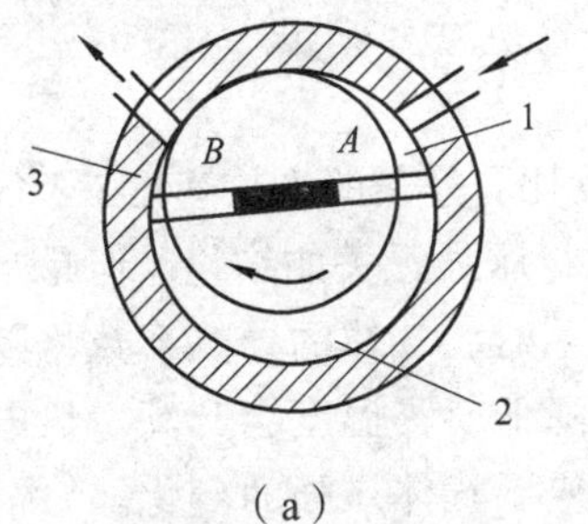

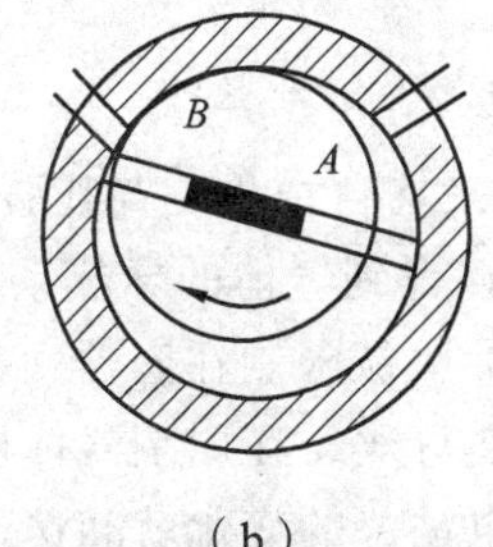

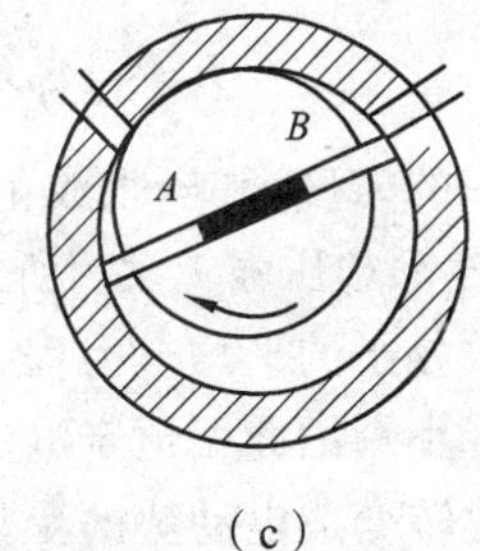

图 23.3 旋片式机械泵工作原理

机械泵的基本技术参数有：

极限真空度（极限压强）：一般为 $1.333\times10^{-2}\sim1.333$ Pa。

最大的反压强：指在出气口一边所能达到的压强，若外面压强超过这个数值，抽气就停止工作。

极限压强：经过相当长的时间抽气后，能达到的最低压强。

抽气速率：在某压强下，被抽出的气体体积对时间的积分。对于不同型号的机械泵，抽气速率不同。

机械泵的型号不同，其技术参数也不同，合理选用机械泵是获得不同真空的保证。

（2）扩散泵。扩散泵是获得高真空的重要而常用的设备，它是基于气体的扩散现象来实现抽气的。如图 23.4，工作液体（扩散泵油）受热之后，油蒸气沿着管道向上运动，经过伞形喷嘴塔的隙缝形成高速定向运动的蒸气流，被抽容器的气体分子由于热运动进入高速运动的蒸气流范围后，获得向排气口运动的动量。在蒸气流界面 ab 上部空间扩散进入蒸气流而被带入下一蒸气流范围。各级喷嘴蒸气流的油分子保持一定的密度和速度，这样被抽气体经过几级压缩运输，经排气口被前级机械泵抽走。运载气体的蒸气流撞击到扩散泵的内壁被冷却后，流回泵底重新受热蒸发而循环工作。

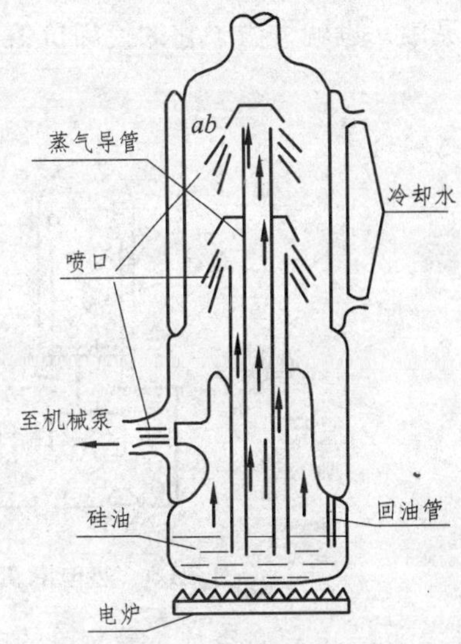

图 23.4 扩散泵工作原理

油扩散泵要求 0.133 3 Pa 以上预备真空度，它的极限真空度为 1.333×10^{-5} Pa。如果采取液态冷井等措施，同时选用密度大的工作液体（硅油），并对被抽容器充分烘烤去气，便可获得更高的真空度。

（3）热电偶真空计。在低气压下气体的导热系数与压强成正比，根据这一原理制成的热电偶真空计的结构如图 23.5 所示，它由规管和测量线路两部分组成。规管是一只和真空系统相通的玻璃泡，内封灯丝一根（由 1、4 引出）和电偶丝一对（由 2、3 引出）。当灯丝中通以恒定的电流时，灯丝在单位时间内得到的热量不变，但灯丝温度的高低还与灯丝散热的情况有关。灯丝散热由三部分组成，一是气体分子和灯丝碰撞时，从灯丝带走的热量（气体的热传导），二是灯丝的辐射损失，三是金属丝的热传导。其中第一项明显和气体的压强有关。气体分子运动论告诉我们，气体的导热系数 k 由下式决定：

$$k = \frac{1}{3}\rho c_V \overline{\lambda} \cdot \overline{v}$$

因为式中的密度ρ和压强成正比，平均自由程$\overline{\lambda}$与压强成反比，分子的平均速度$\overline{v}$、气体的定容比热c_V都与压强无关，所以应该得到气体的导热系数k与压强无关的结论。但是当压强很低，以致分子的平均自由程$\overline{\lambda}$实际上被限制在容器内部尺寸时，气体的导热系数将随压强的降低而减小。因此用恒定电流加热灯丝，在周围气体压强降低时，温度会升高。热电偶则把温度变化转变成电动势的变化，电动势的变化就间接地反应了气体压强的变化。

测量线路部分有两个作用，一是保证加热灯丝的电流恒定，通过观察电流表，随时调整可变电阻。二是测量出热电偶产生的电动势，并将电动势的读数值转换成气体压强读数标出。热电偶真空计适用范围 0.133 3 ~ 133.3 Pa，压强太高时，气体热传导和压强无关，仪器不能反映压强变化；压强过低时，在灯丝的热损失中气体热传导带走的部分非常小，仪器变得不灵敏，也就失去了它的使用价值，此时可用电离真空计。

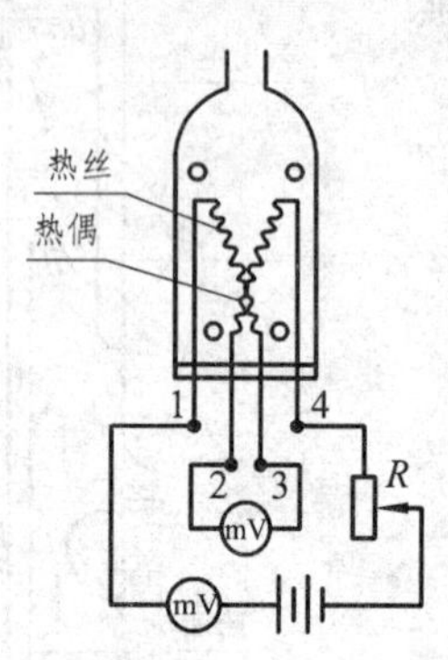

图 23.5　热电隅真空计

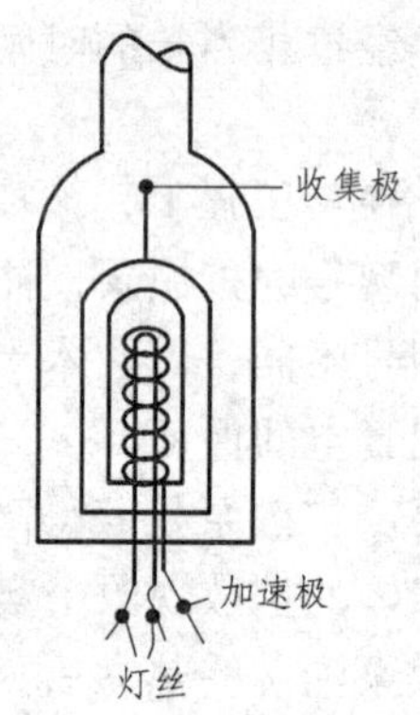

图 23.6　电离真空计

（4）电离真空计。最简单的电离真空计就是一只三极管，结构如图 23.6 所示，使用时开口与待测系统连接，在灯丝中通以电流，灯丝受热后就能发射电子，电子受到加有正电压（约 150 ~ 220 V）的加速极吸引，向加速极飞去。因为加速极是绕得很细的金属网，电子不容易撞到加速极上，因此只有一部分被吸收，大部分穿过加速极间的空隙，继续向加有负电压的离子收集极前进，在靠近离子收集极时又被排斥回来，结果电子就在加速极间来回振动，直到被加速极吸收为止。在电子从灯丝到加速极曲折的飞行过程中，不断和管内存在的气体分子碰撞，由于电子具有一定的动能，碰撞气体分子时能把中性分子打碎成带正电的离子和带负电的电子。例如，玻璃泡内的真空度极高，几乎没有气体分子存在，只有测量电子流的电流表指示出有I存在（见图 23.7 的测量线路），而离子流的读数为零；如果泡内有气体分子存在，那么就有可能被运动着的电子打碎成带正电的正离子和带负电的电子，正离子被带负电压（−10 ~ 40 V）的离子收集极吸收，就产生了离子流I_+。

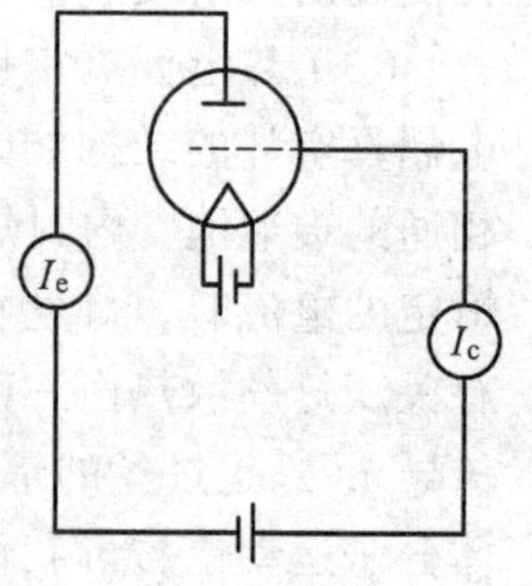

图 23.7　测量电路

显而易见，离子流I_+的大小与泡内残存的气体分子密度有关，即与气体压强有关；I_+的大小也和I成正比，因为发射出的电子越多，碰撞气体分子产生的正离子数也越多，即$I_+ \propto pI$。

我们在使用电离真空计时，想方设法保持I不变，因此离子流I_+的大小只与气体的压强有关，只要测出 I_+ 的大小，就知道了玻璃泡内的真空度。由于 I_+ 的数值较小，须进行电流放大，然后用标准真空计进行定标。为使用方便，仪器出厂已定好真空的刻度，可直接使用。

电离真空计的测量范围是 $1.333\times10^{-5}\sim0.133\,3$ Pa，真空度太低时，不能使用电离真空计，因为电离真空计工作时，灯丝要加热到白炽状态，如真空度不好，会使灯丝烧坏；当真空度更高时，离子流读数 I_+ 不再降低，这时因为灯丝发射的电子在轰击到栅极上时能产生 X 射线，它投射到收集极上会引起光电发射而出现一种与电子流同样性质的本底电流，大小相当于 1.333×10^{-5} Pa 时的离子流，因此不能指示更低的真空度。如果将电离真空计的收集极改成细丝状，则可减小接收 X 射线的面积，使本底电流减小，而将测量范围扩大到 10^{-10} Pa 的数量级。

磁控放电式电离真空计可测 10^{-12} Pa，其原理这里不作介绍。

（5）放电真空指示器。如果只需对系统内真空度作一个大致的估计，可采用放电管来实现。当系统的真空度在 $1.333\sim6.665\times10^{3}$ Pa 范围内，将放电管两电极间加上数千伏的高压。板极上发射的电子在电场的加速下与管内的气体分子碰撞而辉光放电的颜色不同：氧气为蓝色，氮气为淡红色，二氧化碳为灰蓝色；抽气时，一般相对分子质量小的气体被抽得快，因而在不同的真空度下管内的气体成分不同而呈现不同的颜色，所以由放电管的颜色可以粗略反映系统内的真空度。

实验 24　液体比热容的测定

测定液体的比热容，常用冷却法和电流量热器法。这两种方法都要求在对水和待测液体进行测量时，具有完全相同的外界条件（环境）。并且，这两种方法都是用已知比热容的水作为比较对象，即运用了实验中常用的比较测量法。因此，它们能够“消除”与环境热交换带来的影响，是测量液体比热容较好的方法。

一、实验目的

（1）用电流量热器通过比较测量法测定液体的比热容；

（2）分析实验过程中产生误差的原因及消除系统误差的方法，从而了解比较法在物理测量中的意义。

二、实验仪器及用具

相同的电流量热器 2 只、精度为 0.2 ℃ 的温度计 2 支、电流计 1 个、滑线变阻器 1 只、物理天平 1 台、开关 1 个、直流稳压电源 1 台、变压油、水。

三、实验原理

设在两只结构、大小相同的量热器 1 和 2 中装有阻值和材料均相同的电阻 R，分别倒入两种不同的液体（本实验为水和变压油）。实验中，将两个量热器串联在电源上。当开关闭合时，就有电流通过电阻 R。据焦耳-楞次定律，每只电阻产生的热量为 $Q = I^2Rt$。电阻释放的热量被液体、量热器内筒、搅拌器、电流导入棒及温度计所吸收，结果它们的温度都升高了，同时也都和外界发生了热交换。

若量热器中两种液体的质量分别为 m_1 和 m_2，比热容为 c_1 和 c_2，两支温度计的初始温度分别为 t_1 和 t_2，加热终了的温度分别为 T_1 和 T_2，包括量热器内筒、搅拌器、电流导入棒及温度计在内的量热器系统的热容为 q_1 和 q_2，则有

$$Q_1 = (c_1m_1 + q_1)(T_1 - t_1) + \Delta Q_1 \tag{24.1}$$

$$Q_2 = (c_2m_2 + q_2)(T_2 - t_2) + \Delta Q_2 \tag{24.2}$$

由于电阻 R 相同，而且采用串联法，故 $Q_1 = Q_2$。考虑到两个量热器系统的散热 ΔQ_1 和 ΔQ_2 较小，且相近，则有

$$(c_1m_1 + q_1)(T_1 - t_1) = (c_2m_2 + q_2)(T_2 - t_2)$$

整理后得

$$c_1 = 1/m_1 \cdot [(c_2m_2 + q_2)(T_2 - t_2)/(T_1 - t_1) - q_1] \tag{24.3}$$

通过比较，把 Q_1 和 Q_2 的测量误差基本消除了，从而求得未知液体比热容。这就是比较法。式中的 q_1 和 q_2 可以用混合法测定。

q 值的测定：先将量热器中加入 m_0' (g) 冷水，它和量热器的温度为 t_1'，其次将 m_0'' (g) 温度为 t_2' 的温水迅速倒入量热器中，搅拌后的混合温度为 θ'，则根据热平衡原理，得

$$m_0''c_0(t_2' - \theta') = (m_0'c_0 + q)(\theta' - t_1')$$

即

$$q = m_0''c_0(t_2' - \theta')/(\theta' - t_1') - m_0'c_0 \tag{24.4}$$

四、实验内容

（1）测定量热器系统 1 和 2 的热容 q_1 和 q_2。

（2）测出待测液体和水的质量 m_1 及 m_2。

（3）把温度计插入量热器中（注意：温度计不要接触到电阻丝及量热器内筒壁），5 min 后，记下加热前两液体的初温 t_1 和 t_2。

（4）连接好电路，经教师检查无误后接通开关 K。调节变阻器，使加热电流 $I = 800 \sim 900$ mA（加热电压用 20 ~ 25 V）。不断搅动搅拌器，使液体各部分温度均匀。

（5）开关 K 闭合后，注意观察两温度计的读数。为便于比较，最好水的温度每升高 1 °C 时记下变压油相应的温度，直至水的温度升到最高，记下最高温度。

（6）将以上各测量数据代入式（24.3），算出液体比热容的测量值 c_1。将其与标准值比较，如果误差较大，可能是加热电阻值不同造成的。若时间允许，应将两个电阻对换，再测一次，求平均值（注意：对调电阻时应先将两液体降温，把整个盖内的装置对调，重新测定 m_1 和 m_2）。

五、数据记录及处理

表 24.1 c_1 的测定

m_1/g	m_2/g	t_1	t_2	T_1	T_2	q_1	q_2	c_2

表 24.2 q_1 的测定

m'_{10}/g	m''_{10}/g	t'_{11}	t'_{12}	θ_1

表 24.3 q_2 的测定

m'_{20}/g	m''_{20}/g	t'_{21}	t'_{22}	θ_2

六、误差分析

七、思考题

（1）比较法测液体比热容有什么优点？需要什么条件？本实验是否满足？

（2）本实验中，哪一个量的测量引起的误差对实验结果影响较大？

（3）用一只量热器也可以测定液体的比热容。利用公式：$I^2Rt=(c_1m_1+c_0m_0)(T_1-t_1)$，可得 $c_1=1/m_1[I^2Rt/(T_1-t_1)-c_0m_0]$，式中 t 为通电时间。这个实验应如何做？请设计实验步骤，将它与本次实验进行比较，说明两者的异同。为什么本实验的测量结果会更准确一些？

八、注意事项

（1）测 q 值时 $m'_0+m''_0$ 的值应与 m 大致相等。

（2）本实验中电压不超过 25 V，电流不超过 1 A。

（3）自始至终要不断搅拌且注意搅拌技巧。

（4）搅拌器、量热器内筒等不能短路。

九、实验总结

实验 25　金属线胀系数的测量

一、实验目的

学习利用光杠杆测量金属棒的线胀系数。

二、实验仪器及用具

线胀系数测定装置、光杠杆、尺度望远镜、温度计、钢卷尺、游标卡尺、待测金属棒、小玻璃棒、小玻璃管。

三、实验原理

固体的长度一般随温度的升高而增加，其长度l 和温度t之间的关系为

$$l = l_0(1+\alpha t+\beta t^2+\cdots) \tag{25.1}$$

式中：l_0为温度t = 0 °C 时的长度；α，β，⋯是和被测物质有关的常数，都是很小的数值。而β及以下各系数和α相比甚小，所以在常温下可以忽略，则式（25.1）可写成

$$l = l_0(1+\alpha t) \tag{25.2}$$

此处α就是通常所称的线胀系数，单位是 °C^{-1}。

设物体在温度t_1 °C 时的长度为l，温度升到t_2 °C 时，其长度增加δ，根据式（25.2），可得

$$l = l_0\left(1+\alpha t_1\right)$$
$$l+\delta = l_0\left(1+\alpha t_2\right)$$

将上两式相比消去l_0，整理后得

$$\alpha = \frac{\delta}{l\left(t_2-t_1\right)-\delta t_1} \tag{25.3}$$

由于δ和l相比甚小，所以式（25.3）可近似写成

$$\alpha = \frac{\delta}{l\left(t_2-t_1\right)} \tag{25.4}$$

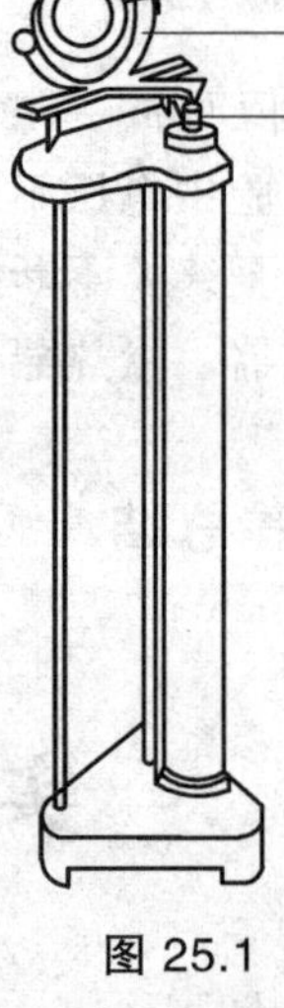

测量线胀系数的主要问题，是怎样测准温度变化引起长度的微小变化δ，本实验是利用光杠杆测量微小长度的变化。实验时将待测金属棒套上小玻璃管，直立在线胀系数测定仪的金属筒中，接上小玻璃棒。如图 25.1 所示。将光杠杆的后足尖置于小玻璃棒的上端，两前足尖置于固定的台上。

光杠杆

被测金属棒

图 25.1　实验装置

设在温度t_1时，通过望远镜和光杠杆的平面镜，看见直尺上的刻度a_1刚好在望远镜中叉丝横线（或交叉）处，当温度升至t_2时，直尺上刻度a_2移至叉丝横线处，则根据光杠杆原理可得：

$$\delta = \frac{(a_2-a_1)z}{2D} \tag{25.5}$$

式中：D为光杠杆镜面到直尺的距离；z为光杠杆后足尖到两前足尖连线的垂直距离。

将式（25.5）代入式（25.4），则

$$\alpha = \frac{(a_2 - a_1)z}{2Dl(t_2 - t_1)} \tag{25.6}$$

四、实验内容

（1）用游标卡尺测量金属棒长 l 之后， 将待测金属棒套上小玻璃管，直立在线胀系数测定仪的金属筒中，插上小玻璃棒，小玻璃管的下端要和基座紧密相接， 小玻璃棒上端露出筒外。

（2）安装温度计（插入温度计时要小心，切勿碰撞，以防损坏）。

（3）将光杠杆放在仪器平台上，其后足尖放在金属棒上的小玻璃棒的顶端上，镜面在铅直方向。在光杠杆前大约 1.5 m 处放置望远镜及直尺（尺在铅直方向）。

（4）调节望远镜，看到平面镜中直尺的像（仔细聚集以消除叉丝与直尺的像之间的视差）。

① 望远镜和光杠杆的镜面等高。

② 检查光杠杆的镜面是否在铅直方向。

③ 眼睛靠近望远镜找到光杠杆的镜面中直尺的像。

④ 用瞄准装置对准光杠杆的镜面中直尺的像的中心线。

⑤ 调节目镜叉丝清晰和物镜焦距，看清直尺的像。

⑥ 调节望远镜尽可能使目镜叉丝横线对准直尺的零刻线。

（5）读出叉丝横线（或交点）在直尺上的位置 a_1，记下初温 t_1。

（6）接通电源，金属棒迅速伸长，待温度计的示数升高到一定值后关闭电源，待温度计的示数不升高后，读出叉丝横线在直尺上的位置 a_2 并记下温度 t_2。

（7）测出直尺到平面镜镜面距离 D，取下光杠杆及温度计。

（8）将光杠杆在白纸上轻轻压出三个足尖痕迹，用游标卡尺测量其后足尖到两前足尖连线的垂直距离 z。

（9）取出金属棒，用冷水冷却金属筒之后安装另一根金属棒，重复以上测量。

（10）按式（25.6）求出两金属的线胀系数，并求出测量结果的算术平均绝对偏差。

五、数据记录与处理

（1）记录。

表 25.1　测量金属线胀系数

	l	D	Z	$t_1/$ °C	$t_2^{/}$ °C	a_1	a_2
第一根金属棒							
第二根金属棒							

（2）处理：

① 用算术平均绝对偏差表示测量结果。

② 算出相对误差。

六、误差分析

七、思考题

（1）设计一种测量 δ 的方法。

（2）将一线胀系数为 α，质量为 W(g)的金属块，悬在某液体中称量，液温为 t_1 °C 时表观质量为 $W_1(g)$，液温为 t_2 °C 时表观质量为 $W_2(g)$，求液体的膨胀系数（固体的体积膨胀系数是其线胀系数的 3 倍，刻度是均匀分布的）。

八、注意事项

（1）线胀系数测定装置上的金属筒不要固定紧，否则金属筒受热膨胀将引起整个仪器变形，产生较大误差。

（2）在测量过程中，要注意保持光杠杆及望远镜位置的稳定。

（3）温度计的读数 t_1，t_2 要在进行系统误差修正后，方可代入公式计算 α，修正公式为

$$t=(t'-\varDelta_0)a \tag{25.7}$$

式中：t' 为测量时读数；$\varDelta_0$ 为温度计在冰点时读数；a 为温度计刻度 1 °C 的实际值；t 为温度计读数 t' 时的实际温度值。

各温度计的 $\varDelta_0$ 和 a 值已由实验指导教师测出，标在仪器卡片上。

实验 26　声速的测量

声波是一种在弹性介质中传播的机械波，频率低于 20 Hz 的声波称为次声波；频率在 20 Hz ~ 20 kHz 的声波可以被人听到，称为可闻声波；频率在 20 kHz 以上的声波称为超声波。

超声波在介质中的传播速度与介质的特性及状态有关。因而通过介质中声波的测定，可以了解介质的特性或状态变化。例如，测量氯气（气体）、蔗糖（溶液）的浓度，橡胶乳液的比重以及输油管中不同油品的分界面等问题都可以通过测定这些物质中的声速来解决。可见，声速测定在工业生产中具有一定的实用意义。

一、实验目的

（1）了解压电转能器的功能，加深对驻波及振动合成等理论知识的理解；

（2）学习用共振干涉法、相位比较法和时差法测定超声波的传播速度；

（3）通过用时差法对多种介质的测量，了解声纳技术的原理及其重要的实用意义。

二、实验仪器及用具

声速测定仪、声速测定信号源、示波器、300 mm 游标卡尺、待测物。

三、实验原理

在波动过程中波速 v、波长 λ 和频率 f 之间存在着下列关系：$v=\lambda f$，实验中可通过测定声波的波长 λ 和频率 f 来求得声速 v。常用的方法有共振干涉法与相位比较法。

声波传播的距离 L 与传播的时间 t 存在下列关系：$L=vt$，只要测出 L 和 t 就可测出声波传播的速度 v，这就是时差法测量声速的原理。

1. 共振干涉法（驻波法）测量声速的原理

当两束幅度相同，方向相反的声波相交时，产生干涉现象，出现驻波。对于波束 1：$F_1=A\cos(\omega t-2\pi x/\lambda)$，波束 2：$F_2=A\cos(\omega t+2\pi x/\lambda)$，当它们相交时，叠加后的波形成波束 3：$F_3=2A\cos(2\pi x/\lambda)\cos\omega t$，这里 ω 为声波的角频率，t 为经过的时间，x 为经过的距离。

由此可见，叠加后的声波幅度，随距离按 $\cos(2\pi x/\lambda)$ 变化。如图 26.1 所示。

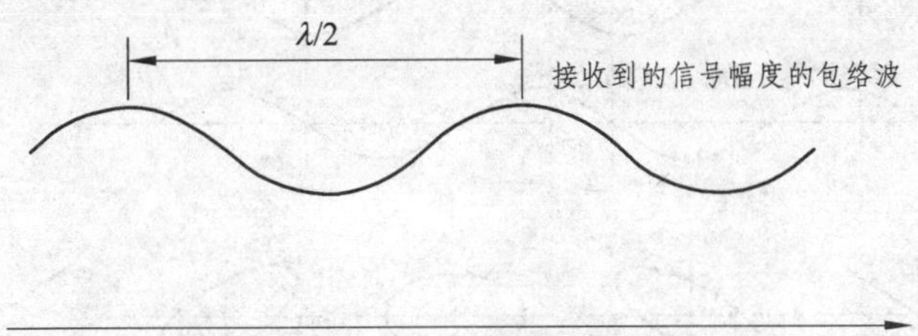

图 26.1　声波叠加

压电陶瓷换能器 S_1 作为声波发射器，它由信号源供给频率为数千赫兹（Hz）的交流电信号，由逆压电效应发出一平面超声波；而换能器 S_2 则作为声波的接受器，正压电效应将接收到的声压转换成电信号，该信号输入示波器，我们在示波器上可看到一组由声压信号产生的正弦波形。声源 S_1 发出的声波，经介质传播到 S_2，在接收声波信号的同时反射部分声波信号，如果接收面（S_2）与发射面（S_1）严格平行，入射波即在接收面上垂直反射，入射波与反射波相干涉形成驻波。我们在示波器上观察到的实际上是这两个相干波合成后在声波接收器 S_2 处的振荡情况。移动 S_2（即改变 S_1 与 S_2 之间的距离），从示波器显示上会发现当 S_2 在某些位置时振幅有最小值或最大值。根据波的干涉理论可以知道：任何两相邻的振幅最大的位置之间（或两相邻的振幅最小值的位置之间）的距离均为 $\lambda/2$。为测量声波的波长，可以一边观察示波器上声压振幅值，一边缓慢改变 S_2 的位置，示波器上出现两次振幅最大之间 S_2 移动过的距离亦为 $\lambda/2$。超声换能器 S_2 至 S_1 之间的距离的改变可通过转动螺杆的鼓轮来实现，而超声波的频率又可由声波测试仪信号源频率显示窗口直接读出。在连续多次测量相隔半波长的 S_2 位置变化及声波频率 f 以后，我们可用测量数据计算出声速，用逐差法处理测量得到的数据。

2. 相位法测量声速的原理

声源 S_1 发出声波后，在其周围形成声场，声场的介质中任一点的振动相位随时间而变化。但它和声源的振动相位差 $\Delta\phi$ 不随时间变化。

设声源方程为

$$F_1=F_{o1}\cos\omega t$$

距声源 x 处 S_2 接收到的振动为

$$F_2 = F_{o2}\cos\omega\left(t-\frac{x}{y}\right)$$

两处振动的相位差

$$\Delta\phi = \omega\frac{x}{y}$$

把 S_1 和 S_2 的信号分别输入到示波器 X 轴和 Y 轴，当 $x=n\lambda$ 即 $\Delta\phi=2\pi n$ 时，合振动为一斜率为正的直线；当 $x=(2n+1)\lambda/2$，即 $\Delta\phi=(2n+1)\pi$ 时，合振动为一斜率为负的直线；当 x 为其他值时，合振动为椭圆（图 26.2）。

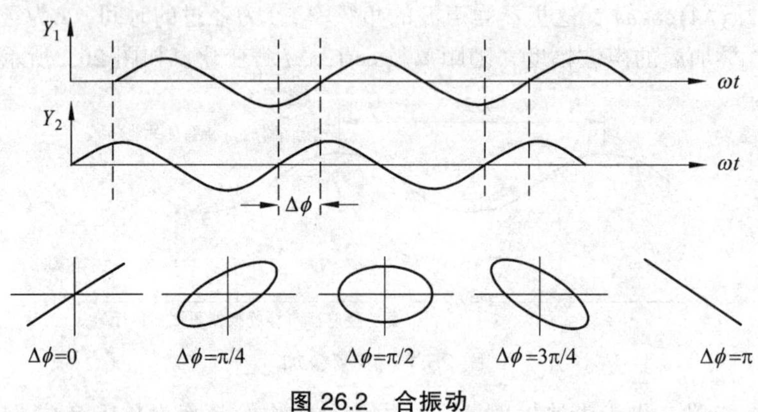

图 26.2 合振动

3. 时差法测量声速的原理

以上两种方法测声速，都是用示波器观察波谷和波峰，或观察两个波间的相位差，原理是正确，但存在读数误差，较精确测量声速的方法是时差法，它在工程中得到广泛的应用。它是将经脉冲调制的电信号加到发射换能器上，声波在介质中传播，经过时间 t 后，到达距离 L 处的接收换能器（图 26.3），所以可以用以下公式求出声波在介质中传播的速度。

$$v = L/t$$

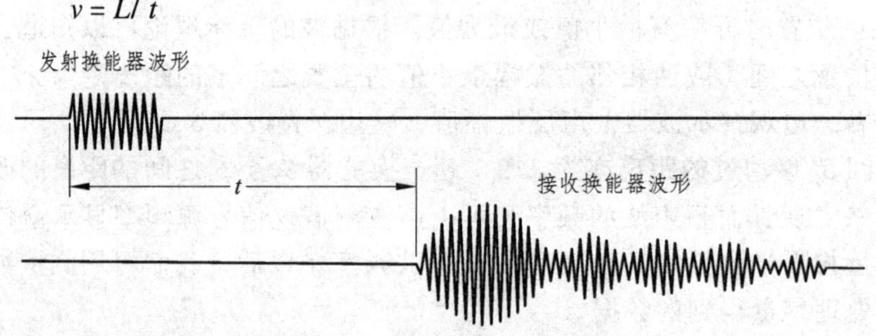

图 26.3 时差法测声速原理

四、实验内容

1. 声速测量系统的连接

声速测量时，专用信号源、测试仪、示波器之间连接方法见图 26.4。

2. 谐振频率的调节

根据测量要求初步调节好示波器。将专用信号源输出的正弦信号频率调节到换能器的谐振频率，使换能器发射出较强的超声波，能较好地进行声能与电能的相互转换，以得到较好的实验效果，方法如下：

（1）将专用信号源的“发射波形”端接至示波器，调节示波器，能清楚地观察到同步的正弦信号；

（2）调节专用信号源上的“发射强度”旋钮，使其输出电压在 $20V_{p-p}$ 左右，然后将换能器的接收信号接至示波器，调整信号频率（25 ~ 45 kHz），观察接收波的电压幅度变化，在某一频率点处（34.5 ~ 39.5 kHz 之间，因换能器或介质不同而异）电压幅度最大，此频率即是压电换能器 S_1，S_2 相匹配频率点，记录此频率 f_i。

（3）改变 S_1，S_2 的距离，使示波器的正弦波振幅最大，再次调节正弦信号频率，直至示波器显示的正弦波振幅达到最大值。共测 5 次，取平均频率 $\bar{f}$。

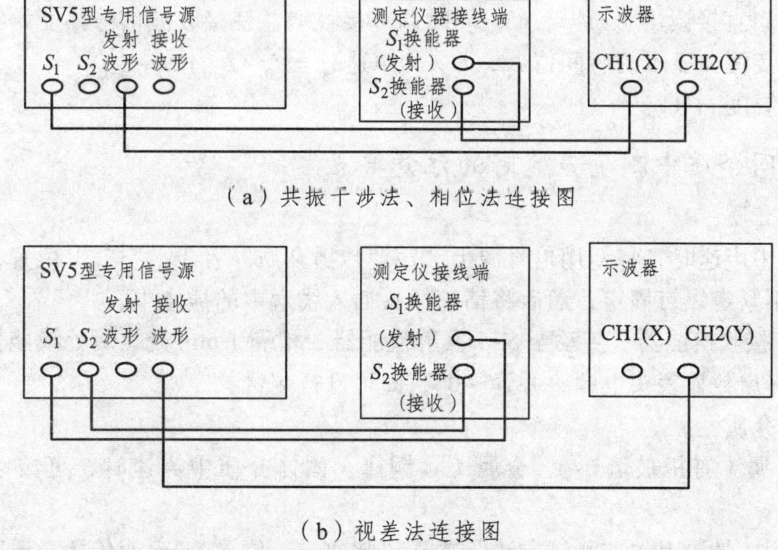

（a）共振干涉法、相位法连接图

（b）视差法连接图

图 26.4　仪器连接

3. 共振干涉法、相位法、时差法测量声速的步骤

（1）共振干涉法（驻波法）测量波长。

将测试方法设置为连续方式。按前面实验内容 2 的方法，确定最佳工作频率。观察示波器，找到接收波形的最大值，记录幅度为最大时的距离，由数显尺上直接读出或在机械刻度上读出；记下 S_2 位置 x_0。然后，向着同方向转动距离调节鼓轮，这时波形的幅度会发生变化（同时在示波器上可以观察到来自接收换能器的振动曲线波形发生相移），逐个记下振幅最大的 $x_1, x_2, \cdots, x_9$，共 10 个点，单次测量的波长 $\lambda_i = 2|x_i - x_{i-1}|$。用逐差法处理这 10 个数据，即可得到波长 λ。

（2）相位比较法（李萨如图法）测量波长。

将测试方法设置为连续方式。确定最佳工作频率，单踪示波器接收波接到“Y”，发射波接到“EXT”外触发端；双踪示波器接收波接到“CH1”，发射波接到“CH2”，选择“x-y”

显示方式，适当调节示波器，出现李萨如图形。转动距离调节鼓轮，观察波形为一定角度的斜线，记下 S_2 位置 x_0，再向前或者向后（必须是一个方向）移动，使观察到的波形又回到前面所说的特定角度的斜线，这时来自接收换能器 S_2 的振动波形发生了 2π 相移。依次记下示波器屏上斜率负、正变化的直线出现的对应位置 $x_1, x_2, \cdots, x_9$。单次波长 $\lambda_i = 2|x_i - x_{i-1}|$。多次测定用逐差法处理数据，即可得到波长 λ。

（3）干涉法、相位法的声速计算。

已知波长 λ 和平均频率 $\bar{f}$（频率由声速测试仪信号源频率显示窗口直接读出），则声速 $v = \lambda f$。

因声速还与介质温度有关，故记下介质温度 t (°C)。

（4）时差法测量声速。

将测试方法设置为脉冲方式。将 S_1 和 S_2 之间的距离调到一定距离（≥50 mm）。再调节接收增益，使示波器上显示的接收波信号幅度在 300 ~ 400 mV 左右（峰-峰值），以使计时器工作在最佳状态。然后记录此时的距离值和显示的时间值 L_{i-1}，t_{i-1}（时间由声速测试仪信号源时间显示窗口直接读出）。移动 S_2，同时调节接收增益使接收波信号幅度始终保持一致，记录这时的距离值和显示的时间值 L_i，t_i。则声速 $v_i = (L_i - L_{i-1})/(t_i - t_{i-1})$。

记下介质温度 t (°C)。

4. 在不同介质中测量声速时的注意要点

（1）空气介质：

测量空气中声速时，将专用信号源上“声速传播介质”置于“空气”位置，发射换能器（带有转轴）用紧定螺钉固定，然后将话筒插头插入线盒中的插座中。

可将 S_2（接收换能器）传动至 S_1（发射换能器）相隔 1 mm 处（两处换能器喇叭型平面不要相碰），开启数显表头电源，并置“0”，即可进行测量。

（2）固体介质：

测量非金属（有机玻璃棒）、金属（黄铜棒）固体介质中声速时，可按以下步骤进行实验：

① 将专用信号源上的“测试方法”置于“脉冲波”位置，“声速传播介质”按测试材质不同，置于“非金属”或“金属”位置。

② 先拔出发射换能器尾部的连接插头，再将待测棒一端面的小螺柱旋入接收换能器中心螺孔内，将另一端面的小螺柱旋入能旋转的发射换能器上，使固体棒的两端面与两换能器的平面紧密接触（注意：旋紧时，应用力均匀，不要用力过猛，以免损坏螺纹及储液槽，拧紧程度要求两只换能器端面与被测棒两端紧密接触即可）。调换测试棒时，应先拔出发射换能器尾部的连接插头，然后旋出发射换能器的一端，再旋出接收换能器的一端。

③ 把发射换能器尾部的连接插头插入接线盒的插座中，按图 26.4（b）接线，即可开始测量。

④ 观察示波器，并调节信号源“接收放大”旋钮，使示波器上波形的峰-峰值为 350 ~ 400 mV（因为此时内部高精度计时器获得最佳工作电平），以计时器不跳字为准。

⑤ 记录信号源的时间读数，单位为 μs。测试棒的长度可用游标卡尺测量并记录。

⑥ 用以上①～⑤方法调换第二长度及第三长度被测棒，重新测量并记录数据。

⑦ 用逐差法处理数据，根据不同被测棒的长度差和测得的时间差计算出被测棒中的声速。

五、数据记录及处理

（1）自拟表格记录所有的实验数据，表格的设计要便于用逐差法求相应位置的差值和计算 λ。

（2）以空气介质为例，计算出共振干涉法和相位法测得的波长平均值 $\bar{\lambda}$，及其标准偏差 S_{λ}，同时考虑仪器的示值读数误差为 0.01 mm。经计算可得波长的测量结果 $\lambda = \bar{\lambda} \pm \Delta\lambda$。

（3）按理论值公式 $v_s = v_0\sqrt{\dfrac{T}{T_0}}$，算出理论值 v_s。

式中 $v_0 = 331.45\ \text{m}\cdot\text{s}^{-1}$，为 $T_0 = 273.15\ \text{K}$ 时的声速。

$$T = (t + 273.15)\ \text{K}$$

（4）计算出通过两种方法测量的 v 及 Δv 值，其中 $\Delta v = v - v_s$。

将实验结果与理论值比较，计算相对误差。分析误差产生的原因。可写为在室温为______ ℃时，用共振干涉法（相位法）测得超声波在空气中的传播速度为

$v =$ ____________ $\pm$ ____________ $\text{m}\cdot\text{s}^{-1}$，$\delta = \dfrac{\Delta v}{v_s} =$ ____________%

（5）列表记录用时差法测量非金属棒及金属棒中声速的实验数据。

① 测量三根相同材质、不同长度待测棒的长度。

② 用每根待测棒测得相对应的声速。

③ 用逐差法求相应的差值，然后通过计算与理论声速传播测量参数进行比较，并计算相对误差。

六、误差分析

七、思考题

（1）声速测量中共振干涉法、相位法、时差法有何异同？

（2）为什么要在谐振频率条件下进行声速测量？如何调节和判断测量系统是否处于谐振状态？

（3）为什么发射换能器的发射面、接收面与接收换能器的接收面要保持相互平行？

（4）声音在不同介质中传播有何区别？声速为什么会不同？

（5）用逐差法处理数据的优点是什么？

八、实验总结

附录：仪器说明

实验仪器采用杭州富阳精科仪器有限公司生产的 SV2 型声速测定仪及 SV5 型声速测定专用信号源各一台。其外形结构见图 26.5。

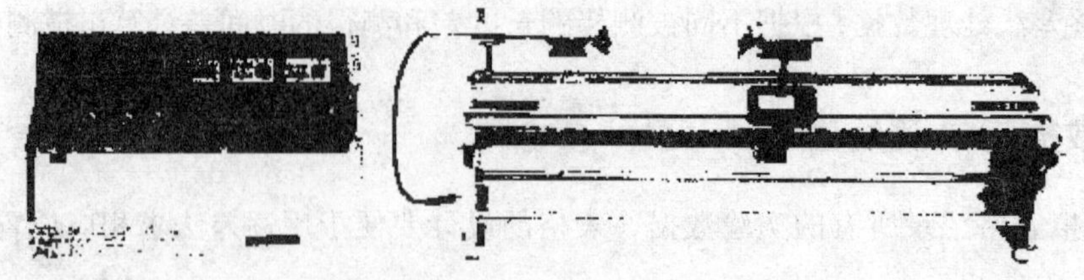

图 26.5　SV2 型声速测定仪及 SV5 型声速测定专用信号源

测定仪主要由金属支架、传动装置、数显标尺、压电换能器等组成。作为发射超声波用的换能器 S_1 固定在支架的左边，另一只接收超声波用的接收换能器 S_2 装在可移动滑块上，通过传动装置带动，并由数显表头显示移动的距离。

发射换能器 S_1 发射的超声波由 SV5 声速测定专用信号源供给，换能器 S_2 把接收到的超声波声压转换成电信号，用示波器观察。用时差法测量声速时还要接到专用信号源进行时间测量。

实验时需另配示波器一台，300 mm 游标卡尺。

实验 27　设计实验测定冰的熔解热

一、实验目的

（1）研究用混合法测定冰的熔解热；

（2）设计冷热补偿法修正散热。

二、实验仪器及用具

量热器、温度计、物理天平、电冰箱、冰、温水、停表、量筒。

三、实验提示

本实验可以参考混合法测定固体的比热容，在量热器中盛放一定量的高于室温的水，投入 0 °C 的冰块后搅动熔化并测定终温，计算出冰的熔解热。设计时注意选择初温、终温、水的质量和冰块的质量等参数。

实验 28　设计实验测定金属线胀系数

一、实验目的

（1）学习设计实验方案的方法；

（2）测量金属的线胀系数。

二、实验仪器及用具

温度计、物理天平、线胀系数测定装置、钢卷尺、游标卡尺、金属棒、金属块、小玻璃棒、小玻璃管、恒温水、测量显微镜、千分尺、通水玻璃管、玻璃板、烧杯。

三、实验提示

（1）可以通过体胀系数来测量线胀系数。
（2）可用测量显微镜来测量线胀系数。
（3）可用千分尺来测量线胀系数。
（4）可用光的干涉原理来测量线胀系数。

第四章　光学实验

实验 29　薄透镜焦距的测定

一、实验目的

（1）了解薄透镜的成像规律；
（2）掌握光学系统的共轴调节；
（3）掌握薄透镜焦距的常用测定方法。

二、实验仪器及用具

光具座、发散透镜（凹透镜）、会聚透镜（凸透镜）、物屏、像屏（白屏）、手电筒。

三、实验原理

1．薄透镜的成像公式

透镜：具有两个折射面的简单共轴球面系统。
薄透镜：厚度远比两个折射面的曲率半径和焦距小得多的透镜。
在满足薄透镜和近轴光线的条件下，物距 u，像距 v 和焦距 f 之间的关系为：

$$\frac{1}{u}+\frac{1}{v}=\frac{1}{f} \tag{29.1}$$

这就是薄透镜成像的公式，又称高斯公式。并规定式（29.1）中，物距 u，实物为正，虚物为负；像距 v，实像为正，虚像为负；对凸透镜 f 为正值，对凹透镜 f 为负值。

2．凸透镜焦距的测定

（1）凸透镜的成像规律为：像的大小和位置由物体离透镜的距离决定。
① 当 $u \gg f$ 时，极远处的物体经过透镜在后焦点附近成缩小的倒立实像。
② 当 $u > f$ 时，物体越靠近前焦点，像逐渐远离后焦点且逐渐变大。
③ 当 $u = f$ 时，物体位于前焦点，像存在于无穷远处。
④ 当 $u < f$ 时，物体位于前焦点以内，像为正立放大的虚像，与物体位于同侧，由于虚像点是光线反方向延长的交点，因此不能用像屏接收，只能通过透镜观察。
（2）测定方法：
① 物距-像距法（图 29.1）。

只要 $u > f$，就可得到一个倒立的实像。

在光具座上分别测出物体、透镜 L 及像的位置，就可以得到 u，v，从而求出 f。

② 共轭法（贝塞尔法，二次成像法）（图 29.2）。

利用凸透镜物像共轭对称成像的性质测量凸透镜焦距的方法，叫共轭法。

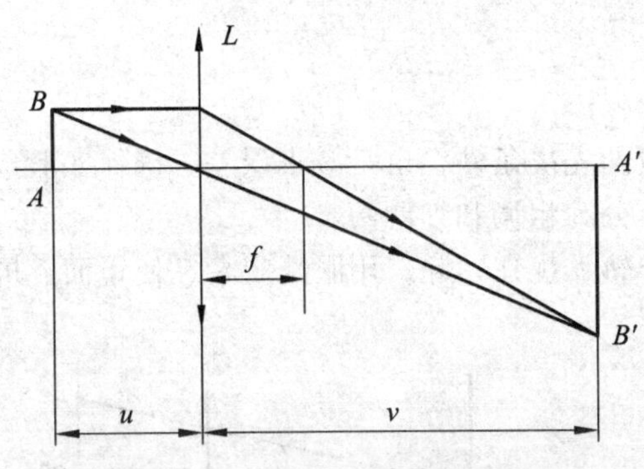

图 29.1　物距-像距法测薄透镜焦距

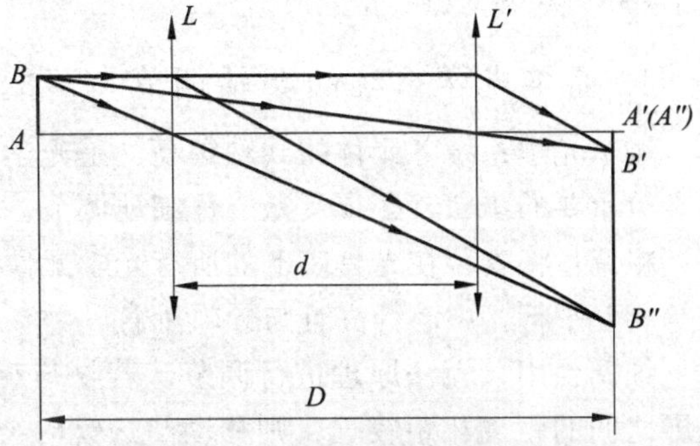

图 29.2　共轭法测薄透镜焦距

所谓“物像共轭”是指物与像的位置可以互换，透镜位置与像的大小一一对应。

固定物与像屏间的距离不变，并使间距 $D > 4f$（为什么？），则当凸透镜置于物体与像屏之间时，移动凸透镜可以找到两个位置，使白屏上都能得到清晰的实像。

透镜移动的距离为 d，物屏、像屏之间的距离为 D，运用物像共轭的对称性质有：

$$f = \frac{D^2 - d^2}{4D} \tag{29.2}$$

式（29.2）由学生自己推导。

只要测出 d 和 D，即可求出 f。

以上两种方法，共轭法测出的焦距一般较为准确，它避免了物距像距法估计光心位置不准带来的误差，无须考虑透镜本身的厚度。

3. 凹透镜焦距的测定

凹透镜是发散透镜，无法成实像，因而无法直接测量其焦距，往往采用一凸透镜做辅助透镜来测量。

测量方法：辅助透镜成像法（二次成像法）（图 29.3）。

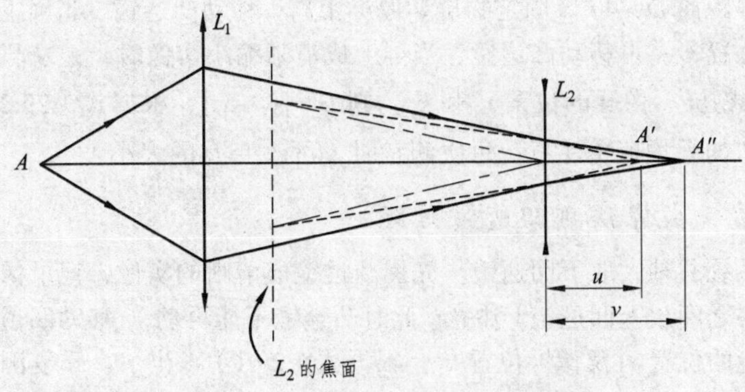

图 29.3　辅助透镜成像法测凹透镜焦距

设物体 A 发出的光，经辅助凸透镜 L_1 成实像于 A' 处，放入待测焦距的凹透镜 L_2 成实像于 A'' 处，则 A' 和 A'' 相对于 L_2 来说分别是虚物和实像。分别测出 L_2 到 A' 和 A'' 的距离 u 和 v，根据式（29.1），就可以算出焦距 f。

四、实验内容

1. 简单光学系统的共轴调节

调节光学系统各元件的共轴等高，是光学测量的先决条件，也是减小误差、确保实验成功十分重要的步骤，必须反复、仔细地调节。调节分为粗调和细调两步。

粗调：将安装在光具座上的所有光学元件沿导轨靠拢在一起，用眼睛观察，使镜面、屏面等相互平行，中心等高且与导轨垂直。

细调：用共轭法原理进行调节，若物与观察光屏之间的距离相距较远，则移动凸透镜时会有两个不同的位置Ⅰ和Ⅱ，于屏上分别呈现大、小两个实像，若物的中心处在透镜光轴上而且光轴与导轨基线平行，则移动透镜时，大、小两次成像的中心必将重合，否则物的中心不在光轴上，这时可根据像中心偏移判断，调节至共轴等高状态。如图 29.4 所示。

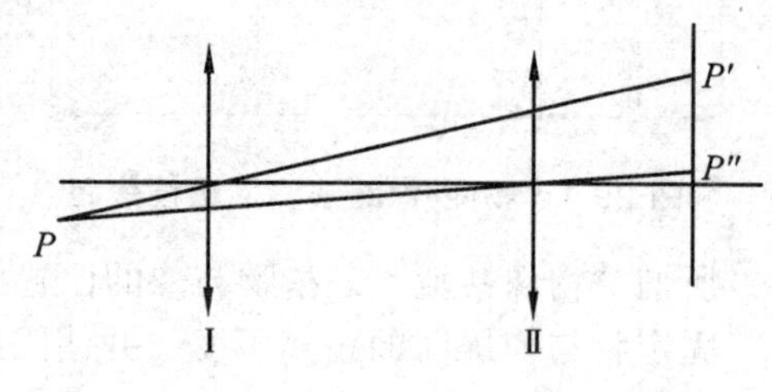

图 29.4 共轭法原理

物体 P 的中心偏离光轴，在透镜光轴之下，则大、小两像 P'，P'' 的中心均偏离光轴。若发现 P' 高于 P''，说明透镜位置偏高（物偏低），应将透镜降低；若 P' 低于 P''，应将透镜升高。

一般调节的方法是：成小像时，调节光屏的位置，使 P'' 与屏中心重合；而在成大像时，调节透镜的高低或左右，使 P' 位于光屏中心。如此反复调节，便可调好。

2. 用物距-像距法测凸透镜焦距

如图 29.1 所示，确定物屏和凸透镜的位置 x_0 和 x_1，并使物距 $u>f$，移动像屏，仔细寻找像清晰的位置 x_2，测出像距 v，代入式（29.1）中求出 f。重复测量 5 次，求出 f 的平均值。

3. 共轭法测凸透镜焦距

使物屏与像屏距离 $D>4f$，固定物屏、像屏距离，移动凸透镜，当屏上成清晰放大实像时，记录凸透镜位置 x_1；再移动凸透镜，当屏上成清晰缩小实像时，记录凸透镜位置 x_2。则 $d=|x_2-x_1|$，记录物屏、像屏的位置 x_0 和 x_3，则 $D=|x_3-x_0|$，根据式（29.2）求出 f。重复测量 5 次，求出 f 的平均值（注意：每次测量时，可改变 D 的大小）。

4. 用辅助透镜成像法测凹透镜焦距

先调节光学系统共轴，取下凹透镜。先用凸透镜成清晰的实像，记录像屏的位置 x_1，然后在凸透镜和像屏之间放上凹透镜（注意，此时凸透镜不能再动），移动凹透镜和像屏成清晰实像，记录凹透镜的位置 x_2 及像屏位置 x_3，根据式（29.1）求出 f。重复测量 5 次，求出 f 的平均值。

五、数据记录及处理

（1）用物距-像距法测凸透镜焦距。

物屏位置 $x_0=$

表 29.1　物距-像距法求凸透镜焦距　　单位：cm

次数	透镜位置 x_1	像屏位置 x_2	$u=\lvert x_1-x_0\rvert$	$v=\lvert x_2-x_1\rvert$	f	Δf
1						
2						
3						
4						
5						
平均					$\overline{f}=$	$\overline{\Delta f}=$

$f=\overline{f}\pm\overline{\Delta f}=$　　　　$E_f=$

（2）用共轭法测凸透镜焦距。

物屏位置 $x_0=$

表 29.2　共轭法测凸透镜焦距　　单位：cm

次数	透镜位置 x_1（成大像）	透镜位置 x_2（成小像）	像屏位置 x_3	$D=\lvert x_3-x_0\rvert$	$d=\lvert x_2-x_1\rvert$	f	Δf
1							
2							
3							
4							
5							
平均						$\overline{f}=$	$\overline{\Delta f}=$

$f=\overline{f}\pm\overline{\Delta f}=$　　　　$E_f=$

（3）用辅助透镜成像法测凹透镜焦距。

表 29.3　辅助透镜成像法测凹透镜焦距　　单位：cm

次数	像屏位置 x_1（凸透镜成实像 A'）	凹透镜位置 x_2	像屏位置 x_3（凹透镜成实像 A''）	$u=-\lvert x_2-x_1\rvert$	$v=\lvert x_3-x_2\rvert$	f	Δf
1							
2							
3							
4							
5							
平均						$\overline{f}=$	$\overline{\Delta f}=$

$f=\overline{f}\pm\overline{\Delta f}=$　　　　$E_f=$

六、误差分析

以上实验中，所进行的误差计算，实际上只考虑了随机误差，并没有考虑系统误差。例如，光学系统的共轴调节是否准确，透镜的厚度、光源单色性等，这些系统误差，一般比随机误差更大。薄透镜成像公式也是在近轴光线条件下成立的，实际情况并不这样简单，而且入射到透镜的光往往不是单色光，会引起色散，这些都会使像的清晰程度受到影响，从而增大了透镜焦距测量的误差。

七、思考题

（1）什么是透镜的光轴，为什么要对光学系统进行共轴调节？

（2）用共轭法测透镜焦距时，为什么 D 要大于 $4f$？

八、注意事项

（1）使用光学元件和仪器时，要轻拿轻放，切忌用手触摸元件的光学表面，取用时，只能拿磨砂面。

（2）计算薄透镜焦距时，一定要注意正负号，不要搞错。

实验 30　分光计的调节及折射率的测定

一、实验目的

（1）了解分光计的结构，熟悉分光计的调整及使用；

（2）使用分光计测定三棱镜的顶角和最小偏向角，从而确定棱镜玻璃的折射率。

二、实验仪器及用具

分光计、玻璃三棱镜、平面反射镜、汞灯。

三、实验原理

如图 30.1，等边三角形表示三棱镜的主截面，主截面与折射面垂直，α 为三棱镜的顶角，设一束单色平行光入射到三棱镜的 AB 面上，i,φ 分别表示入射角和出射角，出射光和入射光之间的夹角 δ 称为偏向角。根据几何关系：$\delta=\angle 3+\angle 4=(i-\angle 1)+(\varphi-\angle 2)$，又因 $\alpha=\angle 1+\angle 2$，故有

$$\delta=i+\varphi-\alpha \tag{30.1}$$

顶角 α 是固定的，所以，δ 是 i 和 φ 的函数，而 φ 又是 i 的函数，所以，δ 只是 i 的函数。

对 δ 求导，并令 $\frac{d\delta}{di}=0$，可得 δ 的极小值对应的 i。

当 δ 为极小值时，$i=\varphi$，代入式（30.1）得 $\delta_{\min}=2i-\alpha$，即 $i=\frac{1}{2}(\delta_{\min}+\alpha)$。

当 $i=\varphi$ 时，$\angle 1=\angle 2$，于是，$\alpha=2\angle 1$，即

$$\angle 1=\frac{1}{2}\alpha$$

所以，三棱镜对单色光的折射率为：

$$n=\frac{\sin i}{\sin\angle 1}=\frac{\sin\frac{1}{2}(\delta_{\min}+\alpha)}{\sin\frac{1}{2}\alpha} \tag{30.2}$$

只要用分光计测出三棱镜的顶角 α 和最小偏向角 $\delta_{\min}$，即可求出三棱镜对单色光的折射率。

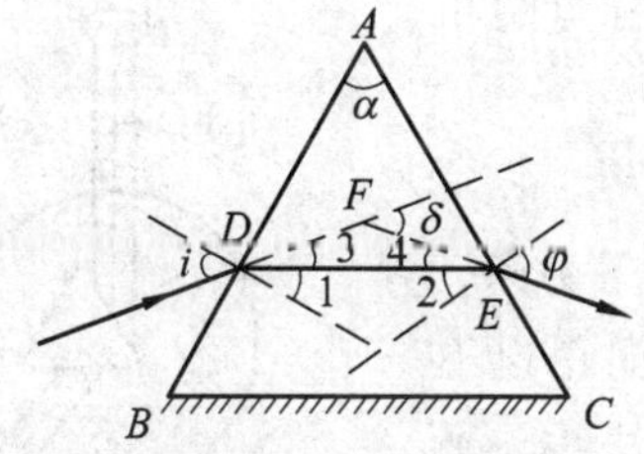

图 30.1　折射原理

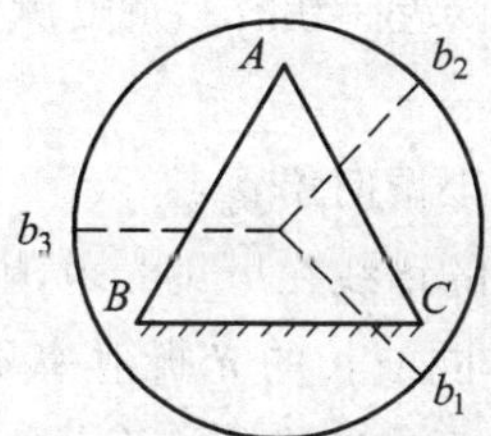

图 30.2　放置三棱镜

四、实验内容

（1）按分光计的调整步骤，调节分光计至正常使用状态。

（2）调节三棱镜的主截面与分光计的旋转主轴垂直，即将载物台调成严格水平。

将三棱镜按图 30.2 所示放置。

转动载物台，使 AB 面对准望远镜，并从望远镜的视野中寻找到被 AB 面反射回的绿“十”字像（像比较浅、淡，需仔细分辨），如像与分划板上方“十”字横线不重合，调节载物台下方的 b_3 螺钉，使之重合（注意：此时不能再调望远镜的高低调节螺钉，否则前功尽弃！）。同样，将 AC 面正对望远镜，调 b_2 螺钉，使亮“十”字像与分划板重合。再转至 AB 面，观察绿“十”字像与分划板上方“十”字横线是否仍重合，若不重合，重复前述调节，直到 AB 面和 AC 面均严格垂直于望远镜光轴为止。

（3）用自准法测三棱镜顶角 $\angle A$。

将载物台旋转至如图 30.3 所示位置，让三棱镜的毛面正对平行光管光轴，紧固载物台的锁紧螺钉。先转动望远镜到Ⅱ处，即右边（注意，望远镜转动时，刻度圆环应跟望远镜同时转动，但游标盘不能动），使望远镜正对三棱镜的一个折射面，调节望远镜的光轴与此折射面严格垂直，即使亮“十”字像与分划板上方“十”字完全重合，如图 30.4 所示。记录刻度盘

上两游标读数 θ_1，θ_2；再转动望远镜到 I 处，即左边，使望远镜正对另一个折射面并使亮“十”字像与分划板上方“十”字完全重合，记录刻度盘上两游标读数 θ_1'，θ_2'。同一游标两次读数之差等于三棱镜顶角 $\angle A$ 的补角 φ。

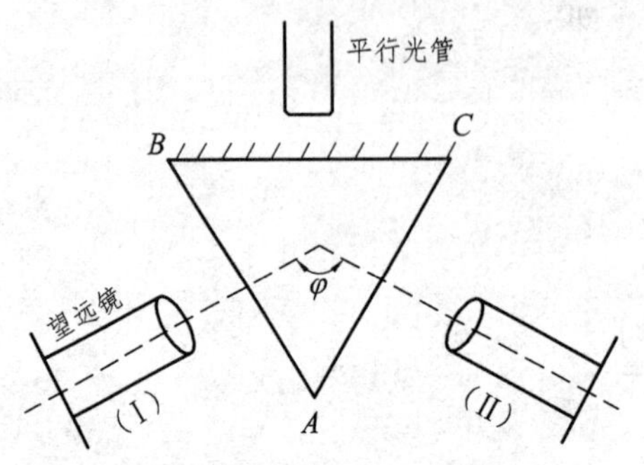

图 30.3　载物台位置

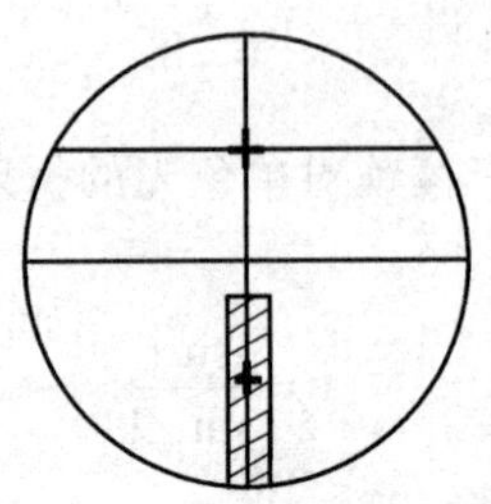

图 30.4　调节望远镜光轴

重复测量几次，计算棱镜顶角 $\angle A$ 的平均值并与标准值比较，算出相对误差（注意：重复测量时，载物台与游标盘的相对位置应变化一下）。

（4）测最小偏向角 $\delta_{\min}$。

汞灯发出的谱线在可见光范围有紫、蓝、绿、黄等数条，因三棱镜对不同波长的光折射率不同，所以最小偏向角也不同。如图 30.5，将三棱镜放于载物台上，使 AC 面的法线与平行光管光轴构成 60° 角，即 $i \approx 60°$。旋转望远镜至图示位置附近，就可以观察到一条条单色的狭缝像，这里只测量棱镜对绿光的折射率。

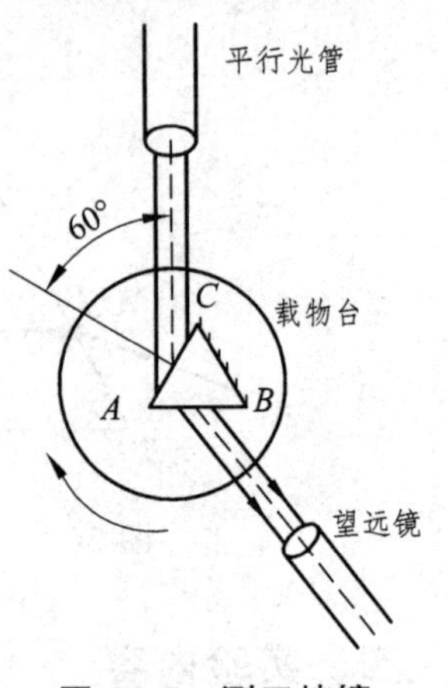

图 30.5　测三棱镜对光的折射率

松开载物台紧固螺钉，缓慢沿箭头方向转动载物台，使 i 减小，偏向角 δ 也随之减小，这时谱线向左移动，用望远镜黑竖线对准绿谱线。继续顺时针旋转载物台，使望远镜黑竖线跟踪对准绿谱线，当载物台转至某一位置时，可以看到谱线将反向移动，谱线移动方向发生转逆时的偏向角就是最小偏向角。利用游标盘微调螺钉，使分划板黑竖线对准刚好停在最小偏向角位置的绿谱线中心。记录左右两游标读数 θ_A 和 θ_B。从载物台上取下三棱镜，转动望远镜，对准平行光管，微调望远镜使分划板上黑竖线与狭缝像的中心重合，记录游标读数 θ_A^0 和 θ_B^0，则

$$\delta_{AM} = \theta_A^0 - \theta_A，\quad \delta_{BM} = \theta_B^0 - \theta_B$$

所以

$$\delta_{\min} = \frac{1}{2}\left(\delta_{AM} + \delta_{BM}\right)$$

五、数据记录及处理

（1）测三棱镜顶角 $\angle A$。

表 30.1　三棱镜顶角 $\angle A$ 的测量

次数	游标	分光计读数				$\varphi=\frac{\theta_1'-\theta_1+\theta_2'-\theta_2}{2}$	$\angle A=180°-\varphi$	$\overline{\angle A}$
		望远镜在右边		望远镜在左边				
1	左	θ_1		θ_1'				
	右	θ_2		θ_2'				
2	左	θ_1		θ_1'				
	右	θ_2		θ_2'				
3	左	θ_1		θ_1'				
	右	θ_2		θ_2'				

$E_{\angle A}=$

（2）测最小偏向角 $\delta_{\min}$。

表 30.2　最小偏向角 $\delta_{\min}$ 的测量

游标	分光计读数				$\delta_{AM}=\theta_A^0-\theta_A$	$\delta_{BM}=\theta_B^0-\theta_B$	$\delta_{\min}=\frac{1}{2}(\delta_{AM}+\delta_{BM})$
	谱线逆转时		入射光方向				
左	θ_A		θ_A^o				
右	θ_B		θ_B^o				

（3）根据公式（30.2）求出三棱镜对单色光的折射率 n。

六、误差分析（自己分析）

七、思考题

（1）什么是视差？如何消除视差？

（2）为什么要设置两个角游标读数？

八、注意事项

（1）不能用手触摸光学元件的光学表面。

（2）分光计上的各个螺钉在未搞清其作用前，不要随意扭动。

（3）发现分光计的某些部件不能转动时，不可用力硬扳，以免损坏。

（4）调节时，应调节好一个方向再调另一个方向，这时已调节好的部分的螺丝不能随便拧动，否则会造成前功尽弃。

附录：分光计的结构及使用

1. 分光计的结构

分光计是一种准确测量光线偏转角度的光学仪器，如测量反射角、折射角、衍射角、光束的偏向角等，还可用来观察光谱，测量光谱谱线的波长等。下面以 JJY 型分光计为例，说明它的结构、原理及使用。结构如图 30.6 所示。

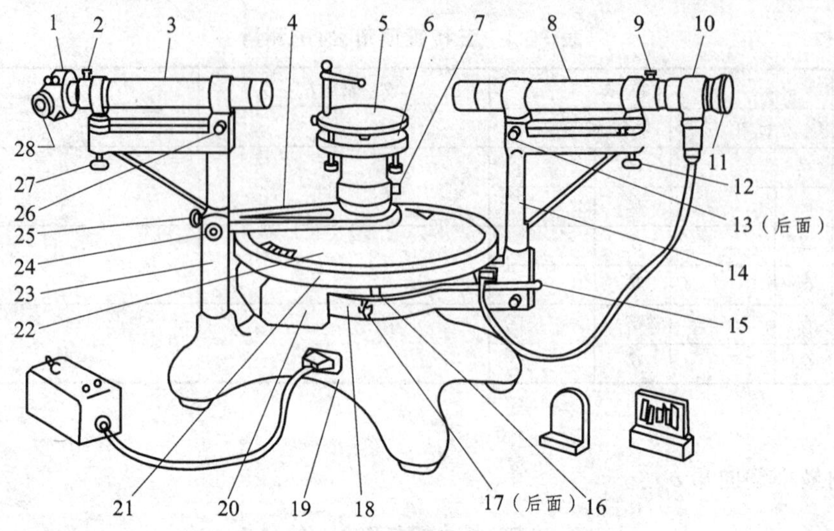

图 30.6　JJY 型分光计

1—狭缝装置；2—狭缝装置锁紧螺钉；3—平行光管筒；4—制动架（二）；5—载物台；6—载物台调节螺钉（3 个）；7—载物台锁紧螺钉；8—望远镜筒；9—目镜筒锁紧螺钉；10—阿贝式自准直目镜（分划板在内部）；11—目镜视度调节手轮；12—望远镜光轴高低调节螺钉；13—望远镜光轴水平调节螺钉；14—支臂；15—望远镜微调螺钉；16—转轴与刻度盘止动螺钉；17—望远镜止动螺钉；18—制动架（一）；19—三脚底座；20—转座；21—刻度圆盘；22—游标盘；23—立柱；24—游标盘微调螺钉；25—游标盘止动螺钉；26—平行光管光轴水平调节螺钉；27—平行光管光轴高低调节螺钉；28—狭缝宽度调节手轮

分光计一般由底座、望远镜、平行光管、载物台和读数装置五部分组成。

（1）底座：底座一般为三脚底座，其中心的竖轴称为分光计的旋转主轴，轴上装有可绕轴转动的望远镜、载物台、刻度圆环和游标盘，在一个底座的立柱上装有平行光管。

（2）望远镜：望远镜由物镜、分划板和目镜等组成，主要是用来观察和确定光线行进方向。常用的目镜有“阿贝”目镜和“高斯”目镜两种，JJY 型分光计用的是“阿贝”目镜，其望远镜的结构如图 30.7 所示。小灯发出的光通过绿色滤光片后，经直角三棱镜反射，转向 90°，将分划板下部照亮，因此在分划板下方可见一绿色亮框。分划板上有三个“十”字刻线，

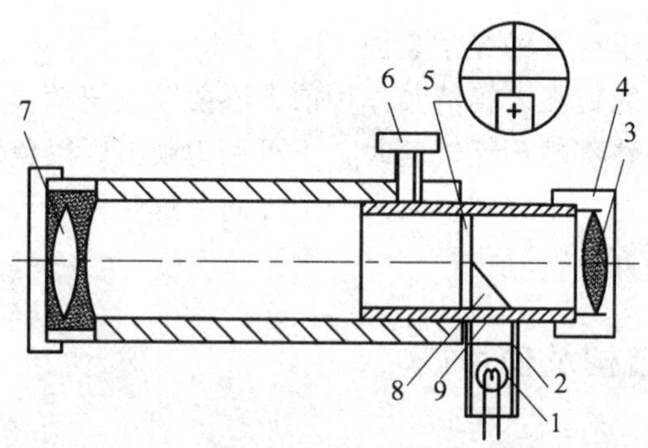

图 30.7　JJY 型分光计望远镜结构

1—小灯；2—滤色片；3—目镜；4—目镜调焦轮；5—十字分划板；6—紧固螺钉；7—物镜；8—直角棱镜；9—目镜筒

下部有一个小“十”字，当绿光透过分划板和物镜，再从外置的平面镜反射回来时，从目镜中可以看到一个绿色“十”字像。如果望远镜的光轴垂直于分光计的旋转主轴，那么绿色亮“十”字像就应该跟分划板上方的横线重合。

分划板与目镜及物镜间的距离可以调节，即调焦距。转动目镜，可调节分划板与目镜的距离。松开紧固螺钉 6，前后移动目镜筒，可调节物镜与分划板的距离。

（3）平行光管：它的作用是产生平行光。它由狭缝、消色差透镜组构成，狭缝装置可沿光轴移动和转动，缝宽和狭缝与透镜组间的距离可以调节。

（4）分光计上控制望远镜和刻度盘转动的装置有三套，正确运用它们对于测量很重要，它们是：

① 望远镜止动和微动控制装置，如图 30.6 的 17，15。

② 望远镜和刻度盘的离合控制装置，如图 30.6 的 16。

③ 游标盘止动和微动控制装置，如图 30.6 的 24，25。

转动望远镜或移动游标盘时，都要先松开相应的止动螺钉；微调望远镜及游标位置时要先拧紧止动螺钉。

要改变刻度盘和望远镜的相对位置，应先松开它们间的离合控制螺钉，调整后再拧紧，一般是将刻度盘的“0”刻线置于望远镜下，减少在测量角度时，“0”刻线通过角游标引起的计算上的不方便。

（5）载物台：用来放置光学元件，它可以绕中心轴旋转和沿轴升降，平台下方有 3 个螺钉，用来调节载物台的高度和水平。

（6）读数装置：由刻度圆环和游标盘组成，都可绕中心轴转动。刻度圆环分为 360°，最小分度为 0.5°（30′），0.5°以下用角游标读数，游标分为 30 个小格，每小格为 29′，因此最小读数为 1′。在游标盘同一直径的两端各设置一个角游标（为了消除刻度圆环与分光计旋转主轴之间的偏心差），记录测量数据时，必须同时读取两个游标的读数，记录和计算角度时，左，右游标分别进行。注意防止混淆，弄错角度，并注意：

① 读数时，不要漏读 0.5°（30′），如图 30.8 的读数为 150°46′，而不是 150°16′。

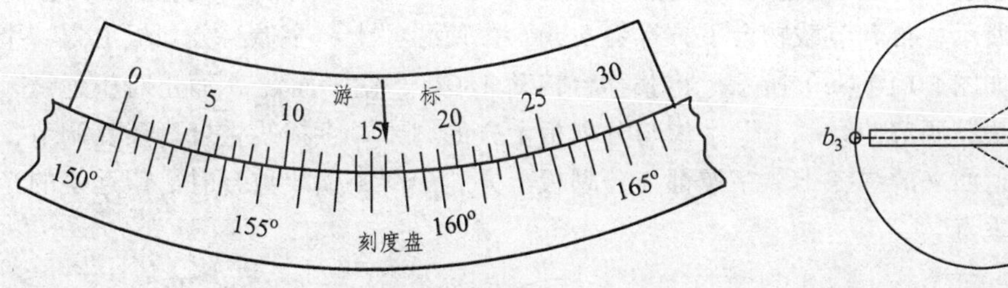

图 30.8 角游标读数

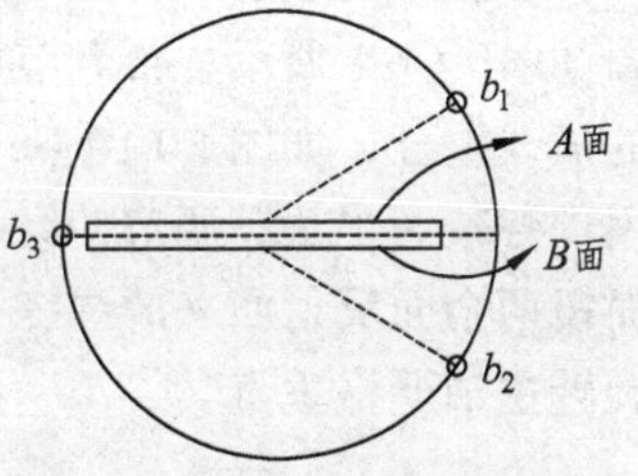

图 30.9 放置平面反射镜

② 在测量角度的过程中，也就是在转动望远镜时（顺时针转动），注意刻度盘的 360°刻线（亦即“0”刻线）是否经过游标“0”刻线，如果经过，计算角度时要考虑末读数应加上 360°的问题。

③ 使用角游标读数时要注意，角度是以度、分和秒计的，不是十进制。

2. 分光计的调节

为了精确测量，使分光计处于正常状态，首先要对分光计进行调节。总体要求是：平行光管发出平行光；望远镜接收平行光（即聚焦于无穷远）；平行光管和望远镜的光轴与分光计的旋转主轴垂直。调节步骤如下：

（1）目测粗调：通过调节望远镜和平行光管的高低调节螺钉和载物台下的三个调节螺钉，目视观察，使它们大致垂直于旋轴主轴。

（2）调节望远镜聚焦于无限远处（自准直法）。

① 接通电源，点亮目镜下方的小灯，慢慢旋转目镜调焦轮，即调节目镜与分划板间的距离，使分划板上的“＝”“十字叉丝系”刻线看得最清晰。这时分划板已处于目镜的焦平面上，下方绿色亮框中的“十”字也清晰可见。

② 把平面反射镜放在载物台上（放置方法如图 30.9 所示）

如果粗调合适，慢慢转动载物台，应能在望远镜目镜视野内找到亮“十”字反射像（即绿色十字叉丝）。再转动载物台将平面反射镜绕轴转过 180º，在目镜视野内仍能找到亮“十”字反射像（如果找不到反射像，就要稍微调节一下控制该反射面的螺钉 b_1 或 b_2 和望远镜的高低调节螺钉）。松开望远镜的锁紧螺钉，前后移动目镜筒（即调节物镜与分划板间的距离）直到亮“十”字反射像最清晰。眼睛上下左右移动，若观察到亮“十”字像相对于分划板“十”字有位移，叫做视差。应微微前后移动目镜筒，直到无视差为止。这时分划板位于物镜的焦平面上，即望远镜已聚焦于无限远处，拧紧望远镜的锁紧螺钉。

自准直法也称平面镜法，按透镜成像原理，如果发光体位于透镜的焦平面上，则通过透镜后就成为平行光束。如果用与主光轴垂直的平面反射镜将此平行光束反射回来，则通过透镜又成像于焦面上（试画出光路图）。

通过以上调节，分划板同时位于目镜和物镜的焦平面上，望远镜已聚焦于无限远处，适合观察平行光。

（3）调节望远镜光轴与旋转主轴严格垂直。

用“逐次逼近法”（又叫“各减一半”法）调节。当平面镜 A 面正对望远镜时，如果望远镜视野中的图形如图 30.10（a）所示，反射回的清晰绿“十”字像在 a 处，它距分划板上方“十”字的距离为 d；先调望远镜的高低调节螺钉，把绿“十”字像调节上移 $d/2$，至 b 处，如图 30.10（b）所示；再调节载物台下方螺钉 b_1 或 b_2，使绿“十”字像与分划板上方“十”字的横线重合，如图 30.10（c）所示。将载物台转动 180º，使平面镜 B 面正对望远镜，同样用“各减一半法”调节使绿“十”字像与分划板上方的“十”字横线重合。反复调节，当平面镜两个面反射回来的绿“十”字像都与分划板上方“十”字横线重合时，望远镜的光轴与旋转主轴严格垂直。

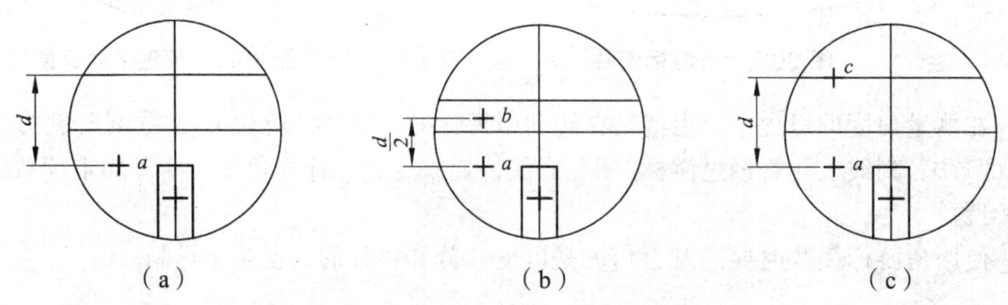

图 30.10　逐次逼近法调节望远镜

（4）调节分划板“十”字线成水平、垂直状态。

左右微微转动载物台，观察亮“十”字像的横线与分划板上方“十”字的横线是否始终重合，若不始终重合，说明分划板方位不正。松开目镜筒紧固螺钉，稍微旋转目镜筒（不能前后移动，以免破坏望远镜的聚焦状态），直到左右转动载物台时，亮“十”字像的横线与分划板上方“十”字的横线始终重合为止，拧紧目镜筒紧固螺钉，取下平面反射镜。

（5）调节平行光管。

① 调节平行光管产生平行光。

点亮狭缝前汞灯，将望远镜旋转到与平行光管成一直线，松开狭缝装置的紧固螺钉，前后移动狭缝装置，直到从调好的望远镜中观察到最清晰的狭缝像，此时狭缝已处于平行光管透镜组的焦平面上，调节狭缝像宽为 1 mm 左右。

② 调节平行光管的光轴与分光计旋转主轴垂直。

转动狭缝像成水平状态，如图 30.11（a）所示。如狭缝像与分划板中间“十”字的横线不重合，则应调节平行光管光轴的高低调节螺钉，使之重合，此时平行光管的光轴即与旋转主轴垂直。再将狭缝转为竖直方向，调节平行光管光轴水平方向的调节螺钉或转动望远镜，使狭缝像的中心线与分划板的竖线重合，如图 30.11（b）所示，最后拧紧狭缝装置紧固螺钉。

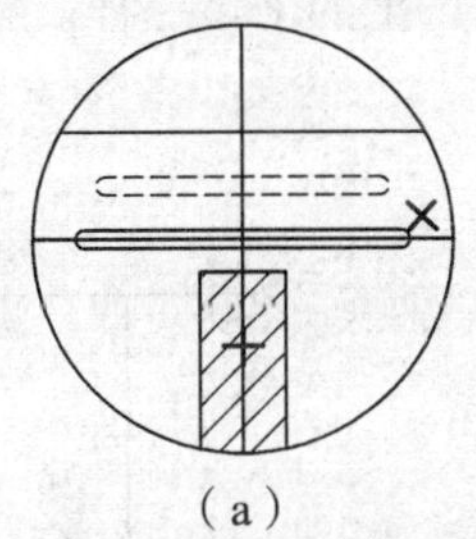

（a）

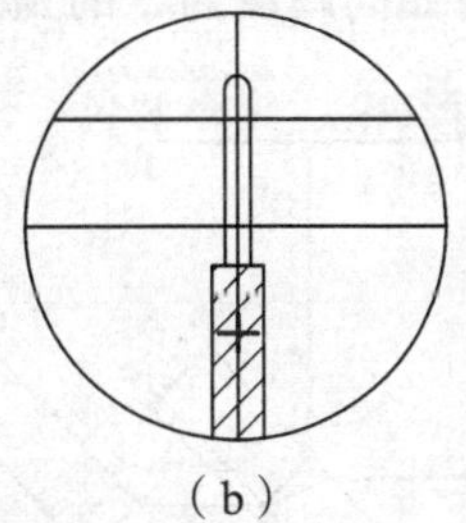

（b）

图 30.11　调节平行光管光轴

至此，分光计已调节到正常使用状态。

实验 31　迈克尔逊干涉仪调节和波长的测定

迈克尔逊干涉仪是用分振幅法产生双光束干涉的精密光学仪器。利用这种干涉仪还可以精密测量长度、介质的折射率及光谱精细结构等。

一、实验目的

（1）了解迈克尔逊干涉仪的设计原理、主要结构、光路及相干光的获得；

（2）掌握迈克尔逊干涉仪的调节要求与调节方法；

（3）掌握迈克尔逊干涉仪测光波波长的原理和方法。

二、实验仪器及用具

迈克尔逊干涉仪、钠光灯、He-Ne 激光器、扩束镜。

三、实验原理

（1）迈克尔逊干涉仪的光路、相干光的获得如图 31.1 所示，G_1和G_2是两个严格平行、厚度相同的光学玻璃板，称为“分光板”和“补偿板”，M_1与M_2是两个平面镜，与G_1，G_2成 45°夹角。G_1的背面涂有薄银膜（称为“半透膜”）。

从光源S发出的光线射入G_1后被半透膜分成强度相同的反射光和透射光。反射光从G_1穿出射向M_1，被M_1反射后又射入G_1，从O处穿出射向E；

从半透膜射出的光经过G_2射向M_2，被M_2反射后又从G_2穿出，在O处再被半透膜反射，射向E。在O处相遇射向E的两列光是由同一束光发出，因此它们的频率、初相位、振动方向相同，但走过的光程不同，因而有光程差，因此这两束光是相干光，将会发生干涉。

补偿板G_2的作用是使两束光在玻璃板G_1与G_2之间走的光程相同。因此计算两列光的光程差时只需考虑光在空气中的几何路程差。

观察者从E（眼睛）处向分光板G_1的O处看去，能同时看到被M_1和M_2反射的光，而被M_2反射的光犹如从M_2'反射来的。如图 31.2 所示：$OM_2 = OM_2'$，因此从光程差考虑时，干涉仪产生的干涉就如同厚度为d的M_1与M_2'间的空气膜产生的干涉一样。

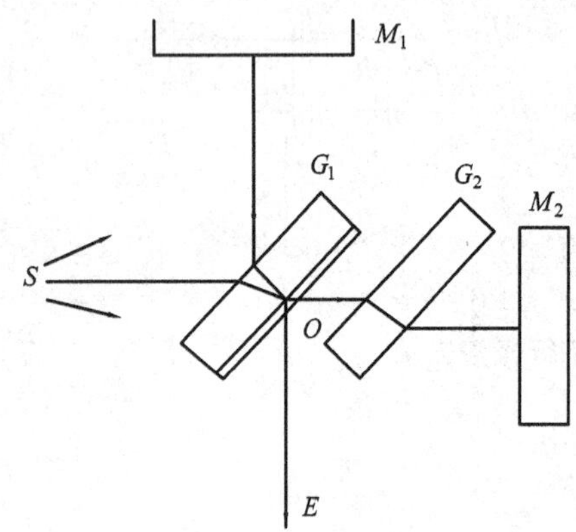

图 31.1　光路和相干光的获得

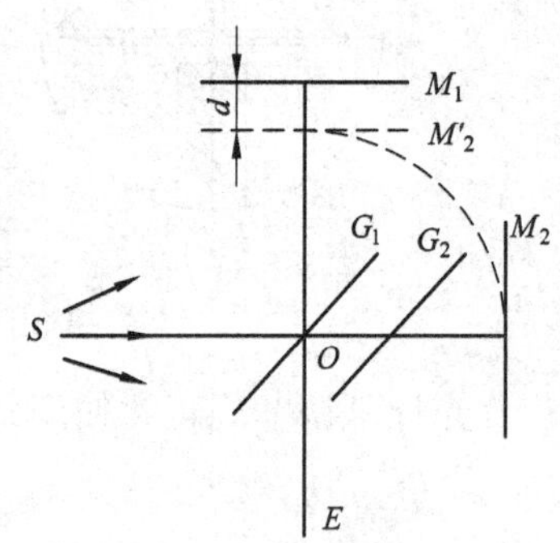

图 31.2　反射光

（2）干涉条纹：

① 等倾干涉条纹：调节M_1与M_2使之严格垂直，即M_1与M_2'严格平行，那将会形成一系列明暗相间的同心圆环，这就是等倾干涉图样。改变M_1和M_2'之间的距离，即改变空气膜d的厚度，图样将变化。d增大，条纹的半径将增大，整个图样的每个环都将向外扩张，条纹将从中心“冒出”；反之d减小，条纹的半径将减小，条纹将向中心“缩入”。若d改变Δd，相应“冒出”“缩入”的条纹数为ΔN，则有：

$$\lambda = \frac{2\Delta d}{\Delta N} \tag{31.1}$$

式中：λ为入射光波长。

② 等厚干涉条纹：当M_1和M_2没有严格垂直，即M_1和M_2'有一极小夹角（$d \approx 0$），这样M_1和M_2'之间即形成一空气劈尖。这时观察到的是明暗相间的平行直线条纹，这就是等厚干涉图样。

四、实验内容

（1）调节干涉仪使之产生等倾干涉图样：调节目的是使 $M_1 \perp M_2$ 或 $M_1 /\!/ M_2'$。

调节步骤：

① 调节 M_1，M_2 至 G_1，G_2 的距离大致相等，OM_1 约等于 OM_2。

② 粗调：调节 M_1 与 M_2 的倾角方位。用 He-Ne 激光光束射向 G_1，在 E 处（毛玻璃屏）可见到两排亮点。调 M_1 和 M_2 背后的 3 个螺钉，使两排中最亮的两点重合并产生干涉条纹。若用 Na 光调节（不需要毛玻璃屏），从 E 处向 M_1 镜看去，可看到两组灯像重合；也可以在灯前加毛玻璃屏，屏前置一针尖或画"↑"物作为观察目标。

③ 细调：当最亮的两点重合并产生干涉条纹后，在 He-Ne 激光光束前放置一扩束镜，让光束通过扩束镜并照在 G_1 上。调节 M_2 下方的拉力弹簧，使视场中出现直线条纹或同心圆图样（当视场中出现水平条纹，微微调节竖直拉力弹簧；出现竖直条纹，微微调节水平拉力弹簧）。并要求人眼上下、左右移动看，无视差为止。

（2）观察条纹干涉的特点。改变 d，条纹将怎样变化？

（3）测量：细心转动微调手柄，记下条纹"冒出"或"缩入"的圈数（$\Delta N = 50$ 或 100 个）。移动 M_1，读出对应读数 d，求出 Δd，根据式（31.1）计算出 λ 的值。

求出钠光波长 λ 的平均值和 He-Ne 激光波长 λ 的平均值，将测得值与标准值比较，算出相对误差。

五、数据记录及处理

表 31.1　He-Ne 激光波长的测定（$\lambda_{标} = 632.8$ nm）　　单位：mm

次数	M_1 的位置		Δd	ΔN	λ(He-Ne)	$\overline{\lambda}$(He-Ne)
	d_1	d_2				
1						
2						
3						
4						
5						

$E_{\lambda(\text{He-Ne})} =$

表 31.2　Na 光波长测定（$\lambda_{标} = 589.3$ nm）　　单位：mm

次数	M_1 的位置		$\Delta d'$	$\Delta N'$	λ(Na)	$\overline{\lambda}$(Na)
	d_1'	d_2'				
1						
2						
3						
4						
5						

$E_{\lambda(\text{Na})} =$

六、误差分析

七、注意事项

（1）迈克尔逊干涉仪为精密贵重光学仪器，操作必须小心，光学玻璃面绝对禁止用手触摸！

（2）仪器零点调节以后必须继续顺时针旋转微调手轮，直至图样中心有条纹“冒出”（或“缩入”）时才能开始读数。

（3）因“空程”较大，读数时只能连续一个方向（顺时针）旋转微调手轮，中途绝不能倒转！

（4）平面镜背后的 3 个螺钉和 M_2 下的 2 个弹簧，做实验时应使它们处于“合适位置”，即可松可紧。实验做完后，应将 3 个螺钉拧松，使拉力弹簧处于松弛状态。

（5）视差的消除。

附录：仪器介绍

迈克尔逊干涉仪的结构如图 31.3 所示，此仪器由下述六个部分组成。

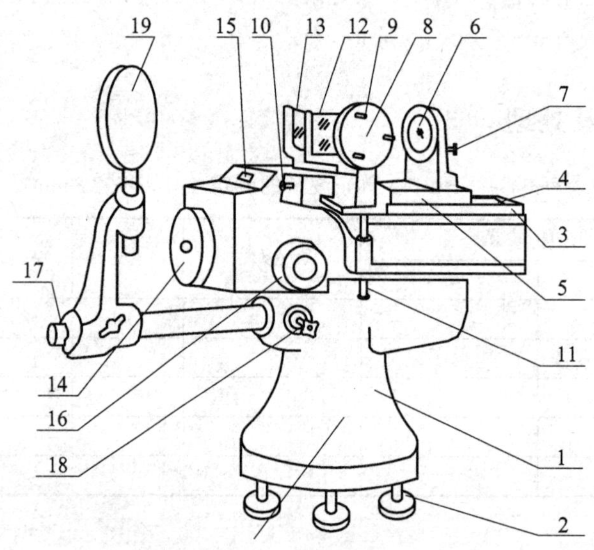

图 31.3　迈克尔逊干涉仪

1. 底座部分（以下名称前的序数对应于图 31.3 上的指示数）

（1）底座：由生铁铸成，较重，使该仪器有很好的稳定性。

（2）水平调节螺钉脚：调节仪器水平。

2. 导轨部分

（3）导轨框架：两根平行的长约为 280 mm 的导轨框架，被固定在底座上，框架正中沿导轨方向，穿过一根精密的螺丝杆。

（4）丝杆：此螺丝杆非常精密，螺距为 1 mm。

3. 拖板部分

（5）拖板：是一块平板，反面做成与导轨吻合的凹槽，装在导轨上，下方还固定一个精密的螺母，丝杆穿过螺母，当丝杆旋转时，拖板能前后移动。

（6）动镜 M_1：是一块很精密的平面镜，表面镀了一层金属膜，具有很高的反射率，垂直地固定在拖板上，可沿导轨移动，它的法线严格地与丝杆平行。

（7）调节螺钉（3 只）：M_1 镜面背后有 3 个成等边三角形分布的调节螺钉，主要是调节镜面的倾角方位。

4. 定镜部分

（8）定镜 M_2：与 M_1 相同的一块平面镜，表面上镀了一层金属膜，固定在导轨框的右侧支架上，不能移动。

（9）调节螺钉（3 只）：在定镜 M_2 的背面，作用同 M_1 镜背面的螺钉。

（10）水平拉力弹簧：通过此弹簧的调节，使 M_2 在水平方向转过一微小角度。

（11）垂直拉力弹簧：通过此弹簧的调节，使 M_2 在垂直方向改变一微小角度。

[(10), (11)]两个拉力弹簧的调节只是微小地改变定镜 M_2 的镜面方位，远比（9）调节螺钉改变 M_2 的镜面方位要小的多。

（12）分光板 G_1：将照射在它上面的光分成两束，后表面处镀有半透光金属膜，分光板 G_1 的表面法线与螺丝杆成 45°角。

（13）补偿板 G_2：放在 G_1 与 M_2 之间，G_2 与 G_1 有相同的厚度和相同的折射率，而且放置时 G_2 必须与 G_1 准确地平行。在制造两块板时，先将一整块玻璃磨成两面严格平行的光学平面，然后将它割成完全相同的两块。

5. 读数系统和转动部分

（14）粗调手轮：每转过一周，拖板移动 1 mm（即动镜 M_1 移动 1 mm）。

（15）读数窗口：粗调手轮转过一周，读数窗口里的鼓轮也转动一周，鼓轮的一圈分为 100 格，每格为 0.01 mm（鼓轮上的读数由窗口上的基准线指示）。

（16）微调手轮：每转过一周，拖板移动 0.01 mm（读数窗口中看到读数鼓轮也移动一格），将“微调手轮”的周线等分 100 格，每格为 10^{-4} mm（微调手轮旁有一基准线指示）。

（注：迈克尔逊干涉仪粗调转动时，微调手轮与它自动脱离，即粗调手轮转动时，微调手轮不转动，但微调手轮转动时，粗调手轮也转动）。

6. 附件

（17）支架杆和（18）夹紧螺丝：放毛玻璃屏用。

（19）毛玻璃屏。

实验 32 光栅衍射

光栅是在一块透明板上刻有大量等宽度、等间隔的平行刻痕的光学元件，在每条刻痕处，光射到它上面向各个方向散射而不透光，光只能从刻痕间狭缝中通过。因此，可以把光栅看成是一组数目极多，排列紧密、均匀而又平行的狭缝，根据多缝衍射原理制成的衍射光栅，能够产生间距较宽的匀排光谱，从而将复色光分解成光谱，是一种重要的分光元件。

一、实验目的

（1）通过光栅衍射实验，了解光栅的主要特性；

（2）加深对光的干涉、衍射及光栅分光作用的基本原理的理解；

（3）学会用透射光栅测光波波长、光栅常数和角色散率。

二、实验仪器及用具

光具座、透射光栅、Hg 灯光源、平面反射镜

三、实验原理

1. 平面透射光栅（如图 32.1 中 G 所示）

它有 N 个宽度为 a 的缝，两缝间不透明部分为 b，相邻两缝中心间距为 $a+b=d$，称为光栅常数。

当一束平行光照射到光栅 G 上时，将在每个缝处产生衍射，由于光栅上有 N 个等宽的缝，在屏 E 上形成的衍射图样是 N 个单缝衍射图样的相干叠加。因此，屏上任意一点 P 处的光强受单缝光强调制的综合效应。

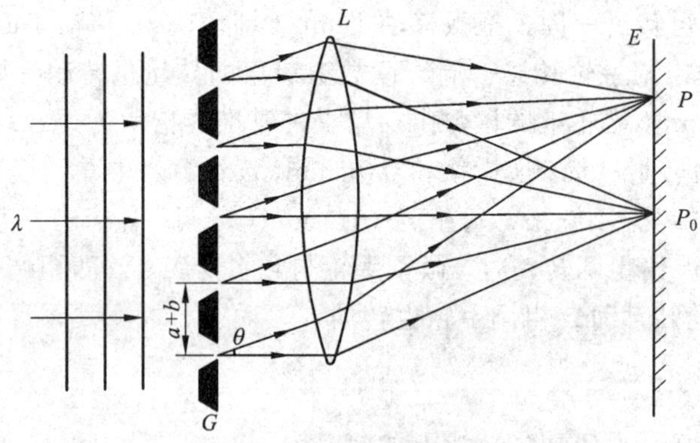

图 32.1　平面透射光栅

2. 光栅方程

根据夫琅和费的衍射理论，当一束光垂直地投射到光栅平面上时，光通过每个缝都发生衍射，所有狭缝的衍射光又彼此产生干涉，光栅后面的衍射光束通过透镜会聚在焦平面上，就会形成亮暗相间的衍射条纹。相邻两缝射出的对应光线到达 P 的光程差为 $\varDelta = d\sin\theta$。当此光程差等于入射光波长 λ 的整数倍时，多光束干涉使光振动加强，则产生一亮条纹。光栅

衍射产生亮条纹的条件为

$$d\sin\theta = k\lambda \qquad (k=0, \pm1, \pm2, \cdots)$$

式中：θ为衍射角；λ是入射光的波长；k是光谱级数。此式称为光栅衍射方程。

当$k=0$时，即$\theta=0$处出现中心亮纹，称为零级谱线。若入射光为复色光，各种波长的零级亮纹均重叠在一起，那么，零级亮纹仍是复色的。k为其他值时，不同波长的同级亮纹将有不同的衍射角θ，因此，在透镜焦平面上将出现按波长次序排列的彩色谱线，称为光栅光谱。与$k=\pm1$相对应的谱线分别为正一级和负一级谱线，对称分布在零级谱线的两侧，类似地还有二级、三级等谱线。

Hg 灯的光栅衍射光谱如图 32.2 所示。

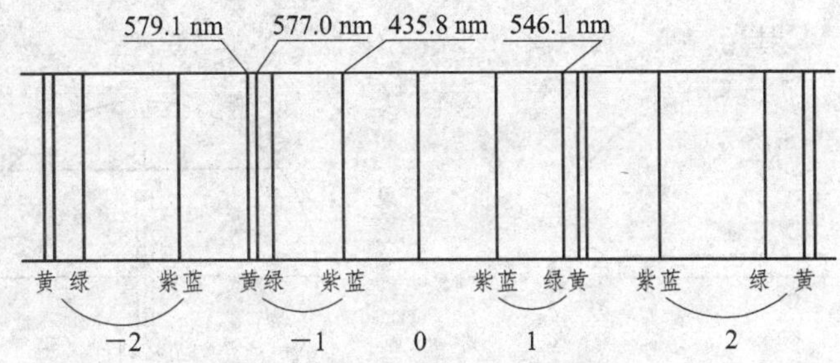

图 32.2 Hg 灯光栅衍射光谱

3. 光栅衍射的基本特性

衍射光栅的特性是用它的分辨率本领和角色散来表征的。

（1）光栅分辨本领R：两条刚好被该光栅分辨开的谱线平均波长$\bar{\lambda}$与它们波长差$\Delta\lambda = \lambda_2 - \lambda_1$之比，即$R = \bar{\lambda}/\Delta\lambda$。

可见：R越大，$\Delta\lambda$越小，光栅分辨细微结构的能力就越高。

按瑞利判据，两条刚好被分开的谱线规定为：其中一条谱线的极强正好落在另一条谱线的极弱上，由此条件推知，光栅的分辨本领公式为：

$$R = kN$$

式中：k为级次；N是光栅有效使用面积内的刻线总数目。

（2）角色散D：同一级两谱线的衍射角之差$\Delta\theta$与它们的波长差$\Delta\lambda$之比，即

$$D = \frac{\Delta\theta}{\Delta\lambda}$$

它只反映两条谱线中心分开的程度而不涉及它们是否能够分辨，对光栅方程微分得：

$$D = \frac{k}{d\cos\theta}$$

由上式可见，光栅光谱具有以下特点：

（1）光栅常数d越小，D越大；

（2）高级数光谱比低级数光谱有较大的D；

（3）在θ很小时，$\cos\theta=1$，角色散D可看做一常数，此时$\Delta\theta$与$\Delta\lambda$成正比，故光栅光谱称为均匀排光谱。

四、实验内容

1. 分光计的调节

2. 光栅位置的调节

（1）光栅面应调节到垂直于入射光。

光栅位置的放置：如图 32.3 所示。点亮目镜叉丝照明灯，左右转动载物平台，看到反射的绿“十”字像，调节b_2或b_3使绿“十”字像与分划板上方十字完全重合，如图 32.4 所示。这时光栅面已垂直于入射光。

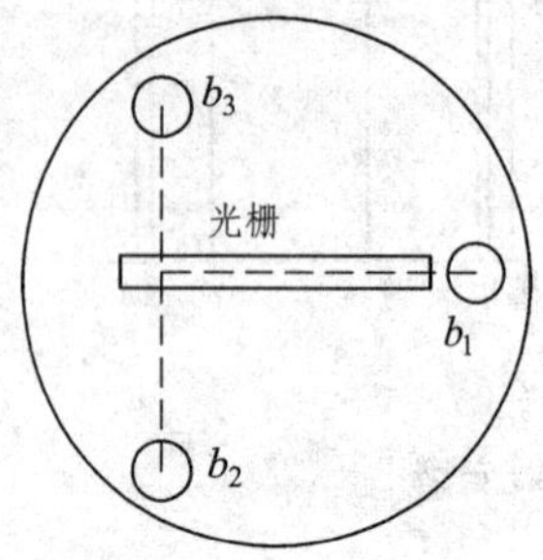

图 32.3　光栅位置放置

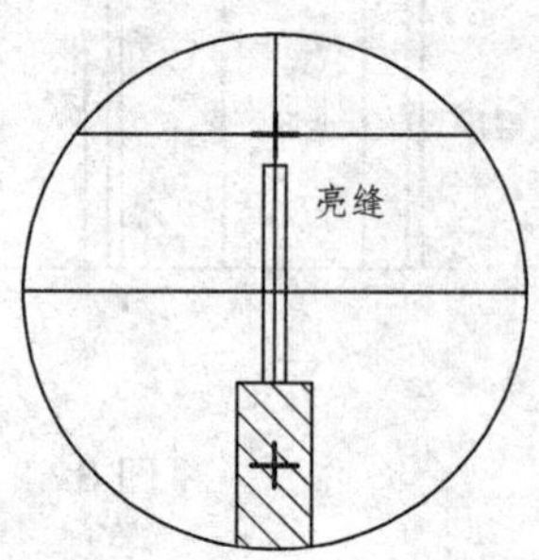

图 32.4　光栅位置调节

（2）光栅衍射面应调节到和观测面一致。

转动望远镜观察光谱，如果左右两侧的光谱谱线相对于分划板中叉丝的水平线高低不等，说明光栅的衍射面和观测面不一致，这时可调节载物台上的螺钉b_1使它们一致。如图 32.5 所示。

3. 测量未知波长

运用已知光栅常数d，测出未知波长的第k级谱线的衍射θ，求出其波长λ值。

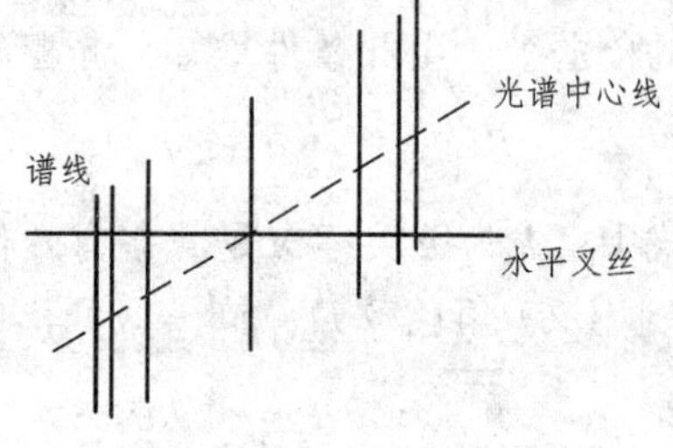

图 32.5　调节光栅衍射面

4. 测光栅常数d

也可用已知波长测出第k级谱线的衍射角θ，求出光栅常数d。

5. 测量光栅的角色散

用汞灯为光源，测量其 1 级光谱中两黄线的衍射角，两黄线的波长差$\Delta\lambda$为 2.1 nm，结合测得的衍射角之差$\Delta\theta$，求出角色散$D=\Delta\theta/\Delta\lambda$。

五、数据记录及处理

表 32.1　汞灯谱线波长的测量（$k=\pm1$）

光谱	游标	分光计的读数				$\theta=\dfrac{\theta_{左}^{-}-\theta_{左}^{+}+\theta_{右}^{-}-\theta_{右}^{+}}{4}$	波长的测量值 λ/nm	波长的标准值 λ_0/nm	相对误差 E_λ
		望远镜在右边 $k=1$		望远镜在左边 $k=-1$					
紫光	左	$\theta_{左}^{+}$		$\theta_{左}^{-}$					
	右	$\theta_{右}^{+}$		$\theta_{右}^{-}$					
绿光	左	$\theta_{左}^{+}$		$\theta_{左}^{-}$					
	右	$\theta_{右}^{+}$		$\theta_{右}^{-}$					
黄光 1	左	$\theta_{左}^{+}$		$\theta_{左}^{-}$					
	右	$\theta_{右}^{+}$		$\theta_{右}^{-}$					
黄光 2	左	$\theta_{左}^{+}$		$\theta_{左}^{-}$					
	右	$\theta_{右}^{+}$		$\theta_{右}^{-}$					

光栅角色散的计算：D = ________

六、误差分析

七、注意事项

（1）光栅属于光学元件，切忌用手去摸。

（2）望远镜调节好后，不应再乱动。

（3）光栅面要反复调节。调好后，在实验中不要移动。

（4）汞灯对眼睛有损伤，尽量不要直视！

实验 33　用牛顿环干涉测透镜曲率半径

一、实验目的

（1）观察、研究等厚干涉现象，加深对光的波动性的认识；

（2）学会用牛顿环干涉测平凸透镜的曲率半径；

（3）掌握使用读数显微镜的方法。

二、实验仪器及用具

牛顿环仪、读数显微镜、钠光灯。

牛顿环仪是由待测平凸透镜 L 和磨光的平玻璃板 P 叠合装在金属框架 F 中构成，如图 33.1 所示，框架边有三个螺旋 H，Q，R，用以调节 L 和 P 之间的接触松紧程度（注意：螺旋不能旋得过紧，以免接触压力过大引起透镜弹性形变，甚至损坏透镜）。

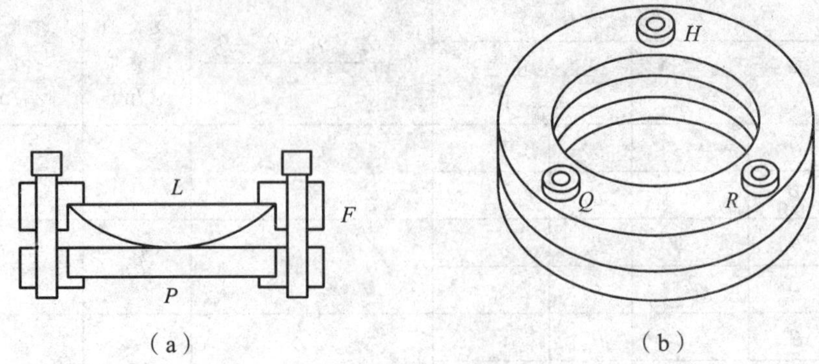

图 33.1　牛顿环仪

三、实验原理

曲率半径很大的平凸透镜的凸面放在一块平面玻璃上，在接触点附近就形成一层空气薄层。当用准单色光垂直照射下来时，从空气层上下两个表面反射的光束 1 和光束 2 在空气表面层附近相遇产生干涉，如图 33.2 所示。空气膜厚度相同的地方形成相同的干涉条纹，这种干涉称为等厚干涉。因为光程差相等的地方是以接触点 O 为中心的同心圆，因此该等厚干涉条纹也是以接触点 O 为中心的明暗相间的同心圆环，这些圆环就叫牛顿环，如图 33.3 所示。

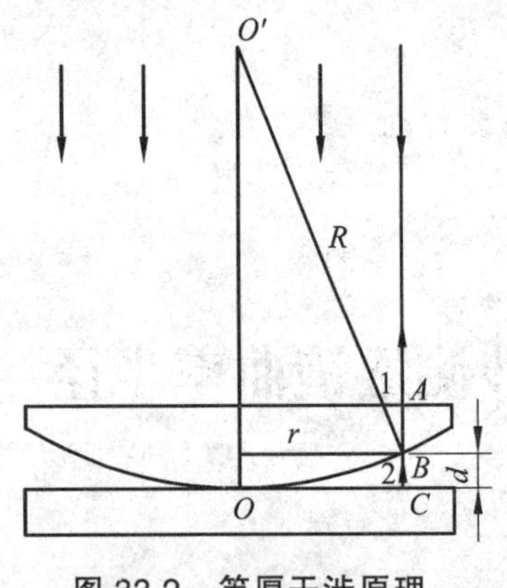

图 33.2　等厚干涉原理

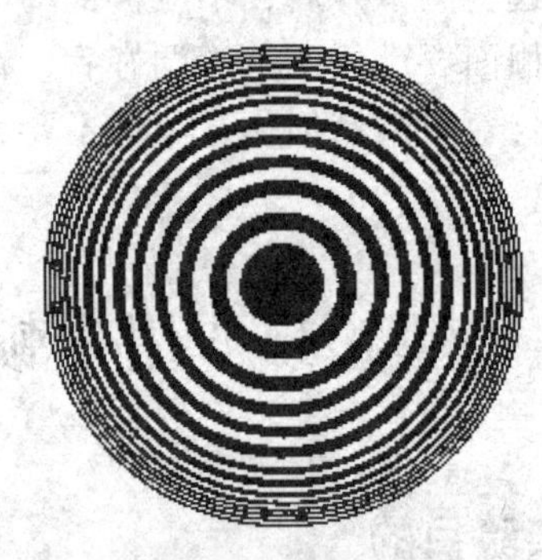

图 33.3　牛顿环

从空气层下表面反射的光 2 比从上表面反射的光 1 多走了 2 倍空气层厚度的距离，另外反射光 2 是从光疏介质到光密介质而存在半波损失，故两束光的光程差为

$$\varDelta = 2d + \frac{\lambda}{2} \tag{33.1}$$

式中：λ 为入射光的波长；d 为空气层厚度；空气折射率 $n=1$

当光程差 $\varDelta$ 为半波长的奇数倍时，形成暗环；当 $\varDelta$ 为半波长的偶数倍时，则形成明环。离接触点 O 越远处空气层厚度 d 越大，所以观察到的是一组明暗相间的圆环。

形成明、暗环的条件是

暗环：$$\Delta = 2d + \frac{\lambda}{2} = (2k+1)\frac{\lambda}{2} \qquad (k = 0, 1, 2, \cdots) \tag{33.2}$$

明环：$$\Delta = 2d = \frac{\lambda}{2} = k\lambda \qquad (k = 0, 1, 2, \cdots) \tag{33.3}$$

由图 33.2 中的几何关系可得

$$R^2 = (R-d)^2 + r^2, \qquad r^2 = 2Rd - d^2 \tag{33.4}$$

因为一般空气层厚度远小于所使用平凸透镜的曲率半径 R，即 $d \ll R$，略去式（33.4）中的 d^2，得：

$$r^2 = 2dR, \qquad d = \frac{r^2}{2R} \tag{33.5}$$

将式（33.5）代入式（33.2），可得第 k 个暗环的半径 r_k 为

$$r_k^2 = Rk\lambda, \qquad R = \frac{r_k^2}{k\lambda} \tag{33.6}$$

可见，我们若测得第 k 个暗环的半径，便可由已知的 λ 求出 R，或者由已知的 R 求出 λ。但由于玻璃接触点处受压力引起局部弹性形变，使透镜凸面与平面玻璃不可能很理想地只以一个点相接触，所以圆心位置很难确定，环的半径也就不易测准。同时，因玻璃表面的不洁净所引入的附加光程差，使实验中看到的干涉级数并不代表真正的干涉级数 k，因此，将公式做一变换，将半径换成直径 D_k，则对第 k 个暗环有

$$D_k^2 = 4kR\lambda \tag{33.7}$$

对第 $m+k$ 个暗环有

$$D_{k+m}^2 = 4(k+m)R\lambda \tag{33.8}$$

式（33.7）和式（33.8）相减，整理得

$$R = \frac{D_{k+m}^2 - D_K^2}{4m\lambda} \tag{33.9}$$

可见，如果我们测出相距 m 环的两个暗环的直径，就可由式（33.9）计算出透镜的曲率半径 R。这样可避免确定 k 值的困难和测量 r_k 的困难。

四、实验内容

1. 观察牛顿环

（1）接通钠光灯电源，待灯管正常发光。

（2）调节目镜，在目镜中看到清晰的“十”字准线的像。

（3）将牛顿环装置按图 33.4 放置在读数显微镜筒下。

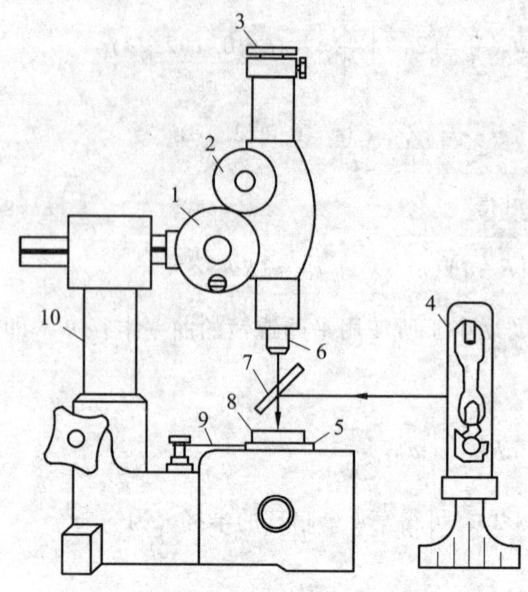

图 33.4　观察牛顿环装置

1—读数鼓轮；2—物镜调节轮；3—目镜；4—钠光灯；5—平晶；6—物镜；
7—反射玻璃片；8—牛顿环装置；9—载物台；10—支架

（4）待钠光灯正常发光后，调节读数显微镜下底座平台（底座可升降），使 45°玻璃片正对钠灯窗口，并且同高。

（5）在目镜中观察从空气层反射回来的光（整个视场较亮，颜色呈钠光的黄色），如果看不到光斑，可适当调节 45° 玻璃片的倾斜度（一般由实验室事先调节好）及平台高度，直至看到反射光斑，并均匀照亮视场。

（6）调节显微镜镜筒与牛顿环装置之间的距离：先从显微镜外侧观察，调节显微镜的调节螺旋，将镜筒下降，使 45° 玻璃片接近牛顿环装置但不能碰上，然后缓慢上升，边观察目镜边上升，直至在目镜中看到清晰的“十”字准线和牛顿环像。

2. 测量 21 环到 30 环的直径

（1）移动牛顿环装置，使“十”字准线的交点与牛顿环中心重合（粗调）。

（2）放松目镜紧固螺钉（该螺钉应始终对准槽口），转动目镜使“十”字准线中的一条线与标尺平行（即与镜筒移动方向平行）（粗调）。

（3）转动显微镜读数鼓轮，镜筒将沿着标尺平行移动，检查“十”字准线中竖线与干涉环的切点是否与“十”字准线交点重合，若不重合，按步骤（1）（2）再仔细调节（检查左右两侧测量区域）。

（4）把“十”字准线移到测量区域中央（25 环左右），仔细调节目镜及镜筒的焦距，使“十”字准线像与牛顿环像无视差。

（5）转动读数鼓轮，观察“十”字准线从中央缓慢向左（或向右）移至 37 环，然后反方向自 37 环向右移动，当“十”字准线竖线与 30 环外侧相切时，纪录读数显微镜上的位置读数 x_{30}，然后继续转动鼓轮，使竖线依次与 29，28，27，26，25，24，23，22，21 环外侧相切，并纪录读数。过了 21 环后继续转动鼓轮，并注意读出 21 环后条纹的顺序，直到“十”字准线回到牛顿环中心，核对该中心是否 $k=0$。

（6）继续按原方向转动读数鼓轮，越过干涉圆环中心，纪录“十”字准线竖线与右边第21，22，23，24，25，26，27，28，29，30 环内切时的读数（从 37 环移到另一侧 30 环的过程中鼓轮不能倒转），然后再反方向转动鼓轮，并读出反向移动时各暗环顺序，并核对“十”字准线回到牛顿环中心时是否 $k=0$。

（7）按步骤（5）（6）再重复测量 1 次。

五、数据记录及处理

1. 用逐差法处理数据

（1）列出原始测量数据。

（2）计算各环位置读数的平均值 $\overline{x}_{k左}$，$\overline{x}_{k右}$，并列在表 33.1 中。

（3）计算各环的直径 $\overline{D}_k=|\overline{x}_{k左}-\overline{x}_{k右}|$，并列在表 33.1 中。

（4）计算各环的直径平方 $\overline{D}_k^2$，并列在表 33.1 中。

表 33.1　牛顿环直径的测定

k（环数）	位置读数 X/mm						直　径 $\overline{D}_k=\|\overline{x}_{k左}-\overline{x}_{k右}\|$	$\overline{D_k^2}$
	左外切			右内切				
	$x_{左1}$	$x_{左2}$	$\overline{x}_{k左}$	$x_{右1}$	$x_{右2}$	$\overline{x}_{k右}$		
21								
22								
23								
24								
25								
26								
27								
28								
29								
30								

（5）用逐差法求 $\overline{D}_{k+m}^2-\overline{D}_k^2$。

（6）用公式（33.9）求 R。

2. 用作图法求 R

以 k 为横坐标，$\overline{D}_k^2$ 为纵坐标，作 $\overline{D}_k^2$-k 直线，求直线的斜率。直线的斜率为 $4R\lambda$，根据斜率计算 R 值。

六、误差分析

七、实验总结

实验 34　用双棱镜干涉测钠光波长

一、实验目的

（1）观察双棱镜产生的双光束干涉现象，进一步理解产生干涉的条件；

（2）学会用双棱镜测定光波的波长。

二、实验仪器及用具

双棱镜、可调狭缝、辅助透镜（两片）、测微目镜、光具座、钠光灯。

三、实验原理

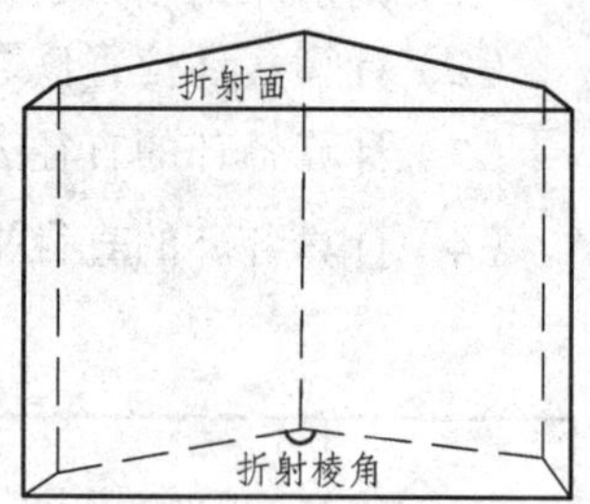

图 34.1　双棱镜

双棱镜形状如图 34.1 所示，其折射角很小。因而折射棱角接近 180°。设有一平行于折射棱的缝光源 S 产生的光束照射到双棱镜上，则光线经过双棱镜折射后，形成两束犹如从虚光源 S_1 和 S_2 发出的相干光束。它们在空间传播时有一部分重叠而发生干涉（画有双斜线的区域），结果在屏幕 E 上显现干涉条纹，如图 34.2 所示。

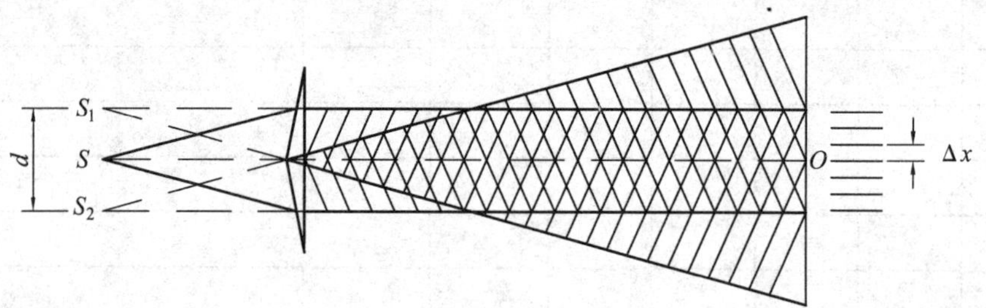

图 34.2　双棱镜干涉示意图

如图 34.3 所示，设两虚光源的间距为 d，它们到观察屏的距离为 L，观察点 P_x 光强为

$$I = 4I_0\cos^2\left(\frac{\pi}{\lambda}d\sin\theta\right) \tag{34.1}$$

式中：λ 为入射光的波长；θ 为 d 的中点与 P_x 点连线与光轴的夹角。

当 $d\sin\theta = \pm k\lambda$ 时，$I = 4I_0$，即干涉光强极大；

当 $d\sin\theta = \pm(2k+1)\dfrac{\lambda}{2}$ 时，$I = 0$，即干涉光强极小。

因此，在观察屏上可以看到明暗相间的干涉条纹。

由于 $d \ll L$，θ 很小，有

$$\sin\theta \approx \frac{x_k}{L}$$

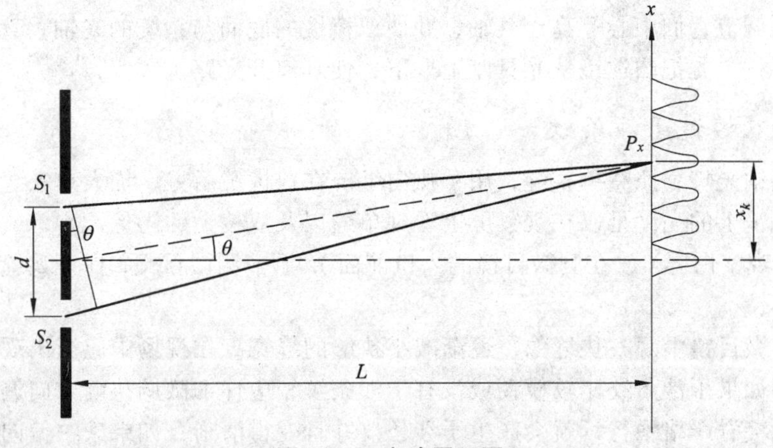

图 34.3　实验原理图

对于亮条纹，$d\frac{x_k}{L}=\pm k\lambda$，即有

$$x_k=\pm k\frac{L}{d}\lambda$$

对于暗条纹，$d\frac{x_k}{L}=\pm(2k+1)\frac{\lambda}{2}$，即有

$$x_k=\pm(2k+1)\frac{L}{d}\cdot\frac{\lambda}{2}$$

因此，相邻亮条纹（或暗条纹）的间距为

$$\Delta x=\frac{L}{d}\lambda \tag{34.2}$$

所以，在实验中只要测得条纹间距 Δx，就可以计算出干涉光源的波长，即

$$\lambda=\Delta x\frac{d}{L} \tag{34.3}$$

四、实验内容

1. 调节共轴

将钠光灯，单狭缝、双棱镜、凸透镜与测微目镜，按图 34.4 所示顺序放置在光具座上，

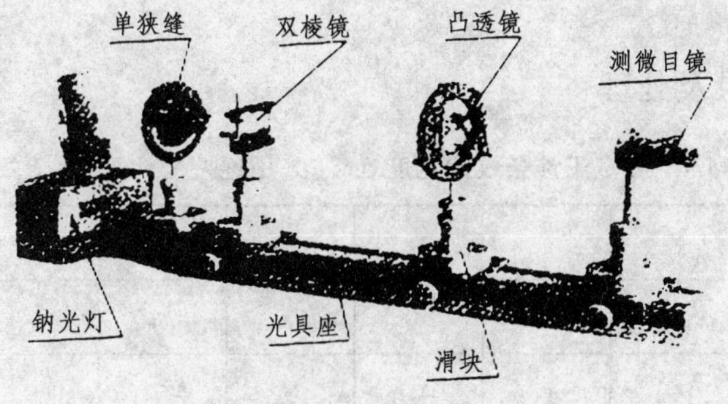

图 34.4　实验装置

用目视粗略地调节它们中心等高、共轴，并使双棱镜的底面与系统的光轴垂直，棱脊和狭缝的取向大体平行（先把凸透镜从光具座上取下，使其离开光路）。

2. 观察双棱镜干涉条纹

（1）点亮钠光灯，照亮单狭缝，用手执白纸屏在双棱镜后方。加大单狭缝的宽度，使钠光投射到双棱镜上的亮度足以在观察屏上看到单缝以及双棱镜的影像。

（2）借助观察白屏（放在测微目镜的入口前面），调节测微目镜，保证狭缝和棱镜的像能够进入测微目镜。

（3）从测微目镜中观察狭缝像，逐渐减小狭缝的缝宽，在视场中应当出现明暗相间的竖直干涉条纹。如果干涉条纹比较模糊或没有干涉条纹，应仔细微调狭缝方向调节旋钮，使狭缝和双棱镜的棱脊严格平行，就会产生干涉条纹并且变得清晰；如果条纹偏向视场一侧，微调测微目镜。

（4）如果干涉条纹太细，可加大测微目镜到双棱镜的距离，如果条纹太少，可加大双棱镜到狭缝的距离（条纹以 8 ~ 10 条为宜）。

3. 测量钠光波长

（1）用测微目镜测量干涉条纹的宽度 Δx（采用逐差法计算 10 个条纹）。

（2）测定两虚光源之间的距离 d：在本实验中，双狭缝是虚拟的，其距离自然无法直接测量。可通过凸透镜成像的简单物像关系，间接测量得到。

保持单狭缝、双棱镜不动，在光路中放入凸透镜，沿着光轴的方向前后移动测微目镜和凸透镜，找到单狭缝清晰的像——两根竖直亮线，用测微目镜测量出像的宽度 d'，重复三次，计算平均值。

分别测量出凸透镜到单狭缝的距离 a（物距）和凸透镜到测微目镜“十”字叉丝的距离 b（像距）。由透镜放大率公式，可以求得

$$d = d'\frac{a}{b}$$

（3）测出单狭缝到测微目镜（叉丝平面）的距离 L。

（4）最后可由式（34.3）得钠光的波长，即

$$\lambda = \Delta x\frac{d}{L} = \Delta x\frac{ad'}{bL} \tag{34.4}$$

五、数据记录及处理

表 34.1　测定干涉条纹的宽度 Δx（采用逐差法计算 10 个条纹）

x_1		x_2		x_3		x_4		x_5	
x_6		x_7		x_8		x_9		x_{10}	
Δx_{6-1}		Δx_{7-2}		Δx_{8-3}		Δx_{9-4}		Δx_{10-5}	

表 34.2　测定两虚光源之间像的距离 d'

次数	起始 x_1	终止 x_2	$d' = x_1 - x_2$
1			
2			
3			

表 34.3　测量各参数

狭缝的位置 x_1	凸透镜的位置 x_2	测微目镜的位置 x_3	$a = x_2 - x_1$	$b = x_3 - x_2$	$L = x_3 - x_1$

（1）根据公式（34.4）计算 λ（$\lambda_{标} = 589.3\ \text{nm}$）。

（2）求出相对误差。

六、误差分析

七、实验总结

实验 35　光的偏振现象的观察与研究

光的偏振现象证明了光波是一种横波。光的偏振使人们对光的传播规律、光的本质有了新的认识，光的偏振在光学计量、晶体性质和检验应力分析等方面有广泛应用，

本实验主要研究偏振光的产生和检验及两个关于偏振的重要规律。

一、实验目的

（1）掌握产生和检验偏振光的原理和方法；

（2）学习用光电转换法验证马吕斯定律；

（3）验证布儒斯特定律，测定玻璃的起偏振角和折射率。

二、实验仪器及用具

光床、光具座、圆孔光栅、偏振片、分光计、硅光电池、光电检流计、钠光灯、光源照明灯。

三、实验原理

本实验用转换测量法来研究有关光学规律的实验。

1. 光的偏振态

光是电磁波，其电场强度 E 和磁场强度 H 都与传播方向垂直，故为横波。统称将 E 矢量叫做光矢量，E 振动叫做光振动。

由物质发光机理可知，普通光源是为数众多的分子或原子在发光，它们的光矢量 E 分布在与传播方向垂直的一切可能的方向上，没有一个方向较其他方向更占优势。平均来看，在所有可能的方向都有相同的振动能量，或者说各个方向 E 的振幅可看做完全相等，如图 35.1 所示。具有这种特征的光，称为自然光。

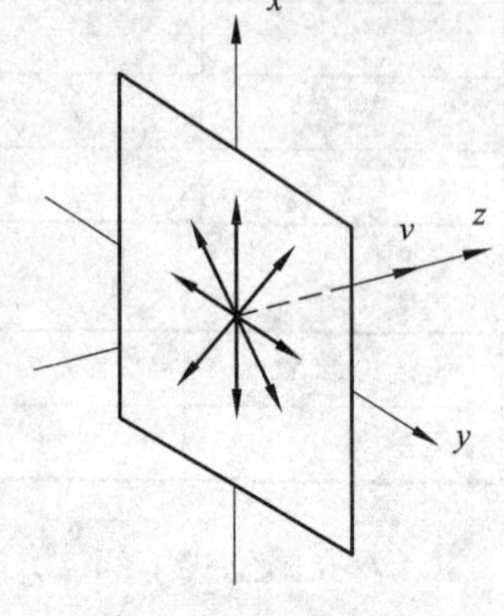

图 35.1 自然光特征

在自然光中，可以把所有不同取向的光矢量 E 分解在相互垂直的两个方向上（如 x 方向和 y 方向），这样可以简便地把自然光用两个独立的，相互垂直而振幅相等的光振动表示，如图 35.2(a)。这两个光振动各具有自然光的总能量的一半，因此一束自然光常用如图 35.2（b）所示表示。其中黑点表示垂直图面的光振动，短线表示在图面的光振动，且画成均等分布表示两者振幅相等，能量相等。

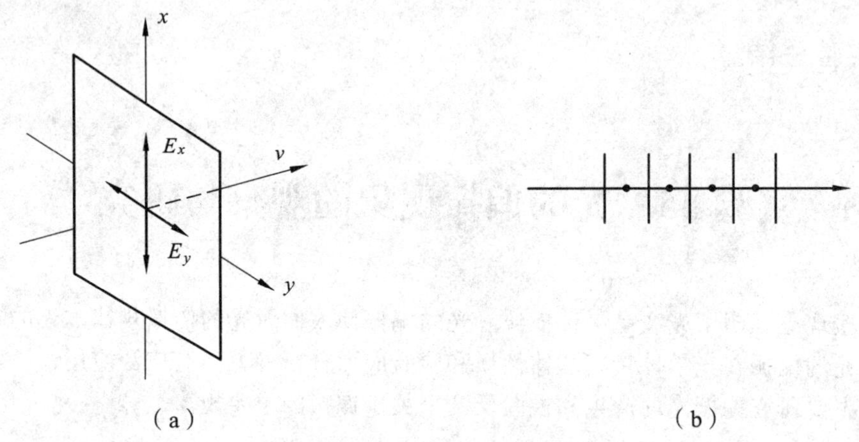

图 35.2 自然光的分解

如果光在传播时，光矢量只在包含传播方向的某一确定平面内振动（方向与传播方向垂直），这种光称为平面偏振光，由于平面偏振光的光矢量在与传播方向垂直的平面上的投影为一条直线，故又称为线偏振光。图 35.3（a），（b）所示为光矢量在图面内和光矢量与图面垂直的线偏振光。在垂直于光的传播方向的任一确定平面内，光矢量短点随时间作椭圆运动的光称为椭圆偏振光，作圆运动的光称为圆偏振光。上述三种光统称为完全偏振光。如果光矢量在某一方向较强，而在与它垂直的方向上较弱，这种光统称为部分偏振光，如图 35.4（a），（b）所示。自然光、线偏振光、圆偏振光和椭圆偏振光四者的任意组合，都成为部分偏振光。

图 35.3 线偏振光

图 35.4 部分偏振光

2. 获得偏振光的方法

(1) 反射起偏振器。

如图 35.5 (a) 所示，当一束平行的自然光，在两种各向同性的介质 (如空气和玻璃) 的分界面上反射时，在反射光中垂直入射面的光振动多于平行入射面的光振动，所以，入射光成为部分偏振光，图中用黑点多而短线少来表示 (折射光也为部分偏振光，只是平行入射面的光振动多于垂直入射面的光振动，在此不多介绍)。

布儒斯特从实验中确定：反射光的偏振化程度取决于入射角 i 的数值。实验指出，当 i 等于某一特定角度时，则在反射光中只有垂直入射面的光振动，而平行于入射面的光振动为零。这表明反射光为偏振光。这个特定的入射角称为起偏振角，又称为“布儒斯特角”，用 i_0 表示，如图 35.5 (b) 所示。此时折射光和反射光之间夹角为 90°。

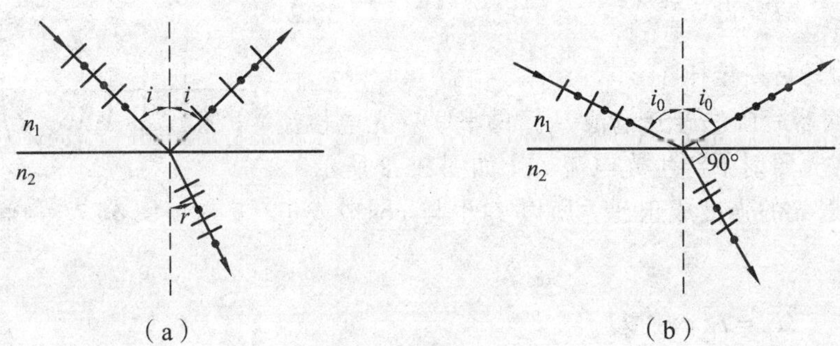

图 35.5 获得偏振光

起偏振角 i_0 与介质的折射率 n_1，n_2 的关系为

$$\tan i_0 = \frac{n_2}{n_1} \tag{35.1}$$

式 (35.1) 为布儒斯特定律。一般介质在空气 ($n \approx 1$) 中的起偏振角在 53° ~ 58°之间，对于 $n_2 = 1.54$ 的玻璃板，$i_0 = 57.0°$。

(2) 偏振片。

有些晶体 (各向异性介质)，对于两个相互垂直振动的光矢量具有不同的吸收本领，这种选择吸收的性能称为“二向色性”。偏振片就是利用某些具有二向色性的晶体制成的偏振元件。它让某一振动方向的光通过，而与此垂直的光振动被吸收。我们把偏振片上能透过振动的方向叫做偏振片的偏振化方向，并在偏振片上以记号↑表示，如图 35.6 所示。实际常用的是人造偏振片。例如，现在常用的一种偏振片是用聚乙醇薄膜经碘溶液浸泡，然后沿一个方向拉伸并烘干制成。从原则上讲，自然光通过偏振片后，透射光应该是线偏振光。但由于吸收不完全，透过偏振片的光只能达到一定的偏振化程度。由于人造偏振片可以做成很大的面积，从而可以获得较大的偏振光束，加之价格低廉，使用方便，故得到广泛的应用。

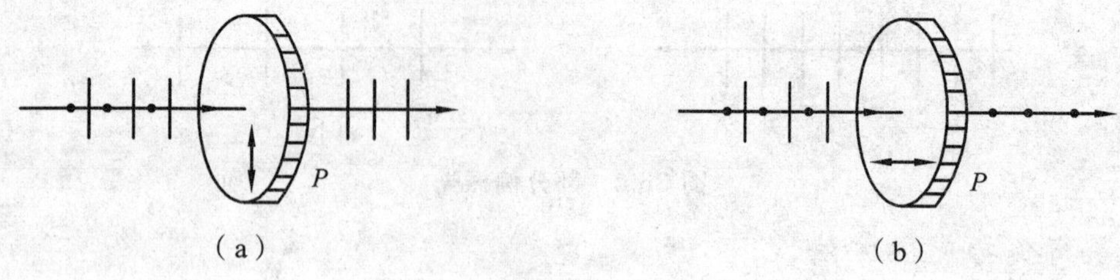

图 35.6 偏振片

3. 偏振光的检验

检验与鉴别光的偏振状态过程称为“检偏”，所使用的器件称为“检偏器”。实验中起偏器和检偏器往往是通用的，例如，用于起偏时的偏振片称为起偏器，但把它用于检偏时，就称它为检偏器。下面介绍偏振光的检验方法。

（1）线偏振光。

强度为 P_0 的线偏振光入射到检偏器上，当入射偏振光的光振动方向与偏振片的偏振方向夹角为 θ 时（如图 35.7 所示），透射光的强度为 P，则有

$$P = P_0 \cos^2 \theta \tag{35.2}$$

式（35.2）称为马吕斯定律。

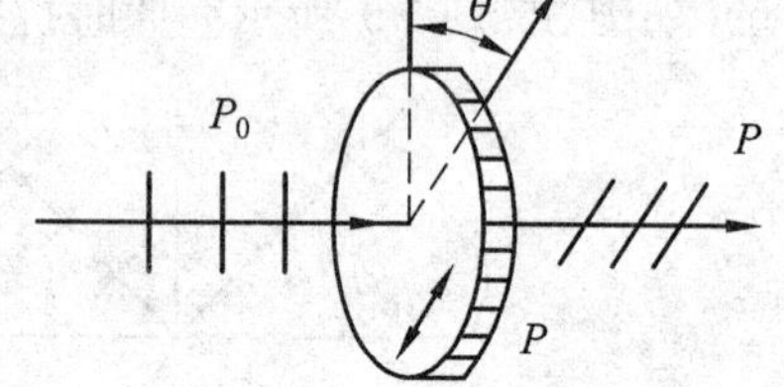

图 35.7 检偏原理

如果在检偏器后放一硅光电池 R，再串联一光电检流计 G，R 在透射光照射下产生光电流 I_P（如图 35.8 所示）。光电流 I_P 与透射光的强度成正比，所以 I_P 也与 $\cos^2\theta$ 成正比，即

$$I_P = I_{P_0} \cos^2 \theta \tag{35.3}$$

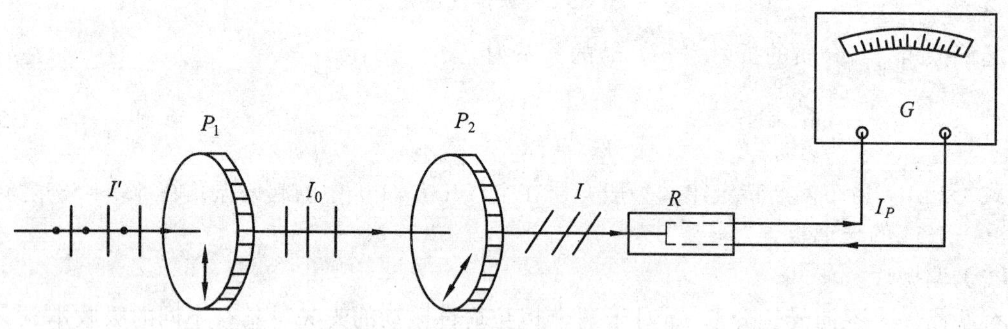

图 35.8 检偏装置

式中：I_{P_0} 为 $\theta = 0°$ 时，透过检偏器的光射到光电池上所产生的光电流。本实验用光电流 I_P 与角 θ 之间的关系，来验证马吕斯定律。

（2）圆偏振光。

只使用一个检偏器，把它旋转一周，透射光强度将无变化，这种现象与自然光现象相同，因此还得考虑使用其他器件才能把它和自然光区别开来。若让圆偏振光先通过一个 $\theta = 0°$ 的 1/4 波片，则出现的是线偏振光，再旋转检偏器，可观察到两次消光现象。

（3）自然光。

在检偏器前加一个 1/4 波片，自然光通过 1/4 波片后还是自然光；若旋转检偏器，透射光强仍然没有变化。由此可以把它和圆偏振光区别开来。

（4）椭圆偏振光。

椭圆偏振光通过旋转的检偏器将出现光强度两次极小（不是消光状态）的现象。光强极小时检偏器的偏振方向就是椭圆的短轴方向。实验中先让椭圆偏振光通过 1/4 波片，并使 1/4 波片的光轴处于椭圆偏振光短轴方位，则从 1/4 波片出射的将是振动方向与椭圆长短轴组成的矩形对角线方向重合的线偏振光；再把检偏器旋转一周，将会出现两次消光现象。

四、实验内容

1. 起偏和检偏

（1）按图 35.9 所示，在光床上依次放置各元件，其中 P_1，P_2 两偏振片应安装在能左右移动的脚座上。打开钠光灯 S，使圆孔光栏 D 靠近钠光灯，并调至与钠光灯发光最强的部位等高。再将偏振片 P_1，P_2 及光电池 R 逐个放于光床并调至与圆孔光栏 D 同轴等高，并使 P_1 有刻度的盘面对着光栏（以便实验时利用钠光灯读出盘面的刻度值）。

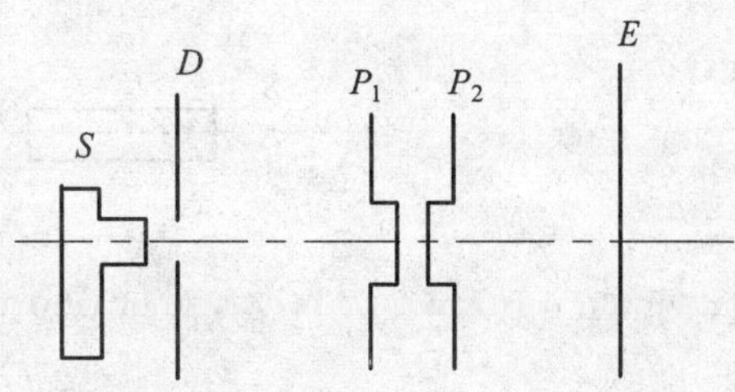

图 35.9　起偏和检偏装置

（2）取下 P_2，以 P_1 为起偏器使透射光直射到光屏 E 上，旋转 P_1，观察并描述光屏上光斑强度的变化情况。

（3）在 P_1 后面放入作为起偏的偏振片 P_2。P_1 不动，旋转 P_2，观察并描述光屏 E 上光斑强度变化情况，然后，与（2）中情况比较，并作出解释。

2. 验证马吕斯定律

（1）使 P_1，P_2 偏振化方向间夹角 $\theta = 0°$，① 将 P_1 转盘上准线对准 90°刻线，直接用眼观察从 P_2 透出的光，并旋转 P_2 使亮度为最暗，此时即 $\theta = 90°$。② 将 P_1 刻线对准“0”刻线，此时 $\theta = 0°$。

（2）使光电检流计读数为 50 ~ 60 格。① 调光电检流计。光电池罩盖不取下，光电检流计灵敏度置于“×1”，调节机械零点（光指标指零）后取下罩盖。② 前后移动光电池 R 使光指标读数为 50 ~ 60 格，并将 P_1 与 P_2 向光电池 R 靠拢以减少环境杂散光的影响（如图 35.10 所示）。

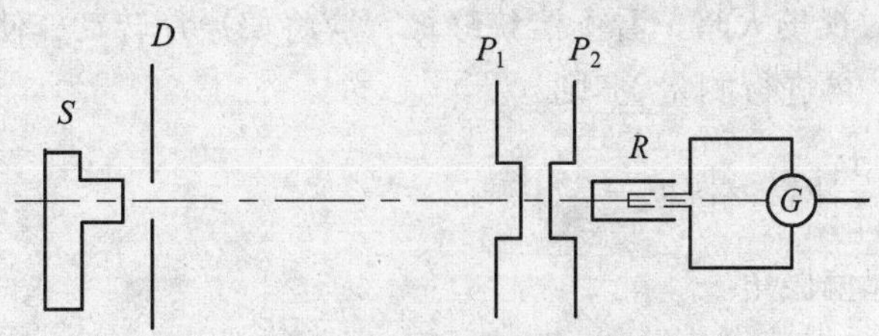

图 35.10　验证马吕斯定律装置

（3）记下$\theta=0°$时的电流表读数，以后P_1每旋转10°记录一次光电流I_P，直至$\theta=90°$。将数据填入表35.1中。

注意，由于实验所用偏振片质量问题，当P_1与P_2的偏振化方向互相垂直，即$\theta=90°$时，透射光强P并不为零，所以光电池产生的光电流I_P也不为零，而是最小值$I_{P_{\min}}$。

3. 测定平玻璃片的起偏振角及玻璃的相对折射率

（1）将分光计调至使用状态（本实验课前已调整好，不能乱动），在望远镜前装有一个检偏器P，将一块平玻璃片M垂直置于载物台中央。

（2）使望远镜T与平行光管K对准，如图35.11（a）所示SW的位置，调节望远镜，使竖直叉丝对准平行光管狭缝像的中央，记下两侧游标读数θ_1及θ_2。

（3）转动望远镜，使之与SW位置有一夹角，然后慢慢转动平台，使由平行光管K射至玻璃片M并从M反射出的光束射入望远镜T，如图35.11（b）所示。这时转动检偏器P，观察望远镜中狭缝像的光强度变化情况，并解释观察到的现象。

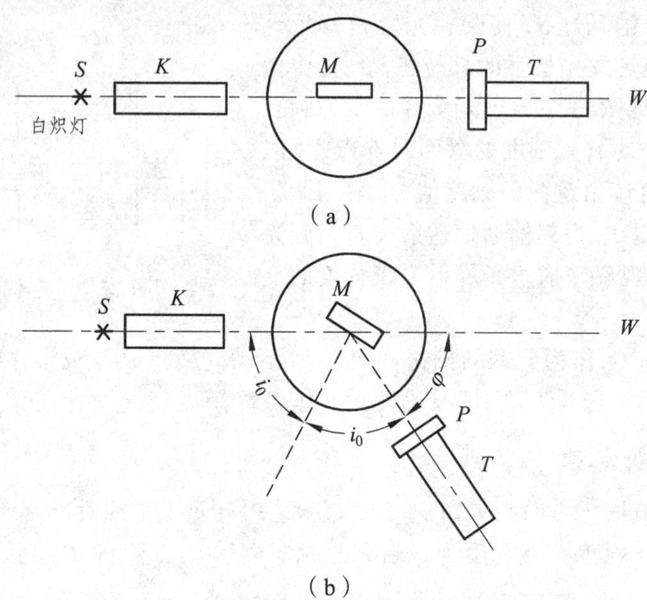

图35.11　测量平玻璃片的起偏振角原理

（4）调节偏振片P的方位，使望远镜中狭缝光为最弱，继续慢慢转动平台，以改变射到M上光的入射角i，同时将望远镜跟反射光同步转动，直到望远镜中观察到的光处于消光状态（全黑）。这时的入射角i即为布儒斯特角。将望远镜竖直叉丝对准狭缝像中央，记下游标读数θ_1'，θ_2'（因为这时视场太暗，看不清狭缝像，应将偏振片转动，使狭缝变亮，将竖直叉丝与狭缝像中央对准，再进行测量）。则

$$\varphi=\frac{1}{2}\left[\left|\theta_1'-\theta_1\right|+\left|\theta_2'-\theta_2\right|\right]$$

由图35.11（b）可知起偏振角

$$i_0=\frac{180°-\varphi}{2}$$

（5）按上述方法反复测量 3 次，将数据填入表 35.2 中。

4.（选做）

自己设计实验方案，分析研究线偏振光、圆偏振光、自然光、椭圆偏振光的产生与偏振态的检验。

五、数据记录及处理

表 35.1 验证马吕斯定律（I_P-$\cos^2\theta$）曲线

θ/°	$\cos\theta$	$\cos^2\theta$	电流表读数/格
0			
10			
20			
30			
40			
50			
60			
70			
80			
90			

电流表的分值度 $K=$ A/格

表 35.2 测定玻璃片的起偏振角和折射率

次数	沿 SW 方向		消光位置		φ	i_0	$\bar{i}_0$
	θ_1	θ_2	θ_1'	θ_2'			
1							
2							
3							

注：空气 $n_1\approx1$。

$n_2=$

（1）验证马吕斯定律。根据表 35.1 数据在合适的坐标纸上绘出光电流 I_P 与 $\cos^2\theta$ 的关系曲线（$\cos^2\theta$为横坐标，I_P 为纵坐标）。

（2）测定玻璃的起偏振角和折射率。根据表 35.2 数据求出 i_0 的平均值，并由式（35.1）算出玻璃片的相对折射率 n_2。

六、思考题

（1）为什么普通光源发出的是自然光？

（2）如何理解某一振动方向的电场 E 振动？它与某一振动方向的机械质点振动有何不同？

（3）如何进行同轴等高调节？

（4）不用光电检流计如何直接用眼找到两偏振片夹角 $\theta = 0°$ 的位置？如何使此时光指标偏转 50 ~ 60 格？

（5）如何在分光计上找到布儒斯特角？如果望远镜视场为"黑暗"，能否说明此时一定处于布儒斯特角位置？

（6）验证马吕斯定律，$\theta = 90°$ 时检流计读数比 $\theta = 80°$ 时大，主要原因是什么？

七、实验总结

实验 36　用迈克尔逊干涉仪测玻璃片厚度

光通过折射率为 n、厚度为 l 的均匀透明介质时，其光程比通过同厚度的空气要大。在迈克尔逊干涉仪中，当白光的中央条纹出现在视场的中央后，如果在光路中加入一块折射率为 n、厚度为 l 的均匀玻璃片，则中央条纹会发生位移，利用该现象可以测出已知折射率 n 的玻璃片厚度。

一、实验任务

利用迈克尔逊干涉仪产生等厚干涉花纹测量一薄玻璃片的厚度

二、实验要求

（1）了解等厚干涉的原理和白光的等厚干涉图形特点；

（2）根据等厚干涉原理设计测定薄玻璃片厚度的方法，推导测量公式；

（3）用白光干涉条纹测量玻璃片厚度。

三、实验仪器及用具

迈克尔逊干涉仪、白炽灯、透镜、待测玻璃片

四、实验提示

参照实验 31 中图 31.1、图 31.2。若用白光做光源，在一般情况下，不出现干涉条纹。进一步分析还可看出，在 M_2、M_1' 两面相交时，交线上 $d = 0$，但是由于 1、2 两束光在半反射膜面上的反射情况不同，引起不同的附加光程差，故各种波长的光在交线附近可能有不同的光程差。因此，用白光做光源时，在 M_1'、M_2 两面的交线附近的中央条纹可能是白色明条

纹，也可能是暗条纹。在它的两旁还大致对称的有几条彩色的直线条纹，稍远就看不到干涉条纹了。

调出白光干涉条纹，此时 M_1 镜位置读数为 d_0，将待测玻璃片插入有 M_1 镜的臂中，再次调出白光干涉条纹，这时 M_1 镜位置读数为 d_0'。

若薄膜的折射率 n 已知，则可测出膜厚 D。

实验 37　光电效应及普朗克常量的测量

光电效应是指一定频率的光照射在金属表面时会有电子从金属表面逸出的现象。

一、实验目的

（1）了解光电效应的规律，加深对光的量子性的理解；

（2）测量普朗克常量 h；

（3）测量光电管的伏安特性曲线。

二、实验仪器及用具

ZKY-GD-4 智能光电效应（普朗克常量）实验仪。仪器由汞灯、电源、滤色片、光阑、光电管、智能实验仪构成，结构如图 37.1 所示，调节面板如图 37.2 所示。实验仪有手动和自动两种工作模式。

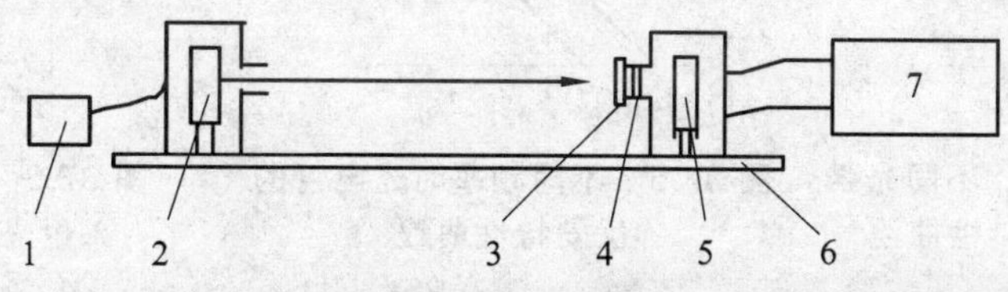

图 37.1　仪器结构

1—汞灯电源；2—汞灯；3—滤色片；4—光阑；5—光电管；6—基座；7—实验仪

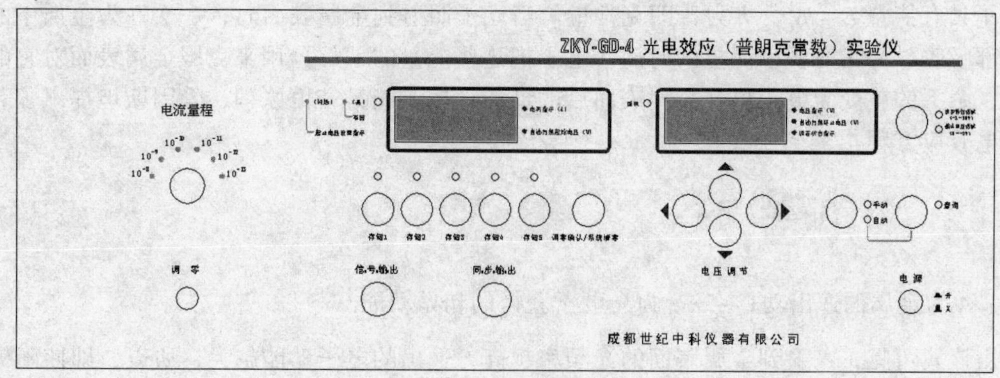

图 37.2　实验仪面板

三、实验原理

光电效应的实验原理如图 37.3 所示。入射光照射到光电管阴极 K 上，产生的光电子在电场的作用下向阳极 A 迁移构成光电流，改变外加电压 U_{AK}，测量出光电流 I 的大小，即可得出光电管的伏安特性曲线。

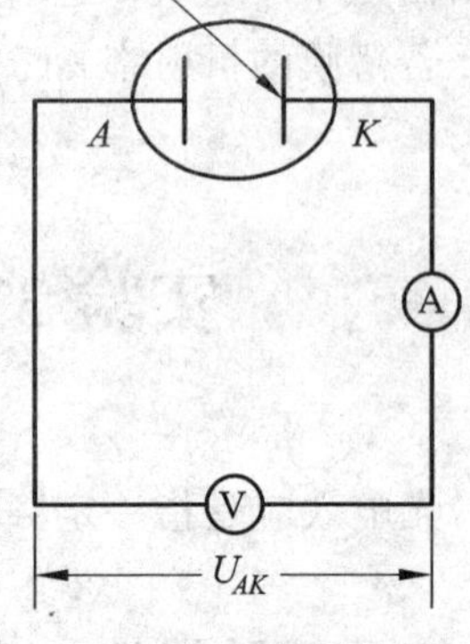

图 37.3　实验原理

光电效应的基本实验事实如下：

（1）对应于某一频率，光电效应的 $I\text{-}U_{AK}$ 关系如图 37.4 所示。从图中可见，对一定频率的入射光有一电压 U_0，当 $U_{AK}\leqslant U_0$ 时，电流为零，这个相对于阴极的负值的阳极电压 U_0，被称为截止电压。

（2）当 $U_{AK}>U_0$ 时，I 迅速增加，然后趋于饱和，饱和光电流 I_s 的大小与入射光的强度 P 成正比。

（3）对于不同频率的光，其截止电压的值不同，如图 37.5 所示。

（4）作截止电压 U_0 与频率 ν 的关系图，如图 37.6 所示。U_0 与 ν 成正比，当入射光频率低于某极限值 ν_0（ν_0 随不同金属而异）时，不论光的强度如何，照射时间多长，都没有光电流产生。

（5）光电效应是瞬时效应。即使入射光的强度非常微弱，只要频率大于 ν_0，开始照射后立即有光电子产生，所经过的时间最多为 10^{-9} s 的数量级。

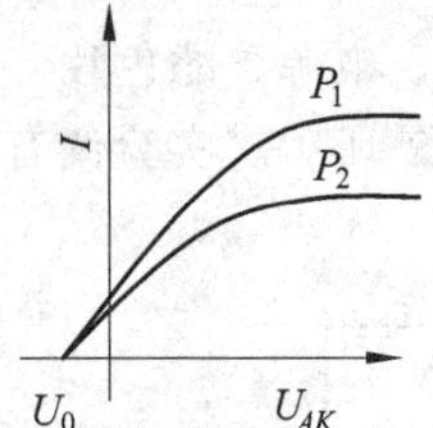

图 37.4　同一频率，不同光强时光电管的伏安特性曲线

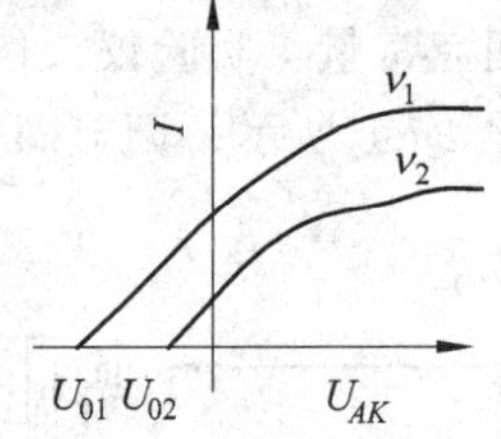

图 37.5　不同频率时光电管的伏安特性曲线

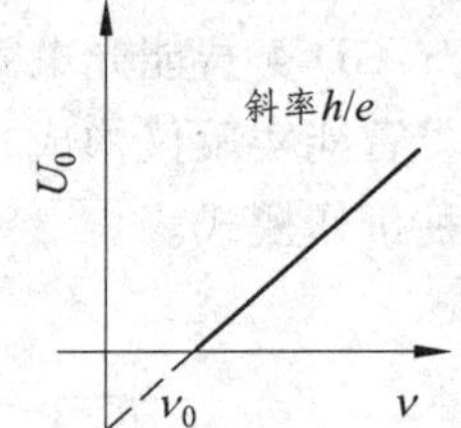

图 37.6　截止电压 U_0 与入射光频率 ν 的关系

按照爱因斯坦的光量子理论，光能并不像电磁波理论所想象的那样，分布在波阵面上，而是集中在被称为光子的微粒上，但这种微粒仍然保持着频率（或波长）的概念，频率为 ν 的光子具有能量 $E=h\nu$，h 为普朗克常量。当光子照射到金属表面时，一次性为金属中的电子全部吸收，而无需积累能量的时间。电子把这些能量的一部分用来克服金属表面对它的吸引力，余下的就变为电子离开金属表面后的动能，按照能量守恒原理，爱因斯坦提出了著名的光电效应方程：

$$h\nu=\frac{1}{2}mv_0^2+A \tag{37.1}$$

式中：A 为金属的逸出功；$\frac{1}{2}mv_0^2$ 为光电子获得的初始动能。

由该式可见，入射到金属表面的光频率越高，逸出的电子动能越大，所以，即使阳极电位比阴极电位低时也会有电子落入阳极形成光电流，直至阳极电位低于截止电压，光电流才为零，此时有关系：

$$eU_0 = \frac{1}{2}mv_0^2 \tag{37.2}$$

阳极电位高于截止电压后，随着阳极电位的升高，阳极对阴极发射的电子的收集作用增强，光电流随之增大；当阳极电压高到一定程度，已把阴极发射的光电子几乎全收集到阳极，再增加 U_{AK} 时 I 不再变化，光电流出现饱和，饱和光电流 I_s 的大小与入射光的强度 P 成正比。

光子的能量 $h\nu_0 < A$ 时，电子不能脱离金属，因而没有光电流产生。产生光电效应的最低频率（截止频率）是 $\nu_0 = A/h$。

将式（37.2）代入式（37.1）可得：

$$eU_0 = h\nu - A \tag{37.3}$$

此式表明截止电压 U_0 是频率 ν 的线性函数，直线斜率 $k = h/e$，只要用实验方法得出不同的频率对应的截止电压，求出直线斜率，就可算出普朗克常量 h。

爱因斯坦的光量子理论成功地解释了光电效应规律。

四、实验内容

1. 测试前准备

将实验仪及汞灯电源接通（汞灯及光电管暗箱遮光盖盖上），预热 20 min。

调整光电管与汞灯距离约 40 cm，并保持不变。

用专用连接线将光电管暗箱电压输入端与实验仪电压输出端（后面板上）连接起来（红—红，蓝—蓝）。

将“电流量程”选择开关置于所选挡位，进行测试前调零。实验仪在开机或改变电流量程后，都会自动进入调零状态。调零时应将光电管暗箱电流输出端 K 与实验仪微电流输入端（后面板上）断开，旋转“调零”旋钮使电流指示为 000.0。调节好后，用高频匹配电缆将电流输入连接起来，按“调零确认/系统清零”键，系统进入测试状态。

2. 测普朗克常量 h

（1）问题讨论及测量方法。

理论上，测出各频率的光照射下阴极电流为零时对应的 U_{AK}，其绝对值即该频率的截止电压，然而实际上由于光电管的阳极反向电流、暗电流、本底电流及极间接触电位差的影响，实测电流并非阴极电流，实测电流为零时对应的 U_{AK} 也并非截止电压。

暗电流和本底电流是热激发产生的光电流与杂散光照射光电管产生的光电流，可以在光电管制作或测量过程中采取适当措施以减小它们的影响。

极间接触电位差与入射光频率无关，只影响 U_0 的准确性，不影响 U_0-ν 直线斜率，对测定 h 无大影响。

由于本实验仪器的电流放大器灵敏度高，稳定性好，光电管阳极反向电流、暗电流水平也较低。在测量各谱线的截止电压 U_0 时，可采用零电流法，即直接将各谱线照射下测得的电流为零时对应的电压 U_{AK} 的绝对值作为截止电压 U_0。此法的前提是阳极反向电流、暗电流和本底电流都很小，用零电流法测得的截止电压与真实值相差较小，且各谱线的截止电压都相差 ΔU，对 U_0-ν 曲线的斜率无大的影响，因此对 h 的测量不会产生大的影响。

（2）测量截止电压。

测量截止电压时，“伏安特性测试/截止电压测试”状态键调节为“截止电压测试”状态。“电流量程”开关应处于 10^{-13} A 挡。

使“手动/自动”模式键处于手动模式。

将直径 4 mm 的光阑及 365.0 nm 的滤色片装在光电管暗箱光输入口上，打开汞灯遮光盖。

此时电压表显示 U_{AK} 的值，单位为伏；电流表显示与 U_{AK} 对应的电流值 I，单位为所选择的“电流量程”。用电压调节键“→、←、↑、↓”可调节 U_{AK} 的值，“→、←”键用于选择调节位，“↑、↓”键用于调节值的大小。

从低到高调节电压（绝对值减小），观察电流值的变化，寻找电流为零时对应的 U_{AK}，以其绝对值作为该波长对应的 U_0 的值，并将数据记于表 37.1 中。为尽快找到 U_0 的值，调节时应从高位到低位，先确定高位的值，再顺次往低位调节。

依次换上 404.7 nm，435.8 nm，546.1 nm，577.0 nm 的滤色片，重复以上测量步骤。

（3）测光电管的伏安特性曲线。

此时，“伏安特性测试/截止电压测试”状态键调节为“伏安特性测试”状态。“电流量程”开关应拨至 10^{-10} A 挡，并重新调零。

将直径 4 mm 的光阑及所选谱线的滤色片装在光电管暗箱光输入口上。

测伏安特性曲线可选用“手动/自动”两种模式之一，测量的最大范围为 $-1\sim50$ V。由此可验证光电管饱和光电流与入射光强度成正比。

在表 37.2 中记录所测 U_{AK} 及 I 的数据。

在 U_{AK} 为 50 V 时，将仪器设置为手动模式，测量并记录对同一谱线、同一入射距离，光阑分别为 2 mm、4 mm、8 mm 时对应的电流值于表 37.3 中，验证光电管的饱和光电流与入射光强成正比。

也可在 U_{AK} 为 50 V 时，将仪器设置为手动模式，测量并记录对同一谱线、同一光阑时，光电管与入射光在不同距离，如 300 mm、400 mm 等对应的电流值于表 37.4 中，同样验证光电管的饱和电流与入射光强成正比。

五、数据记录及处理

表 37.1　测量 U_0-ν 关系（光阑孔 $\phi=4$ mm）

波长 λ_i/nm		365.0	404.7	435.8	546.1	577.0
频率 $\nu_i/10^{14}$Hz		8.214	7.408	6.879	5.490	5.196
截止电压 U_{0i}/V	手动					

由表 37.1 的实验数据，在坐标纸上作出 U_0-ν 关系曲线，得出 U_0-ν 直线的斜率 k，即可用 $h=ek$，求出普朗克常量，并与 h 的公认值 h_0 比较，求出相对误差 $E=\frac{h-h_0}{h_0}$，式中 $e=1.602\times10^{-19}$ C，$h_0=6.626\times10^{-34}$ J · s。

表 37.2　测量 $I\text{-}U_{AK}$ 关系（光阑孔 $\phi=4$ mm，$\lambda=365.0$ nm，$L=400$ mm）

U_{AK}/V	−1	0	1	3	5	7	10	11	13	15	17	20
$I/10^{-10}$A												
U_{AK}/V	22	25	27	30	32	35	37	40	42	45	47	50
$I/10^{-10}$A												

由表 37.2 的实验数据，在坐标纸上作出对应于以上波长及光强的伏安特性曲线。

表 37.3　测量 $I_s\text{-}P$ 关系（$U_{AK}=25$ V，$\lambda=365.0$ nm，$L=400$ mm）

光阑孔 ϕ/mm	2	4	8
$I/10^{-10}$A			

由表 37.3 的实验数据，验证光电管的饱和光电流与入射光强是否成正比。

表 37.4　测量 $I_s\text{-}P$ 关系（$U_{AK}=50$ V，$\lambda=365.0$ nm，$\phi=4$ mm）

入射距离 L/mm	300	350	400
$I/10^{-10}$A			

由表 37.4 的实验数据，验证光电管的饱和光电流与入射光强是否成正比。

六、实验总结

实验 38　望远镜与显微镜的组装

一、实验目的

（1）了解望远镜与显微镜的特性。
（2）学会正确组装望远镜和显微镜。

二、实验仪器及用具

光具座、凸透镜四个、光源、光屏、平面镜、叉丝分划板等。

三、实验原理

由于人眼分辨能力有限，在观察远处物体或微小物体时，分辨不清物体的细节，为此人们发明了望远镜、放大镜、显微镜等仪器以增大物对眼的视角。仪器增大视角的能力用视角放大率来描述。若人眼通过光学仪器观察物体时（实际是物体的像）的张角为 φ，不通过光学仪器直接观察物体时的张角为 ϕ，则视角放大率 M 定义为

$$M=\frac{\tan\varphi}{\tan\phi} \tag{38.1}$$

望远镜是观察远处物体的助视仪器，最简单的望远镜由两块凸透镜组成，物镜 L_o 的焦距 f_o 较长，目镜 L_e 的焦距 f_e 较短，L_o 将物体成像于 L_e 的前焦平面内侧，此像再由 L_e 成虚像，当观察无限远处的物体时（物距 $U\to\infty$）像成在 L_o 的后焦面上，如果使目镜 L_e 的前焦面恰好与 L_o 的后焦面重合，此时通过目镜 L_e 观察，则在无限远处成虚像，如图 38.1 所示，φ 为像对眼睛的张角，实际上等于物对眼的张角，所以在此状态下望远镜的视角放大率为

$$M=\frac{\tan\varphi}{\tan\phi}=\frac{y_2/f_e}{y_2/f_o}=\frac{f_o}{f_e} \tag{38.2}$$

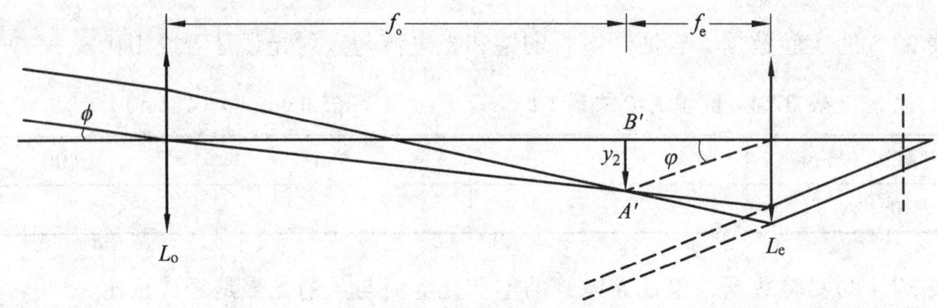

图 38.1　望远镜原理

当用望远镜观察远处物体时，其成像光路可用图 38.2 来表示，u_1, v_1 和 u_2, v_2 分别为透镜 L_o 和 L_e 成像时的物距和像距，$\varDelta$ 是物镜焦点和目镜焦点之间的距离，即光学间隔（实用望远镜中是一个不为零的小值）。

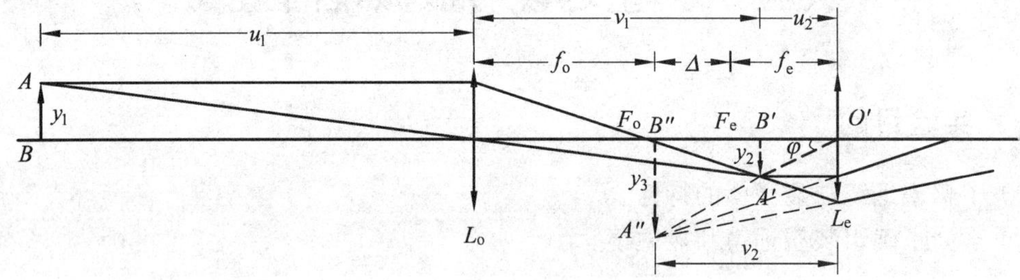

图 38.2　望远镜成像光路

由图可知

$$\tan\varphi=\frac{A'B'}{O'B'}=\frac{y_2}{u_2} \tag{38.3}$$

$$\tan\phi=\frac{AB}{O'B}=\frac{y_1}{u_2+u_1+v_1}=\frac{y_2u_1}{v_1(u_1+v_1+u_2)}\qquad\left(\frac{y_1}{u_1}=\frac{y_2}{v_1}\right) \tag{38.4}$$

故观测近处物体时望远镜的放大率为

$$M = \frac{\tan\varphi}{\tan\phi} = \frac{v_1(u_1 + u_2 + v_1)}{u_1 u_2} \tag{38.5}$$

对薄透镜，在满足近轴光线的条件下，由透镜成像公式得

$$v_1 = \frac{f_o u_1}{u_1 - f_o} \tag{38.6}$$

$$u_2 = \frac{f_e v_2}{v_2 + f_e} \tag{38.7}$$

为了把放大镜的虚像 y_3 与物体 y_1 直接比较，必须使 y_3 和 y_1 处在同一平面内，即 $v_2 = u_1 + u_2 + v_1$，同时引入望远镜筒长度 $l = v_1 + u_2$，并利用式（38.6）和式（38.7），得

$$M = \frac{v_1 v_2}{u_1 u_2} = \left(\frac{u_1 + l + f_e}{u_1 - f_o}\right)\frac{f_o}{f_e} \tag{38.8}$$

四、实验内容

（1）根据计算公式，设计组装不同放大倍数的望远镜。

（2）设计一个显微镜的光路图并组装。

五、思考题

（1）测量望远镜与一般望远镜有什么区别？

（2）使用望远镜为什么要调焦？

实验 39　全息照相

全息照相的技术早在 1948 年就由英国科学家伽伯提出，但因当时缺乏相干性的光源而难以产生较好的效果。直到 20 世纪 60 年代激光问世以后，全息照相的理论和技术才开始有了迅速的发展。

全息照相是一种能够记录和再现光波全部信息的新技术。它比普通照相有更优异的特点，因而在立体显示、精密计量、信息储存与处理、无损检验、遥感技术、生物医学和国防尖端技术等诸多方面有着广泛的应用。

一、实验目的

（1）了解全息照相的基本原理和主要特点；

（2）学习静态全息照相的拍摄方法和有关技术；

（3）熟悉全息照片再现物像的观察方法。

二、实验仪器及用具

防振全息台 1 套、氦-氖激光器（1 ~ 3 mW）1 套、分束镜 2 块、扩束镜 2 块、反射镜 1 块、毛玻璃屏 1 块、白屏 1 块、曝光定时器 1 台、被摄物（白瓷小动物）1 个、载物平台 1 个、底板架 1 个、调节支架 7 个、磁钢若干、全息干板及照相冲洗设备。

三、实验原理

一个立体感鲜明的物体，如果用普通照相技术拍摄下来，得到的照片（无论是黑白还是彩色的）只是物体的平面像。对于普通照相，是通过物镜把物体成像在感光板上，感光底板记录的只是物体光波的光强分布（即振幅信息），而没有记录物体光波的相位信息，所以普通照片没有立体感。而全息照相能记录物体光波的全部信息（振幅与相位），并在一定的条件下，可以再现物体的立体像。这是因为从物体表面各点发出或漫射的光波中包含了反映物体表面特征的振幅和相位两部分信息，人的视觉系统接收到物体光波的这两部分信息，就能感觉到实际物体的存在。全息照相技术包括两个过程：第一，利用光的干涉原理，以干涉图样的形式把物体光波的全部信息记录下来，称为记录（拍摄）过程；第二，利用光的衍射原理，将记录的全部信息再现出来，称为再现过程。

1. 全息照相的记录

由于感光底板只能记录光强（振幅）分布，而相位分布必须转化为光强分布才能记录下来，所以除了物体发出或漫射的光波（称物光）外，还需要借助另外的参考光，使二者发生干涉。因干涉条纹的强度分布决定于物光和参考光的振幅和相位，所以感光底板记录的是物光和参考光叠加产生的干涉条纹，其中包括了物光的振幅和相位的全部信息。

根据光的干涉原理拍摄全息照片，需要相干性极好的激光光源。全息照相记录过程的光路如图 39.1 所示，这是一个典型的拍摄静态物体全息照片的光路图。由 He-Ne 激光器射出的光束通过光开关盒 K 后，经分束镜 M 分成两束光。其中一束光经平面镜 M_1 反射，再经透镜 L_1 扩束均匀照亮被摄物体 D 的表面，并使物体表面漫射的光束（称物光）O 能射到全息感光板（全息干板）H 上；另外一束光经平面镜 M_2 反射和透镜 L_2 扩束，称参考光 R，参考光和物光在感光板 H 上叠加干涉，产生许多形状复杂的干涉条纹。将记录干涉图样的感光板经适当的曝光和冲洗处理，就得到一张全息照片（也称全息图）。

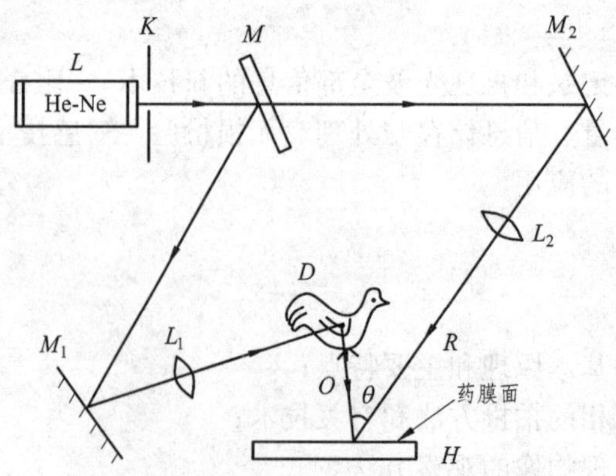

图 39.1　全息照相记录过程光路图

全息照片上干涉条纹的间距 d 由布拉格条件可以推出

$$d=\frac{\lambda}{2\sin\theta/2}$$

式中：θ 为参考光束与物体表面漫射光束之间的夹角；λ 为光波波长。θ 大的地方条纹细密，θ 小的地方条纹稀疏。

由波的叠加原理可知，干涉条纹的明暗取决于两相干光在相干处的振幅和相位。若相位相同，则两相干光的振幅相加，形成明条纹；若相位相反，则两相干光的振幅相减，形成暗条纹。若两相干光的相位既不相同也不相反，则条纹亮度处于明暗之间。

干涉条纹的明暗对比度（即反差）与两相干光的振幅有关：若物光和参考光的振幅相等，则反差最大；若两振幅一大一小，其差别越大，则反差越小。

由上可知，物光波中的振幅和相位的信息以干涉条纹的反差和明暗强度变化记录下来，物光波的方向以条纹的间距和走向记录下来。所以，全息照片记录的是包括物光全部信息的干涉条纹。从外观上看，全息照片上的干涉图样与原始物体没有任何相似之处。

2. 全息照片的再现

为了能从全息照片上看到原来物体的像，需利用光栅衍射的原理，可以使全息照片再现原来物体发出的光波，从而使物体显现出来。

观察全息照片的再现光路如图 39.2 所示。一束经过扩束的激光 R'（常称为再现光束），以与拍摄时参考光束 R 相同方向照射全息照片。因为全息照片上的干涉条纹相当于一个复杂的特殊光栅，所以再现光透过全息照片时将发生衍射，而衍射光波共有 0 级和 ±1 级（因感光材料与曝光量成线性关系，所形成的特殊光栅并不出现高级次的衍射波）。其中 0 级衍射波沿入射光方向前进，它可以看成是入射光强经衰减形成的光束。+ 1 级衍射波是一列发散光波，形成物体的虚像。观察者透过全息照片，朝向原被摄物方向，可看到在被摄物原来位置有一个逼真的立体像。

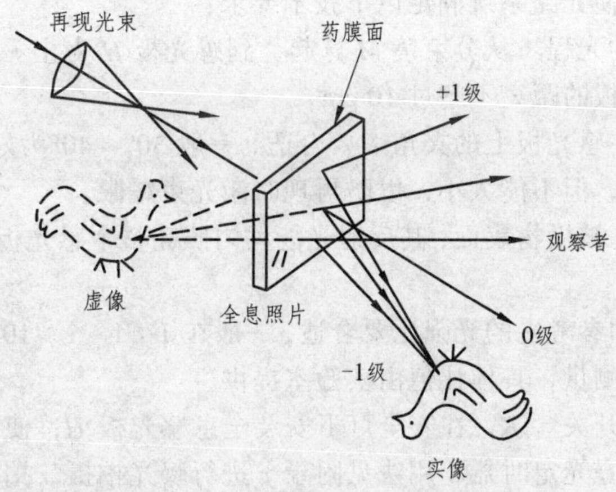

图 39.2　观察全息照片的再现光路

这时的全息照片就出现一个窗口，当从不同的侧面观察时：－1 级衍射波是物光的共轭光波，这列波在全息照片的另一侧会聚成一个共轭实像。在成实像的位置放一个毛玻璃屏，调整其方位，在屏上可以观察到这个实像（有畸变）。

3. 全息照片的特点

（1）全息照片具有真实性。它再现的图像是完全逼真的三维立体像，看上去就像实物放在眼前一样。

（2）全息照片具有可分割性。它即使被敲成碎块，其中任一碎块仍能再现出完整的被摄物形象。

（3）全息照片具有可重叠性。同一张感光板在第一次拍摄曝光后，只要稍微改变感光板的方位（如每次转过一个小角度），就可以进行第二次、第三次……的重叠曝光。再现时，只要依次转动全息照片，就可以获得各自独立、互不干扰的图像。

（4）全息照片具有易于复制的特性。全息照片没有正片和负片之分，所以容易复制。将拍摄好的全息照片与未感光的全息干板药膜面相对压紧，进行翻拍曝光，即可得复制品。再现时，仍可获得与母片相同的再现物像。

（5）全息照片具有可调性。

（6）用不同波长的再现光照射全息照片，可以调节再现物像的大小。改变再现光的强弱，可以调节再现物像的明暗。

四、实验内容

因全息照相须在暗室中进行，所以实验前应熟悉实验室仪器布局、冲洗设备以及药液的放置位置，然后了解感光板的装夹方法和各光学元件支架的调整方法。

1. 拍摄一幅静物的全息照片

（1）调整光路。在全息平台上，按 39.1 布置光路。被摄物是一个不透光的漫射物体（如瓷料小动物）。先用白屏代替感光板安在底片夹上，粗调各光学元件基本等高，并吸上磁钢底座。然后细调各元件，使光路系统满足以下技术要求：

① 物光和参照光的光程（从分束镜 M 算起，到感光板 H 为止）尽量相等，相差不超过 5 cm。而被摄物离感光板的距离不超过 10 cm。

② 物光和参考光在感光板上的夹角 θ 要合适，一般 30° ~ 40°为好。θ 小些，虽然可降低感光板对分辨率的要求，但不能太小，以防再现时激光束耀眼。

③ 物光能均匀照亮被摄物表面，其反射光能均匀照亮整个感光板，参考光能直接均匀照亮感光板。

④ 感光板上物光和参考光的光强比要合适，一般在 1∶1 ~ 1∶10 范围内为宜。可用硅光电池和光电检流计进行测量，具体比值由实验室提供。

（2）曝光。关闭光开关盒 K，在安全灯下安装全息感光板 H，使其药膜面朝着被摄物。待静止几分钟后，启动曝光定时器（用法见附录）进行曝光拍摄。拍摄时禁止人员走动、触摸实验台和大声说话，以免台面振动和空气扰动。曝光时间约 20 s 左右（具体时间由实验室提供）。

（3）冲洗。曝光完毕，其他光学元件不要变动，取下全息感光板，到暗室进行冲洗，先在 D-19 显影液中显影 2 ~ 5 min（温度 18 ~ 20 °C），再在停显液中停显 30 s，然后在 F-5 酸性定影液中定影 5 ~ 10 min（温度 18 ~ 20 °C），经水冲洗、晾干即成全息照片。

2. 观察全息照片的再现物像

将全息照片的药面膜对着日光灯，在白光照射下，如能观察到彩色衍射光谱，说明全息照片已记录了物光和参考光叠加形成的干涉条纹。彩色衍射光谱越明亮，说明所拍全息照片的质量越好。

（1）虚像的观察：

① 利用原拍摄光路再现复原像。将全息照片放回原底片夹上，药膜面向着光束，遮住物光，拿走被摄物。透过全息照片，观察在原物位置上呈现的虚像。分析虚像的大小、倒正以及立体感，与原物比较，其真实性如何？是否完全复原？

② 将全息照片放在别处，用另一扩束的激光以拍摄时参考光的单色光做再现光，如图 39.3 所示。观察再现虚像的情况有何不同？

（2）实像的观察：

① 利用原参考光做再现光观察。与观察再现虚像类似，全息照片的药膜面朝向再现光束，在成实像的位置放置毛玻璃屏。观察屏上所截实像的大小、左右、倒正是否与原物都不同？

如果再现光光强不足，可撤去扩束镜，用不扩束的再现光进行观察。

② 利用参考光的共轭光束做再现光进行观察。将不扩束的再现光照射全息照片的基面（即药膜面朝向观察者），如图 39.4 所示。用毛玻璃屏接受再现实像，观察其大小、左右、倒正又有何不同？

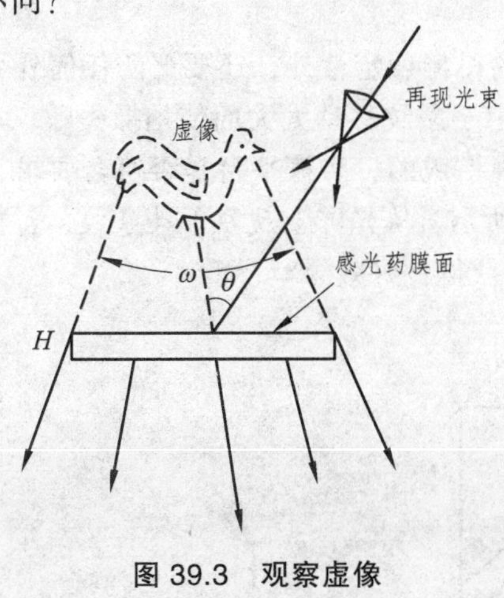

图 39.3　观察虚像

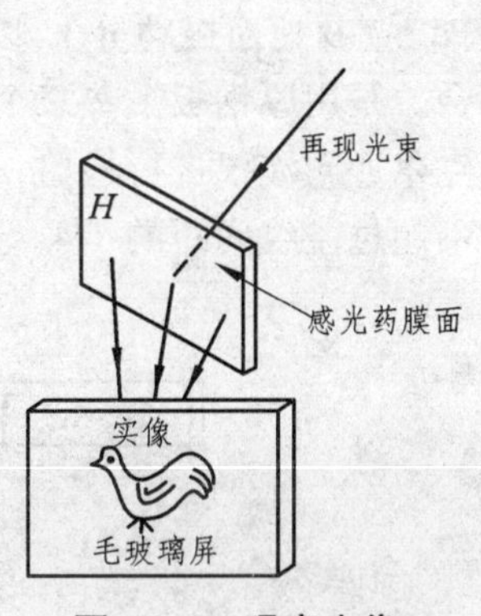

图 39.4　观察实像

五、数据记录及处理

自行设计表格，记录拍摄和冲洗过程中的各种数据。整理归纳再现物像的观察结果，评价所拍全息照片的质量。

六、思考题

（1）全息照相与普通照相有何不同？

（2）拍摄全息照片时，对仪器设备有何要求？

（3）全息照片干涉条纹的间距、明暗及反差各由什么决定？

（4）用$\lambda = 488.0$ nm 的氩离子光束作为 He-Ne 激光（$\lambda = 632.8$ nm）制作的全息照片的再现光源，则再现结果将如何？

七、注意事项

（1）保持各光学元件清洁，不要用手或手帕、纸片擦拭光学表面。

（2）不要用手触摸全息感光板或全息照片的药膜面。

（3）绝对不能用眼直视未扩束的激光束，以免灼伤视网膜造成失明。

附录：仪器装置

要成功地拍摄一张条纹清晰的全息照片，除要求相干性很好的激光光源之外，还需要采用高分辨率的全息感光材料。采用机械稳定性良好的光学元件及防振性能良好的全息实验台。

1. 全息感光板

本实验采用全息 I 型感光板，其光谱灵敏区为红光，安全灯为蓝色光和紫色光灯，分辨率为 3 000 条/mm。分辨率是指感光板能分辨的最小条纹间距，通常以每毫米能记录的明暗相间的条纹数目来表示。感光板上干涉条纹的宽度 d 与物光和参考光投射到感光板上时的夹角θ有关，θ越大，则 d 越小，条纹越密，这就要求感光板具有越高的分辨率。

2. 防振全息实验台

拍摄全息照片，除保证各光学元件有良好的机械稳定性外，还要严防任何外界的振动干扰（如门窗、墙壁及地面振动等），以免曝光时由于条纹移动太大而使拍摄失败。本实验所用防振全息平台，是用厚钢板下垫三个充气橡皮囊搭成的。防振平台是否符合要求，可以自搭一个长臂迈克尔逊干涉仪进行检验，如图 39.5 所示。从光屏上观察干涉条纹，若在曝光时间内条纹移动不超过条纹间距的 1/4，则拍摄时可获得良好效果。

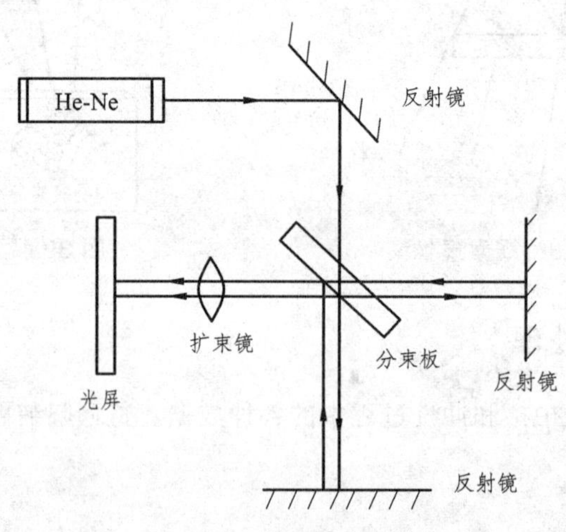

图 39.5 检验防振平台

3. 曝光定时器使用方法

（1）把光开关盒接到曝光定时器背后的两个接线柱上。

（2）当调节好光路开始拍摄时，打开仪器标有 K_1 的电源开关，预热 5 min。注意，此时指示灯是不亮的，而开关处于“通光”状态。

（3）根据曝光时间的要求，把仪器面板上标有 K_3、K_4 的时间控制波段开关转到适当位置（两者读数之和即为曝光时间）。

（4）将“遮光、通光”开关 K_2 转到“遮光”位置，此时光开关处于“遮光”状态，同时，指示灯亮，凭借指示灯的蓝绿色微光装底片。

（5）按下“触发”按钮，继电器吸合，带动光开关处于“通光”状态，底片即进行曝光。到了预定时间，继电器释放，光开关恢复到“遮光”状态，此时指示灯亮，曝光结束。

（6）等到取走底片后，“遮光、通光”开关 K_2 应开到“通光”位置（向上开，此时指示灯熄灭，以备下一次再用）。注意，若 K_2 长时间处于“遮光”位置，则光开关的线圈就一直通电，容易发热烧坏。

（7）使用完毕后应将电源开关关断。

（8）手动控制曝光时间，“遮光、通光”开关向上即为“通光”，向下即为“遮光”，可以控制任意长的曝光时间。

实验 40　分光计测反射光的偏振特性

光的偏振现象揭示了光波是横波的性质，它使人们对光的传播（反射、折射、吸收和散射）的规律有了新的认识，并在光学计量、晶体性质和应力分析研究等方面有着广泛的应用。

一、实验任务

在分光计上观察反射光的偏振现象，测定起偏角。

二、实验要求

（1）通过观察光的偏振现象加深对光的偏振认识。

（2）设计用分光计观察反射偏振的实验方案，拟定实验步骤，画出测量光路图。

（3）测定玻璃的起偏角，验证布儒斯特定律。

三、实验仪器及用具

分光计、偏振片、钠光片、待测玻璃片。

四、实验提示

当振动面与入射面一致的平面偏振光入射到介质表面时，入射角越接近起偏角 θ，反射光越弱，入射角等于θ，则线偏振光全部进入介质，不再有反射光。利用分光计可测定偏振光从空气射向玻璃的起偏角。

实验 41　测透明固体的折射率

当我们从空气中看水里的物体时，总觉得其位置升高了，这时因为光入射到水中时产生了折射。这种折射现象在透明的固体中也会发生，折射的程度与物体的折射率有关。

一、实验任务

测定一块透明有机玻璃的折射率。

二、实验要求

（1）写出实验原理，画出光路图，推导测量公式。
（2）正确选用仪器，测出所需各量。
（3）处理数据，计算出待测物的折射率。

三、实验仪器及用具

读数显微镜、游标卡尺、待测有机玻璃。

四、实验提示

当入射角 i 很小时，有 $\sin i \approx \tan i$。

第五章　电学实验

实验 42　线性电阻和非线性电阻伏安特性曲线的测绘

一、实验目的

（1）了解线性电阻和非线性电阻的伏安特性；
（2）掌握线性电阻和非线性电阻的伏安特性的测量方法；
（3）了解二极管的正向伏安特性。

二、实验仪器及用具

稳压电源、滑线变阻器（1 000 Ω 、240 Ω ）、直流电流表（50 μA、500 mA）、直流电压表（3 V、15 V）、待测电阻、开关、二极管、导线等。

三、实验原理

在某一电学元件两端加上直流电压，在元件内就会有电流通过。通过的电流与电压之间的关系称为电学元件的伏安特性。一般以电压为横坐标，电流为纵坐标作出电子元件的电压-电流关系曲线，称为该元件的伏安特性曲线。如果某元件的伏安特性曲线为一直线，则称其为线性电阻，否则称其为非线性电阻。如碳膜、金属膜电阻和线绕电阻在常温下均可看做线性电阻；晶体管（灯泡的灯丝，随着两端 U 的增加而温度升高，其伏安特性曲线也为曲线）为非线性电阻（图 42.1）。

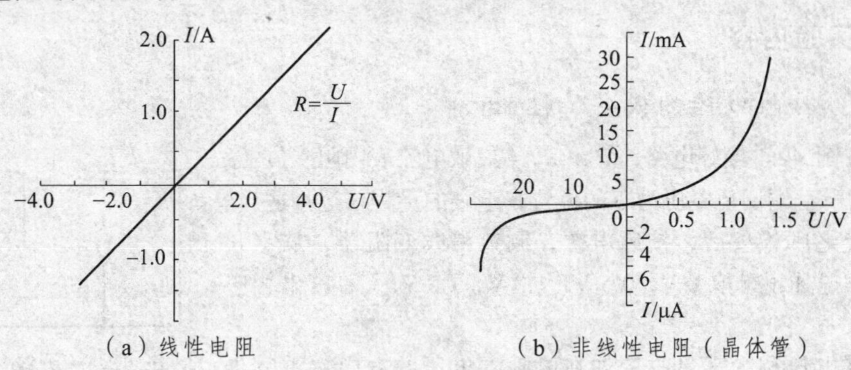

（a）线性电阻　　（b）非线性电阻（晶体管）

图 42.1　伏安特性曲线

晶体二极管又叫做半导体二极管。半导体介于导体和绝缘体之间，如果在纯净的半导体中适当地掺入极微量的杂质，半导体的导电能力就会有上百万倍的增加。加进半导体的杂质可分成两类：一类杂质加到半导体中后，在半导体中会产生许多带负电的电子，叫电子型半导体（N 型）；另一类杂质加到半导体中会产生许多缺少电子的空穴（空位），叫空穴型半导体（P 型）。

晶体二极管是由两种具有不同导电性能的 N 型和 P 型半导体结合形成的 P-N 结所构成。它有正、负两个接线柱。（图 42.2）

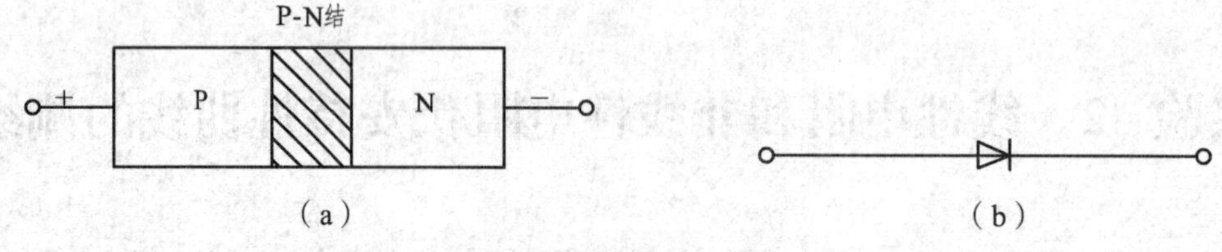

图 42.2　晶体二极管

关于 P-N 结的形成和导电性能可解释如下：

如图 42.3：由于 P 区中空穴的浓度比 N 区大，空穴便由 P 区向 N 区扩散；同样由于 N 区的电子浓度比 P 区大，电子便由 N 区向 P 区扩散。随着扩散的进行，P 区空穴减少，出现了一层带负电的粒子区（以⊖表示）；N 区的电子减少，出现了一层带正电的粒子区（以⊕表示）。结果在 P 型和 N 型半导体交界面的两侧附近，形成了正、负电荷的薄层区，称为 P-N 结。产生一个电场，其方向恰好与载流子扩散运动的方向相反，使载流子的扩散受到内电场的阻力作用，所以这个薄层又称为阻挡层。当扩散作用与内电场作用相等时，P 区的空穴和 N 区的电子不再减少，阻挡层也不再增厚，达到动态平衡，这时二极管中没有电流。

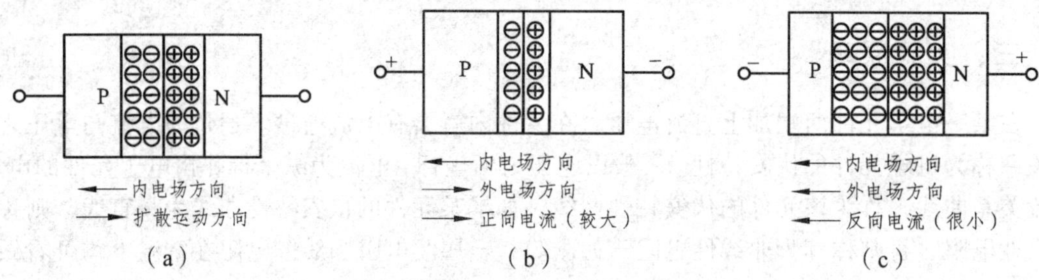

图 42.3　P-N 结的形成和导电性

四、实验内容

1. 测绘线性电阻的伏安特性曲线

（1）按图 42.4 接好电路，$R \gg R_A$（灵敏电流表内阻）。注意将分压器的滑动端调至电压为零的位置，电表的量程要选择适当。

（2）经老师检查后，接通电源，调节滑线变阻器，从零开始逐渐增大电压（可取 0 V，0.5 V，1.0 V，1.5 V⋯），读出相应的电流值。

（3）将电压调为零，改变加在电阻上电压的方向，重复步骤（2）。

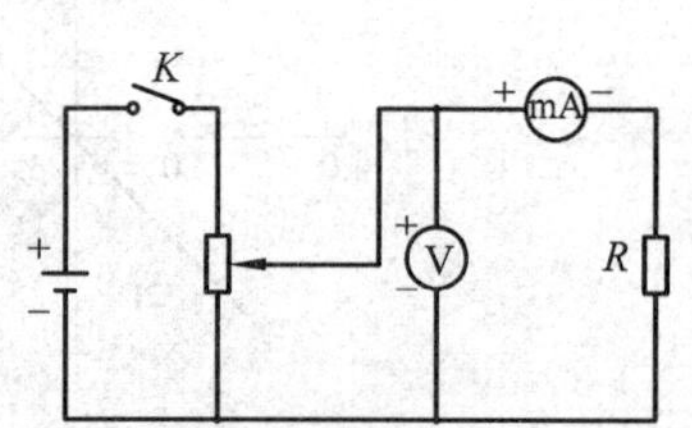

图 42.4　测线性电阻的伏安特性曲线电路

（4）用测得的正、反向电压和相应的电流数据作伏安特性曲线。

2. 测绘二极管的伏安特性曲线

测量之前，先记录所用晶体管的型号（为测出反向电流的数值，采用锗管）和主要参数（即最大正向电流和最大反向电压），再判别晶体管的正、负极。

（1）测绘二极管的正向伏安特性曲线。按图 42.5（a）正确连接电路，图中 R_1 为分压器。电压表的量程取 1 V 左右。经老师检查后，接通电源，缓慢增加电压（取 0.00 V，0.10 V，0.20 V…）（在电流变化大的地方，电压间隔应取小一些），读出相应的电流值。

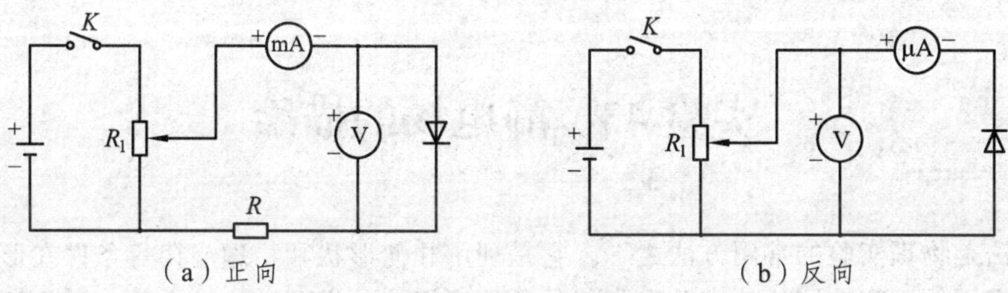

图 42.5　测二极管的伏安特性曲线电路

（2）测绘二极管的反向伏安特性曲线。按图 42.5（b）正确连接电路。电压表量程换成大的量程。接上电源，改变电压（取 0.00 V，1.0 V，2.0 V…），读出相应的电流值。确认数据无错误和遗漏后，断开电源，拆除线路。

（3）以电压为横坐标，电流为纵坐标，利用测得的数据绘出晶体二极管的伏安特性曲线。由于正、反向电流单位不同，在坐标图上标清楚。

五、数据记录及处理

表 42.1　测线性电阻伏安特性曲线

正向	U/V	0	0.50	1.00	1.50	2.00	2.50	3.00
	I/mA	0						
反向	U/V	0	0.50	1.00	1.50	2.00	2.50	3.00
	I/mA	0						

表 42.2　测二极管伏安特性曲线

正向	U/V	0	0.20	0.40	0.60	0.80	1.0	…
	I/mA	0						
反向	U/V	0	1.00	2.00	3.00	4.00	5.00	…
	I/μA	0						

六、思考题

测量二极管的正、反向伏安特性曲线，电表的接法有何不同？为什么要采用这样的接法？

七、注意事项

（1）测量晶体二极管正向伏安特性曲线时，电流表读数不得超过二极管允许通过的最大电流值。

（2）测二极管反向伏安特性曲线时，加在二极管上的电压不得超过二极管允许通过的最大反向电压。

八、实验总结

实验 43　静电场的描绘

模拟法是物理实验的常用方法之一。它是利用几何形状和物理规律等条件在形式上相似的原理，把不便于直接测量的实验在相似的条件下间接地实现，这种方法在科学研究和工程设计中都常常用到。本实验就是用电流场模拟静电场来测试静电场的规律。

一、实验目的

（1）学习一种模拟实验方法，了解模拟静电场的条件及措施；

（2）测绘静电场的分布，加深对电场的认识。

二、实验仪器及用具

静电场模拟描绘仪、低压直流电源、电压表、检流计、滑线变阻器。

三、实验原理

1. 直接测量静电场的困难

带电体在周围空间产生的静电场，可以用电场强度 E 或电位 U 的空间分布来描述。一般情况下，可以从已知的电荷分布，用静电场方程求出其对应的电场分布，但对较复杂的静电场分布，数学分析仍十分困难，因而总是希望用实验方法直接测量。

但是，直接测量静电场往往很困难。因为，首先静电场中无电流，不能使用磁电式仪表，而只能使用较复杂的静电仪表和相应的测量方法；其次，探测装置必须是导体或电介质，一旦放入静电场中，将会产生感应电荷，使原电场发生畸变，影响测量结果的准确性。

若用相似的电流场来模拟静电场，则可从电流场得到相应的静电场的具体分布。

2. 用模拟法测绘静电场的可行性

静电场（E 场）和稳恒电流场（j 场）虽然是两种不同性质的场，但如果被研究的区域中不存在各自的场源，这两种场遵循的规律具有相似的形式，即都是用同样的方法来描述：

$$\oint_{(s)} E \cdot dS = 0 \qquad \oint_{(s)} j \cdot dS = 0$$

$$\oint_{(L)} E \cdot dl = 0 \qquad \oint_{(L)} j \cdot dl = 0$$

从上述两种场的方程式和各物理量的比较可以看出：若稳恒电流场和静电场的空间电极形状与边界条件相同，则这两种场可以相互模拟。而测量稳恒电流场中的电位比测量静电场中的电位要简单、易行得多，因此，用稳恒电流场来模拟静电场是完全可行的。

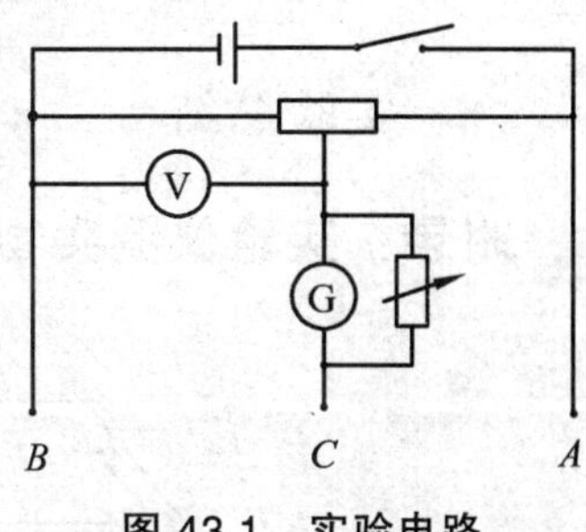

图 43.1　实验电路

四、实验内容

1. 圆柱形电容器中等势线分布的模拟描绘

按图 43.1 连接好电路，电源电压取 6 V，分别选择电极与探针间的电压为 1 V，2 V，3 V，4 V，5 V 为测量值，描绘出等势线，并标明电势，以 $x\left(=U_r/U_A\right)$ 为横坐标，$y(=\ln r)$ 为纵坐标，在坐标纸上作图，如果是一直线，就验证了柱形电容器中 $E=C\cdot\dfrac{1}{r}$ 的关系式。

2. 两根无限长平行直导线周围等势线分布的模拟描绘

按图 43.1 连接好电路，电源电压取 6 V，分别选择电极与探针间的电压为 1 V，2 V，3 V，4 V，5 V 为测量值，描绘出等势线。

五、数据处理与分析

（1）根据所测等位点连出等位线及电力线。

（2）验证柱形电容器中 $E=C\cdot\dfrac{1}{r}$。

六、预习思考题

（1）直接测量静电场的困难何在？

（2）用模拟法有什么优点？有何条件？

七、分析、讨论题

（1）如果两极的电压增加一倍，等位线、电力线的形状是否发生变化？

（2）若两电极（或一个电极）与导电纸间的接触不是很好（或松紧不同），会出现什么现象？

八、注意事项

（1）移动同步探针时尽量要平移，不要转动。

（2）电极要接好，避免接触不良。下探针在导电纸上移动时不能太紧也不能太松，若接触不良指针摆动较大，可稍压下探针，但不能太用力将导电纸划坏。

（3）不打点时上探针要稍离开纸面，这样移动时才不会划坏纸面。

九、实验总结

附录：实验仪器实物图及静电场的电力线、等势线

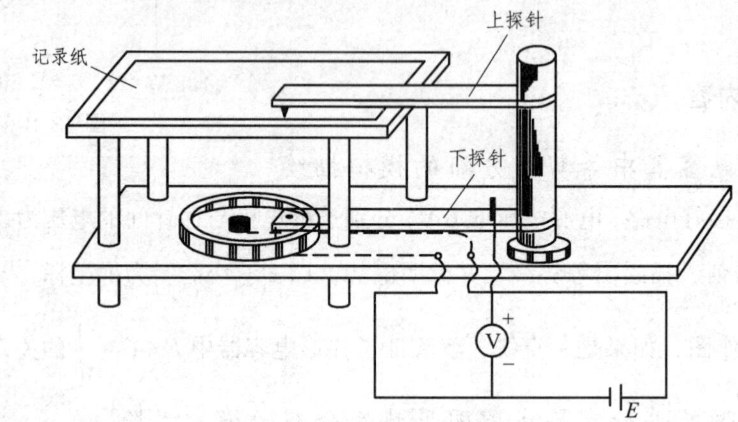

图 43.2　静电场模拟描绘仪

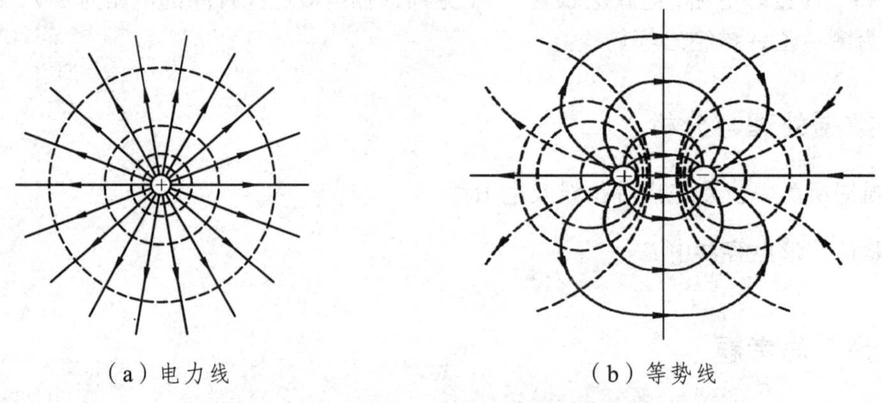

（a）电力线　　（b）等势线

图 43.3　静电场的电力线和等势线

实验 44　用惠斯通电桥测电阻

电桥是一种精密的电学测量仪器，可用来测量电阻、电容和电感等电学量，并能通过这些量测出其他非电学量（如温度、压力、频率等）。电桥线路广泛应用于工业生产的自动控制方面。由于电桥法采用将未知量跟已知的同种准确量相比较进行测量，结果精确，操作简便，测量误差一般在 0.5%左右。根据用途不同，电桥有多种类型，其性能和结构也各有特点，但它们有一个共同点，就是基本原理相同。本实验使用的 QJ23 型单臂电桥只是其中一种，适

宜于测量几十至几百欧的电阻。

一、实验目的

（1）学习电桥的测量原理和特点；

（2）学习用自组电桥和箱式电桥测量电阻的方法，熟悉调节电桥平衡的过程，并对测量结果进行误差估算；

（3）掌握电桥线路的连接方法。

二、实验仪器及用具

箱式惠斯通电桥、电阻箱、滑线变阻器、检流计、万用电表、待测电阻。

三、实验原理

1. 电桥的基本线路（图 44.1）

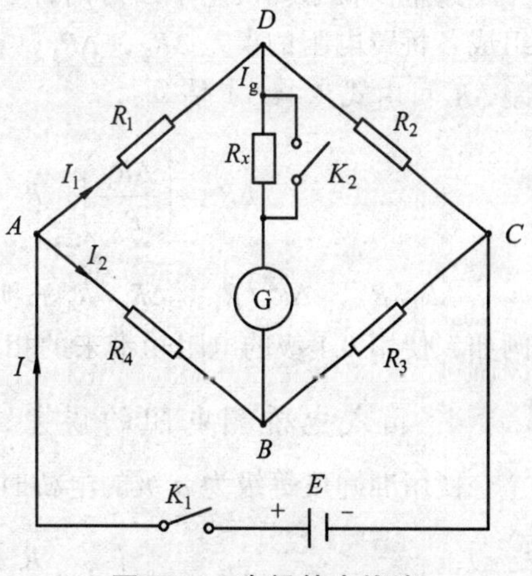

图 44.1　电桥基本线路

电桥的基本组成部分：桥臂（四个电阻 R_1，R_2，R_3，R_4）；“桥”：检流计和工作电源（电池 E）。当 $I_g=0$ 时称为电桥平衡，此时 D 点和 B 点等位。

$$U_{AB}=U_{AD}$$

$$U_{BC}=U_{DC}$$

即

$$I_1R_1=I_2R_4 \qquad (44.1)$$

$$I_1R_2=I_2R_3 \qquad (44.2)$$

由式（44.1）、（44.2）得：

$$R_x=R_1=\frac{R_2}{R_3}R_4=CR_4（R_2，R_3\text{称为比例臂}，R_4\text{为比较臂}） \qquad (44.3)$$

假如知道了电阻 R_2，R_3，R_4 的数值或比率 C 和 R_4 的数值就可以算出待测电阻 R_x。测量时有两种调节方法：一是固定 R_4，改变 R_2，R_3 的比例，使电桥平衡；另一种方法是固定 R_2/R_3，调节 R_4 使电桥平衡。在实际测量中，常采用后一种调节方法。

2. 电桥的灵敏度

理论上电桥平衡应是 $I_g=0$，但实际上往往 I_g 小到难以使检流计指针偏转或偏转很微小难以使人觉察时，我们仍认为电桥是平衡的，这样会给测量带来误差。该误差的大小取决于电桥灵敏度的高低。

电桥的灵敏度 S 定义为：

$$S=\Delta n/\frac{\Delta R_x}{R_x} \qquad (44.4)$$

它表示电桥平衡后，R_x 的相对改变量 $\Delta R_x / R_x$ 所对应检流计指针有 Δn 的偏转格数。可见，S 值越大，电桥越灵敏。在实验中待测电阻 R_x 是不能改变的，故测 S 一般是通过改变比较臂 R_4 进行的。记录电桥平衡时 R_4 的读数后，再将 R_4 改变到 R_4'，使检流计指针正好偏离平衡点 0.2 格，于是由电桥灵敏度带来的误差为：

$$\Delta R_4' = \frac{|R_4 - R_4'|}{5} \tag{44.5}$$

理论和实验都证明，电桥灵敏度的高低取决于电源电压的高低、检流计本身的灵敏度、四个桥臂的搭配以及桥中电阻的大小，因此它并非定值。

3. 自组电桥的测量误差

这里仅就系统误差予以讨论，平衡电桥法测电阻时产生的误差由两方面因素决定：一是组成各桥臂电阻的误差 ΔR_2，ΔR_3，ΔR_4；二是电桥的灵敏度带来的误差。那么待测电阻的误差 ΔR_x 可由式（44.6）估算：

$$\Delta R_x = \left(\frac{\Delta R_x}{R_x}\right) \cdot R_x = R_x \cdot \left(\frac{\Delta R_2}{R_2} + \frac{\Delta R_3}{R_3} + \frac{\Delta R_4}{R_4} + \frac{\Delta R_4'}{R_4}\right) \tag{44.6}$$

$\Delta R_2 / R_2$，$\Delta R_3 / R_3$，$\Delta R_4 / R_4$ 三项是由电阻箱带来的相对误差，它由电阻箱的等级决定。例如，使用 0.1 级的电阻箱带来的相对误差为 0.1%。$\Delta R_4' / R_4$ 是由灵敏度带来的相对误差。

4. 箱式电桥测电阻的误差

使用准确度等级为 a 级的电桥时，测电阻的最大允许误差为：

$$\Delta R_x = a\% \left(R_x + \frac{R_{\rm n}}{10}\right) \tag{44.7}$$

式中：R_x 为被测量值；$R_{\rm n}$ 为电桥的基准值，定义为量程内最大的 10 的整数幂，例如，测量阻值约 1 000 Ω 的电阻时，所用量程内最大的 10 的整数幂是 10^3，则 $R_{\rm n} = 10^3$。

四、实验内容

（1）用万用表粗测电阻。

（2）自组电桥测电阻：

① 按图 44.1 连接好电路，R_2，R_3，R_4 均为电阻箱，R_x 为待测电阻，本实验测 3 个电阻，分别进行测量。

② 选择比例臂率 C：

C 一般选用 0.01，0.1，1，10，100，…简明比值，具体选择要依据待测电阻的大小和比较臂 R_4 来决定。

③ 调电桥平衡：

根据万用表粗测值，调节 R_2，R_3，R_4，满足 $R_x = R_4 \cdot \dfrac{R_2}{R_3}$，闭合 K_1，K_2，并逐渐减小 R_E，R_G，注意观察 G 表，使 $I_{\rm g} = 0$。

④ 测电桥灵敏度引入的误差 $\Delta R_4'$。

（3）用箱式电桥测电阻。

实验结果经教师审核后方可拆除线路，并整理仪器。

五、数据记录及处理

（1）自拟表格，列出数据。

（2）用自组电桥测电阻的结果，按照式（44.3）、（44.5）、（44.6）计算 R_x，ΔR_x，并写出最后结果。

（3）列出用箱式电桥测量未知电阻的数据表格，按照式（44.7）算出绝对误差，写出结果表达式。并将它与（2）中的结果相比较 $(R_{待测} = R_x \pm \Delta R_x)$。

六、误差分析

七、思考题

（1）当电桥达到平衡后，若互换电源和检流计的位置，电桥是否能保持平衡？试证明之。上述两种接法下，电桥总的工作电流是否相等？为什么？

（2）能用惠斯通电桥测灵敏电流表（微安级）内阻吗？请简述测量方法及注意事项。

八、注意事项

（1）严禁在箱式电桥上未接 R_x 或未调好比例臂和比较臂时按下 B 开关和 G 开关。

（2）箱式电桥使用完毕后，应将比例臂和比较臂的读数调至最大。

（3）在自组电桥测电阻时，接通开关 K_1，K_2 前应将 R_G 调至最大。

九、实验总结

附录

（1）实验室电阻箱等级为 0.1 级，箱式电桥等级为 0.2 级。

（2）彩条电阻的代号表（表 44.1）：

表 44.1　彩条电阻代号

彩色	棕	红	橙	黄	绿	蓝	紫	灰	白	黑
数量	1	2	3	4	5	6	7	8	9	0

① 尾部涂有金色和银色。金色表示误差为 5%，银色表示误差为 10%。

② 色环电阻的阻值标示有三环式和四环式两种。在三环式中彩条电阻阻值均为两位数，从头部开始看第一彩条颜色代表的数字为第一位数，第二彩条颜色代表的数字为第二位数，第三彩条颜色代表的数字表示以 10 为底的幂次数；在四环式中彩条电阻第一、二、

三彩条颜色代表的数字表示电阻的第一、二、三位数，第四彩条颜色代表的数字表示以 10 为底的幂次数。

（3）箱式电桥的原理图（图 44.2）和面板（图 44.3）。

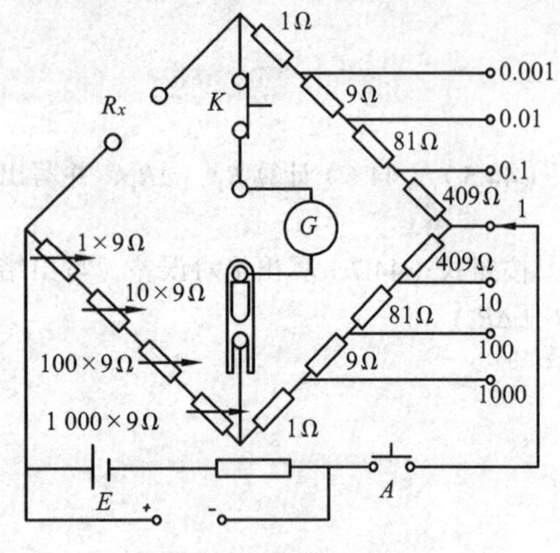

图 44.2　箱式电桥原理

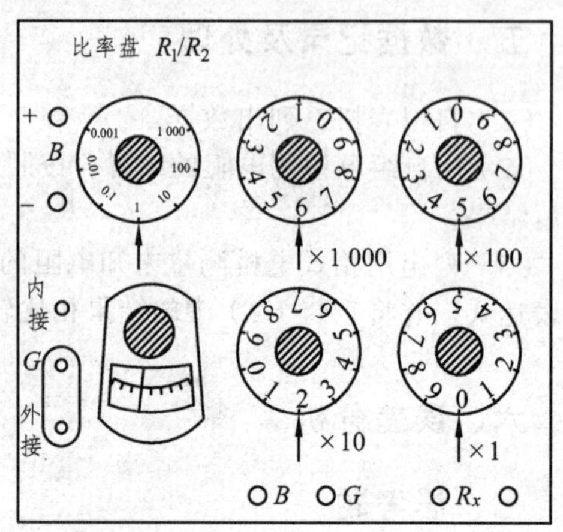

图 44.3　箱式电桥面板

实验 45　非平衡电桥的原理与应用

电桥可分为平衡电桥和非平衡电桥，非平衡电桥也称不平衡电桥或微差电桥。以往在教学中往往只做平衡电桥实验。近年来，非平衡电桥在教学中受到了较多的重视，因为通过它可以测量一些变化的非电学量，这就把电桥的应用范围扩展到很多领域，实际上在工程测量中非平衡电桥已得到了广泛的应用。

一、实验目的

（1）掌握非平衡电桥的工作原理以及与平衡电桥的异同；

（2）掌握非平衡电桥的输出电压来测量变化电阻的原理和方法；

（3）学习与掌握根据不同被测对象灵活选择不同的桥路形式进行测量；

（4）掌握非平衡电桥测量温度的方法，并类推至测其他非电学量。

二、实验仪器及用具

DHQJ-5 型教学多用功能电桥、DHW-2 型多功能恒温实验仪、10 kΩ热敏电阻。

三、实验原理

非平衡电桥的原理如图 45.1 所示。

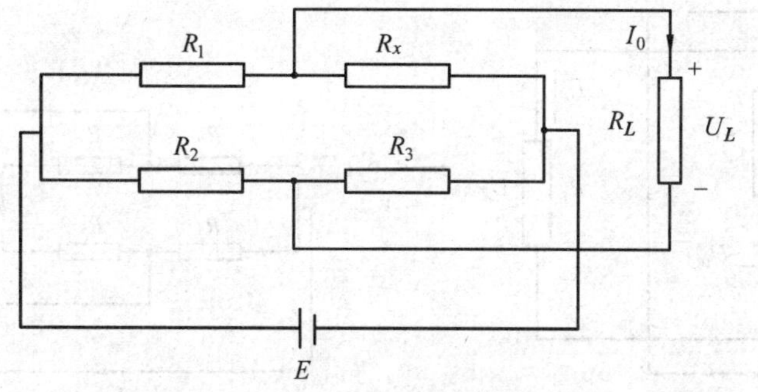

图 45.1 非平衡电桥原理

非平衡电桥在构成形式上与平衡电桥相似，但测量方法上有很大差别。平衡电桥是调节R_3使$I_0 = 0$，从而得到

$$R_x = \frac{R_L}{R_2} R_3$$

非平衡电桥则是使R_1，R_2，R_3保持不变，R_x变化时则U_0变化，再根据U_0与R_x的函数关系，通过检测U_0的变化测得R_x。由于可以检测连续变化的U_0，所以可以检测连续变化的R_x，进而检测连续变化的非电学量。

1. 非平衡电桥的桥路形式

（1）等臂电桥。电桥的四个桥臂阻值相等，即$R_1 = R_2 = R_3 = R_{x0}$（其中R_{x0}是R_x的初始值），这时电桥处于平衡状态，$U_0 = 0$。

（2）卧式电桥，也称输出对称电桥。这时电桥的桥臂电阻与输出端对称，即 $R_1 = R_{x0}$，$R_2 = R_3$，但$R_1 \neq R_2$。

（3）立式电桥，也称电源对称电桥。这时从电桥的电源端看桥臂电阻对称相等，即$R_1 = R_2$，$R_{x0} = R_3$，但$R_1 \neq R_3$。

（4）比例电桥。这时桥臂电阻成一定的比例关系，即 $R_1 = KR_2$，$R_3 = KR_{x0}$ 或 $R_1 = KR_3$，$R_2 = KR_{x0}$， K为比例系数。实际上这是一般形式的非平衡电桥。

2. 非平衡电桥的输出

非平衡电桥的输出有两种情况：一种是输出端开路或负载电阻很大近似于开路，如后接高内阻数字电压表或高输入阻抗运放等情况，这时成为电压输出，实际使用中大多采用这种方式；另一种是输出端皆有一定阻值的负载电阻，这时成为功率输出，简称功率电桥。

首先分析一下电压输出时的输出电压与被测电阻的变化关系。

根据戴维南定理，图 45.1 所示的桥路可等效为图 45.2（a）所示的二端口网络。

其中，U_{0C}为输出端开路的输出电压。Z_0为输出阻抗，等效图如图 45.2（b）所示，可见

$$U_0 = \frac{R_L}{Z_0 + R_L}\left(\frac{R_x}{Z_0 + R_x} - \frac{R_3}{R_2 + R_3}\right) \cdot E \tag{45.1}$$

式中：
$$Z_0 = \frac{R_1 R_x}{R_1 + R_x} + \frac{R_3 R_2}{R_2 + R_3}$$

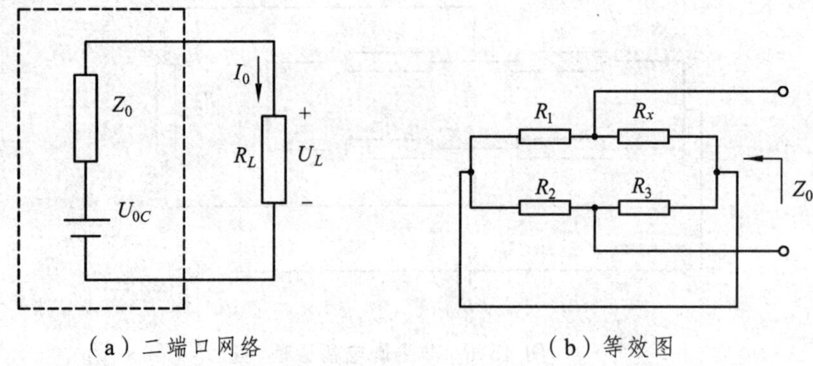

图 45.2　非平衡电桥等效电路

电压输出的情况下 $R_L \to \infty$，所以有

$$U_0 = \left(\frac{R_x}{Z_0 + R_x} - \frac{R_3}{R_2 + R_3} \right) \cdot E \tag{45.2}$$

令 $R_x = R_{x0} + \Delta R$，R_x 为被测电阻，R_{x0} 为其初始值，ΔR 为电阻变化量。
通过整理，式（45.1）、式（45.2）分别为

$$U_0 = \frac{R_L}{Z_0 + R_L} \frac{\Delta R \cdot R_2}{(R_1 + R_{x0} + \Delta R)(R_2 + R_3)} \cdot E \tag{45.3}$$

$$U_0 = \frac{R_1}{(R_1 + R_{x0})^2} \cdot \frac{E}{1 + \dfrac{\Delta R}{R_1 + R_{x0}}} \cdot \Delta R \tag{45.4}$$

这是作为一般形式非平衡电桥的输出与被测电阻的函数关系。特殊地，对于等臂电桥和卧式电桥，式（45.4）简化为

$$U_0 = \frac{1}{4} \frac{E}{R_{x0}} \cdot \frac{1}{1 + \dfrac{\Delta R}{2R_{x0}}} \cdot \Delta R \tag{45.5}$$

立式电桥和比例电桥输出与式（45.4）相同。
被测电阻的 $\Delta R \ll R_{x0}$ 时，式（45.4）简化为

$$U_0 = \frac{R_1}{(R_1 + R_{x0})^2} \cdot E \cdot \Delta R \tag{45.6}$$

式（45.5）可进一步简化为

$$U_0 = \frac{1}{4} \frac{E}{R_{x0}} \cdot \Delta R \tag{45.7}$$

这时 U_0 与 ΔR 成线性关系。

现在来分析功率电桥的输出与被测电阻的变化关系：

当非平衡电桥的输出端接有一定阻值的负载时，电桥将输出一定的功率，这时称为功率电桥。输出电压为

$$U_0 = \frac{R_L}{Z_0 + R_L} \frac{\Delta R \cdot R_2}{(R_1 + R_{x0} + \Delta R)(R_2 + R_3)} \cdot E \tag{45.8}$$

式中：

$$Z_0 = \frac{R_1 R_x}{R_1 + R_x} + \frac{R_3 R_2}{R_2 + R_3} \tag{45.9}$$

可见这时输出的电压降低了，所以电桥的电压测量灵敏度降低了。

输出电流为

$$I_0 = \frac{1}{Z_0 + R_L} \cdot \frac{\Delta R \cdot R_2}{(R_1 + R_{x0} + \Delta R)(R_2 + R_3)} \cdot E \tag{45.10}$$

输出功率为

$$P = U_L \cdot I_0 = \frac{R_L}{(Z_0 + R_L)^2} \cdot \left[\frac{\Delta R \cdot R_2}{(R_1 + R_{x0} + \Delta R)(R_2 + R_3)}\right]^2 \cdot E^2 \tag{45.11}$$

当 $R_L = Z_0$ 时，P 有最大值 P_m：

$$P_m = \frac{1}{4Z_0} \cdot \left[\frac{\Delta R \cdot R_2}{(R_1 + R_{x0} + \Delta R)(R_2 + R_3)}\right]^2 \cdot E^2 \tag{45.12}$$

下面分别讨论 $R_L = Z_0$ 时各种桥路的输出情况。

（1）等臂电桥。

$$U_L = \frac{E}{8R_{x0}} \cdot \frac{1}{1 + \frac{\Delta R}{2R_{x0}}} \cdot \Delta R \tag{45.13}$$

$$I_0 = \frac{E}{8R_{x0}^2} \cdot \frac{1}{1 + \frac{\Delta R}{2R_{x0}}} \cdot \Delta R \tag{45.14}$$

$$P_m = \frac{E^2}{64R_{x0}^3} \cdot \frac{1}{\left(1 + \frac{\Delta R}{2R_{x0}}\right)^2} \cdot \Delta R^2 \tag{45.15}$$

（2）卧式电桥。

$$U_L = \frac{E}{8R_{x0}} \cdot \frac{1}{1 + \frac{\Delta R}{2R_{x0}}} \cdot \Delta R \tag{45.16}$$

$$I_0 = \frac{E}{4R_{x0}(R_{x0} + R_3)} \cdot \frac{1}{1 + \frac{\Delta R}{2R_{x0}}} \cdot \Delta R \tag{45.17}$$

$$P_m = \frac{E^2}{32R_{x0}^2(R_{x0} + R_3)} \cdot \frac{1}{\left(1 + \frac{\Delta R}{2R_{x0}}\right)^2} \cdot \Delta R^2 \tag{45.18}$$

（3）立式电桥和比例电桥。

$$U_L = \frac{E}{2}\cdot\frac{R_1}{\left(R_1+R_{x0}\right)^2}\frac{1}{1+\dfrac{\Delta R}{R_1+R_{x0}}}\cdot\Delta R \tag{45.19}$$

$$I_0 = \frac{U_L}{R_L} = \frac{U_L}{Z_0} \tag{45.20}$$

$$P_{\text{m}} = U_L \cdot R_L = \frac{{U_L}^2}{Z_0}$$

式中：

$$Z_0 = \frac{R_1 R_x}{R_1+R_x} + \frac{R_3 R_2}{R_2+R_3}$$

可见，当 $\Delta R \ll R_{x0}$ 时，U_L，I_0 与 ΔR 成线性关系，P_{m} 与 ΔR^2 成线性关系，且当 $R_L \neq Z_0$ 时，U_L，I_0 与 ΔR 仍成线性关系。故在功率电桥情况下，仍可用输出电压、输出电流和输出功率来测量ΔR 的值。

3. 用非平衡电桥测量电阻的方法

（1）将被测电阻（传感器）接入非平衡电桥，并进行初始平衡，这时电桥输出为零。改变被测的非电学量，则被测电阻也变化，这时电桥也有相应的电压 U_0 输出。测出这个电压后，可根据式（45.4）或式（45.5）计算得到 ΔR。在 $\Delta R \ll R_{x0}$ 情况下可按式（45.6）或式（45.7）计算得到 ΔR。

（2）根据测量结果求得 $R_x = R_{x0} + \Delta R$，并可作 U_0- ΔR 曲线，曲线的斜率就是电桥的测量灵敏度。

4. 用非平衡电桥测温度的方法

一般来说，金属的电阻随温度的变化为

$$R_x = R_{x0}(1+\alpha t) = R_{x0} + \alpha t R_{x0} \tag{45.21}$$

所以

$$\Delta R = \alpha R_{x0}\Delta t$$

代入式（45.4）有

$$U_0 = \frac{R_1}{\left(R_1+R_{x0}\right)^2}\cdot\frac{E}{1+\dfrac{\alpha R_{x0}\Delta t}{R_1+R_{x0}}}\cdot\alpha R_{x0}\Delta t \tag{45.22}$$

式中的αR_{x0}值可由以下方法测得：取两个温度 t_1，t_2，测得 R_{x1}，R_{x2}，则

$$\alpha R_{x0} = \frac{R_{x2}-R_{x1}}{t_2-t_1} \tag{45.23}$$

这样可根据式（45.22），由电桥的 U_0求得相应的温度变化 Δt，从而求得 $t = t_0 + \Delta t$。
特殊地，当 $\Delta R \ll R_{x0}$ 时，式（45.22）可简化为

$$U_0 = \frac{R_1}{(R_1 + R_{x0})^2} \cdot E \cdot \alpha R_{x0} \Delta t \quad (45.24)$$

这时 U_0 与 Δt 成线性关系。

四、实验内容

（1）用非平衡电桥测量热敏电阻的温度特性。

（2）用热敏电阻为传感器结合非平衡电桥设计测量范围为 10 ~ 70 °C 的数显温度计。

五、数据记录及处理

1. 用非平衡电桥测量电阻

（1）预调电桥平衡。

起始温度可以选室温或测量范围内的其他温度。

选等臂电桥或卧式电桥测一组 U_0，ΔR 数据，先测出 R_{x0} = ________Ω，可用单桥、数字电阻表测量，调节桥臂电阻，使 $U_0 = 0$，并记下初始温度 t_0 = ____°C。

（2）将 DHT-1 型多功能恒温实验室仪的“热敏电阻”端接到非平衡电桥输入端（热敏电阻的温度特性见附录），根据 DHT-1 的显示温度，读取相应的电桥输出 U_0，每隔一定温度测量一次，记录于表 45.1 中。

表 45.1　等臂电桥或卧式电桥测量数据

温度/°C									
U_0/mV									

（3）根据测量结果作 R_x-t 曲线。

（4）用立式电桥或比例电桥重复以上步骤，测量出一组数据，列入表 45.2 中。

表 45.2　立式电桥或比例电桥测量数据

温度/°C									
U_0/mV									

（5）根据电桥的测量结果作 R_x-t 曲线。

（6）分析以上测量的不确定度大小，并讨论原因。

2. 功率电桥测电阻

功率电桥的等效电路如图 45.3 所示。

（1）标准电阻箱选择开关选择“单桥”。

（2）G 开关选择“G 内接”。

（3）工作电压选择开关建议选择 6 V。

（4）打开仪器市电开关。

（5）接入灵敏电压表当做检流计，灵敏电压表调零。

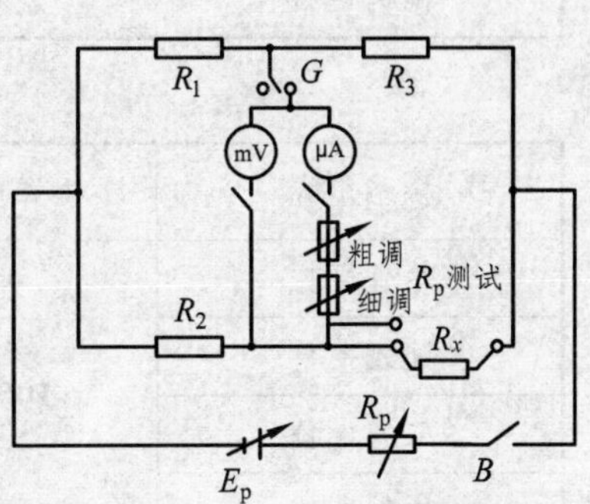

图 45.3　功率电桥等效电路

（6）工作方式开关设置“单桥”方式，用数字万用表在 R_p 测试端子上调节“R_p 粗调”旋钮，调整好功率桥负载 R_p 值。真正的负载电阻值应再加上 10 Ω（灵敏电流表内阻，与电流量程无关，当 R_p 值较大时，10 Ω可忽略不计）。

（7）工作方式开关选择“接入”，灵敏电流表接入，这时电桥负载 R_p 已和电桥输出接好。

（8）在“R_x”端子上接入已知电阻，和 R_1，R_2，R_3 构成某种电桥的非平衡状态。

（9）按下工作电源开关 B，可以同时读取负载电压值和电流值。

（10）改变 R_p 值，重复上述步骤，可以测得另一负载下的一组电压、电流值。

六、注意事项

（1）电桥工作电压是和所得电阻值大小相匹配的，目的在于保证较高测量精度下，扩大量程范围，要求测试时注意选择合适的工作电压。1.5 V 工作电压，单臂电桥也可以使用，双臂电桥只能使用 1.5 V，选择其他工作电压，反而大大降低双臂电桥的测试灵敏度。

（2）为了减小被测电阻热效应，影响测试精度，工作电压开关 B 应随测随开，测完断开，双臂电桥工作时尤其要注意如此。

（3）尽量避免 R_1，R_2，R_3 值同时过低使用。

（4）仪器使用完毕后，应断开市电开关，避免意外事故发生。

（5）仪器长期不用，应存放于温度为 0 ~ 40 °C，相对湿度不大于 80%的室内，室内不应有腐蚀性气体和灰尘，避免阳光直晒。

七、实验总结

附录

表 45.3　非平衡电桥计算参数

桥路形式	有效量程	被测量变化范围	允许误差/%
等臂电桥	10 ~ 11.111 kΩ	±25%	±0.5
卧式电桥			
立式电桥		−75% ~ 100%	±1
比例电桥			

表 45.4　功率电桥技术参数

桥路形式	桥臂电阻范围/Ω	负载 R_P 范围/Ω	允许误差/%
等臂电桥	100 ~ 10 000	100 ~ 10 000	±5
卧式电桥			
立式电桥			
比例电桥			

表 45.5　10 kΩ热敏电阻的电阻-温度特性

温度/°C	−20	−15	−10	−5	0	5	10	15	20
阻值/kΩ	67.74	53.39	42.45	33.89	27.28	22.05	17.96	14.65	12.09
温度/°C	25	30	35	40	45	50	55	60	65
阻值/kΩ	10.00	8.313	6.941	5.828	4.912	4.161	3.537	3.021	2.589
温度/°C	70	75	80	85	90	95	100	105	110
阻值/kΩ	2.229	1.924	1.669	1.451	1.265	1.108	0.974	0.858	0.758

实验 46　低值电阻的测量

电阻按其阻值大小可分为高、中、低三大类，$R\leqslant 1\ \Omega$的电阻为低值电阻，$R\geqslant 1\ \mathrm{M}\Omega$的电阻称为高值电阻，介于以上两者之间的电阻称为中值电阻。中值电阻的测量可采用惠斯登电桥，但是测得的阻值实际上包含了接线电阻和接触点上的接触电阻。当被测电阻阻值小到可以与接线电阻和接触电阻阻值相比较时，相对误差就较大，要消除这种误差只能从电路设计上来解决。本实验所介绍的双电桥就是测量低值电阻的一种电路，它又叫做开尔文直流电路。

一、实验目的

（1）了解测量低值电阻的特殊矛盾和解决方法；

（2）了解双电桥的设计思想和结构；

（3）学习和使用双电桥测量低值电阻。

二、实验仪器及用具

双电桥实验板、直流稳压电源、平衡指示仪、电阻箱、螺旋测微仪、接触式开关、QJ44 型箱式双电桥。

三、实验原理

双电桥测低值电阻的原理电路如图 46.1 所示，R_x为待测电阻，R_n为比较用的标准电阻，R_1,R_2,R_3,R_4组成电桥双臂电阻，其阻值为中值电阻。由于桥的一端 F 接到附加电路 $C_2R_3FR_4H$ 上且 R_1，R_3和 R_2，R_4并列，故称双臂电桥，其中 C_2称为电流接头，在桥路外的接触电阻与电桥平衡无关。P_1，P_2称为电压接头，在桥路内。

当电桥平衡时，分析电流、电压的关系可得：

$$\left.\begin{aligned} U_{P_1P_{2F}}=U_{P_1D} &\quad I_3R_x+I_2(R_3+r_3)=I_1(R_1+r_1)\\ U_{JHF}=U_{JD} &\quad I_3R_\mathrm{n}+I_2(R_4+r_4)=I_1(R_2+r_2)\\ U_{P_2FH}=U_{P_2H} &\quad I_2(R_3+r_3+R_4+r_4)=(I_3-I_2)r \end{aligned}\right\}\tag{46.1}$$

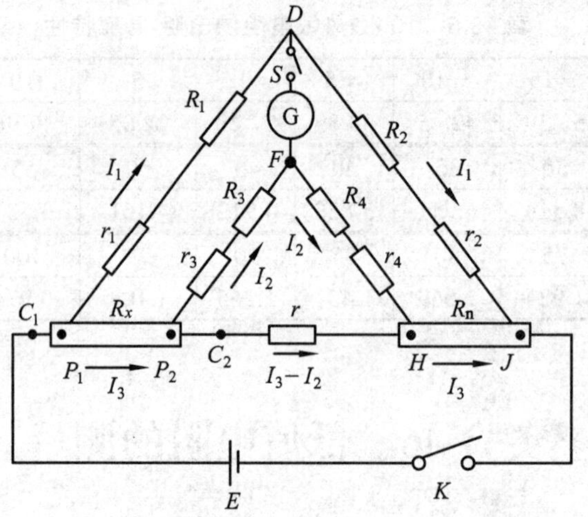

图 46.1 原理电路

考虑到 R_1，R_2，R_3，R_4 远远大于 r_1，r_2，r_3，r_4，式（46.1）近似为

$$
\begin{aligned}
&I_3R_x+I_2R_3=I_1R_1\\
&I_3R_n+I_2R_4=I_1R_2\\
&I_2(R_3+R_4)=(I_3-I_2)r
\end{aligned}
$$

解联立方程组可得

$$R_x=\frac{R_1}{R_2}R_n+\frac{R_3r}{R_3+R_4+r}\left(\frac{R_1}{R_2}-\frac{R_3}{R_4}\right) \tag{46.2}$$

为测量方便，使 $\frac{R_1}{R_2}\equiv\frac{R_3}{R_4}$，式（46.2）简化为

$$R_x=\frac{R_1}{R_2}R_n \tag{46.3}$$

可见，由于采用了双电桥结构，即电流接头和电压接头分开的四端连线方式，可以把各部分的接线电阻和接触电阻分别引入电流表回路或电源回路中，使它们或者与电桥平衡无关，或者被引入大电阻回路中，以忽略其影响。这就是双电桥避免或减小接线电阻和接触电阻的设计思想。

四、实验内容

1. 用自组式双电桥测量低值电阻

实验电路如图 46.2 所示，设待测电阻 R_x（铝丝）的电阻率为 ρ_x，直径为 d_x，长度为 l_x，设电阻 R_n（铜丝）在 0 °C 时的电阻率为 ρ_0，温度系数为 a，则铜丝在 t °C 时的电阻率为 $\rho_n=\rho_0(1+at)$，铜丝直径为 d_n，电桥平衡时铜丝长度为 l_n，则有

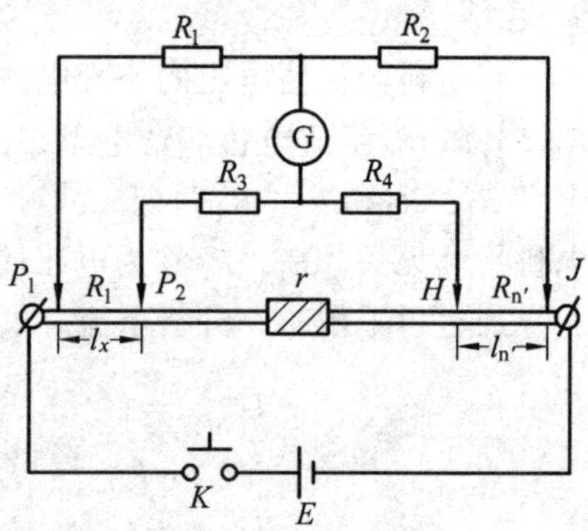

图 46.2 实验电路

$$R_x = \rho_x \frac{l_x}{\frac{1}{4}\pi d_x^2}, \qquad R_n = \rho_0(1+at)\frac{l_n}{\frac{1}{4}\pi d_n^2}$$

将以上两式代入式（46.3），得

$$\rho_x = \frac{R_1}{R_2}\rho_0(1+at)\frac{d_x^2 l_n}{d_n^2 l_x} \tag{46.4}$$

由式（46.4）即可求出未知电阻的电阻率。

（1）按图 46.2 接好电路图，取 $R_1 = R_2 = 500\ \Omega$，$R_3 = R_4 = 300\ \Omega$，夹好滑动接头 P_1，P_2，H，J。

（2）使 $l_x = 40.00$ cm，按下 K，移动滑动接头 H 或 J，使平衡指示仪指针为零，记下 HJ 之间的长度 l_n。

（3）使 l_x 分别为 30.00 cm，20.00 cm，重复上述步骤，测得电桥平衡时对应的 l_n 长度。

（4）用螺旋测微器在铜丝和铝丝上几个不同处测其直径 d_x 和 d_n，求其平均值。

（5）记下测量时的室温 t。

2. 用箱式双电桥测量低值电阻

实验室提供的 QJ44 型箱式双电桥的面板如图 46.3 所示。

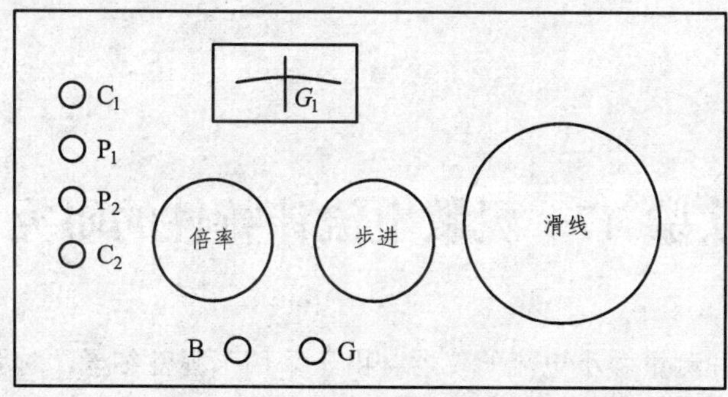

图 46.3　QJ44 型箱式双电桥面板

（1）接通 B_1 开关，待放大器稳定后，调节检流计指针指零。

（2）将待测电阻以四端接线方式接入电桥的 C_1，P_1，P_2，C_2 接线柱上。

（3）估计被测电阻的阻值，选择适当的倍率，调节检流计灵敏度在最低位置。

（4）按下 G 和 B 按钮，调节步进读数盘和滑线盘，使检流计指针指零。

（5）适当调节检流计灵敏度，并微调步进读数盘或滑线盘，使检流计指针指零，电桥平衡。则步进读数和滑线读数之和乘使用的倍率，就等于被测电阻的阻值。

五、数据记录及处理

$\rho_0 = 1.67\times10^{-6}\ \Omega\cdot\text{cm}^{-1}$，$a = 4.45\times10^{-3}\ ^\circ\text{C}^{-1}$

表 46.1　测低值电阻

铅丝直径 d_x	铜丝直径 d_n	铅丝长度 l_x	铜丝长度 l_n
		40.00 cm	
		30.00 cm	
		20.00 cm	

按式（46.4）计算待测电阻的电阻率 ρ_x，按下式计算误差。

$$E=\frac{\Delta\rho_x}{\rho_x}=\frac{\Delta R_1}{R_1}+\frac{\Delta R_2}{R_2}+\frac{a\Delta t}{1+at}+\frac{a\Delta d_x}{d_x}+\frac{a\Delta d_n}{d_n}+\frac{\Delta l_x}{l_x}+\frac{\Delta l_n}{l_n} \tag{46.5}$$

$$\Delta\rho_x=\rho_x\cdot E \tag{46.6}$$

六、思考题

（1）实验时平衡指示仪指针始终不动，其原因是什么？

（2）实验时平衡指示仪指针始终偏向一边，其原因是什么？

（3）双电桥电路中采用按键开关的目的是什么？

七、实验总结

实验 47　灵敏电流计特性的研究

灵敏电流计是一种测量微小电流的仪器，由于采用了弹性细丝（称张丝）悬挂转动线圈的结构，消除了机械接触的摩擦力，它的测量灵敏度大大提高，达到了10^{-11} A 的数量级，从而可以广泛应用于微小电流、微小电压的测量，还常用于电位差计、电桥仪器内作为探知等电位的指零仪表。

一、实验目的

（1）了解灵敏电流计的基本原理与性能；

（2）通过测定灵敏电流计的灵敏度、临界阻尼电阻及电阻等，学会使用灵敏电流计。

二、实验仪器

灵敏电流计、电压表、滑线变阻器、双刀换向开关、电阻箱、10 Ω以下固定电阻一个、稳压电源、按钮开关。

三、实验原理

1. 基本结构

如图 47.1（a）所示，在永久磁铁的 N，S 极之间安置一个柱形软铁 F，使磁极与软铁柱缝隙里的磁场分布大致呈均匀辐射状[图 47.1（b）]。一个用细导线绕制的矩形线圈悬挂于磁隙之间，并能以悬丝为轴转动。悬丝是能导电的青铜薄带，具有良好的扭转弹性。上下悬丝各与线圈的导线两端接通，另一端固定于悬点 A 与 B，一个极为轻薄的小反射镜 M 紧固在悬丝前表面。以一束平行光线投射到 M 上，当电路通过线圈时，磁场作用于载流导线的力 f 使线圈转动，小镜反射的光束随之改变方向。

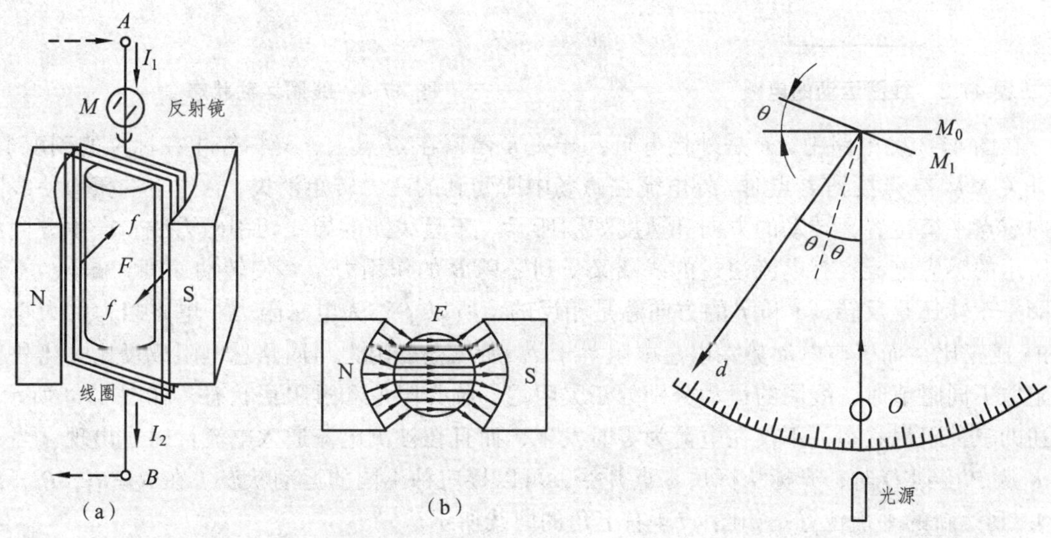

图 47.1　灵敏电流计结构　　图 47.2　灵敏电流计工作原理

如图 47.2 所示，没有电流通过线圈时，反射光的光标位于弧形标尺的 O 点上。当线圈通过电流 I_g 后，受到的磁力矩与悬丝的反向扭力矩相等时，线圈不再转动，随之标尺上的光标将固定在一定的位置上（如标尺的刻度 d 上），起一条“光线指针”的作用。电流的大小与光标的位置成正比：

$$I_g = k_i \times d \tag{47.1}$$

式中：比例常数 K_i 称为电流计的电流常数（由电流计本身的结构决定，常以 $A \cdot mm^{-1}$ 为单位），在数值上等于光标移动一个单位长度时所需要的电流值，其值越小，表示电流计的电流灵敏度越高。

2. 线圈运动的阻尼特性

当外加电流通过灵敏电流计或断去外电流使线圈发生转动时，由于线圈具有转动惯量和转动动能，它不可能一下子就停止在电磁力矩与悬丝扭转力矩相平衡的位置上，而是越过平衡位置在其两侧来回转动，慢慢地把动能消耗完毕，光标才停止在式（47.1）所确定的位置上。这可由图 47.3 的电路加以说明。

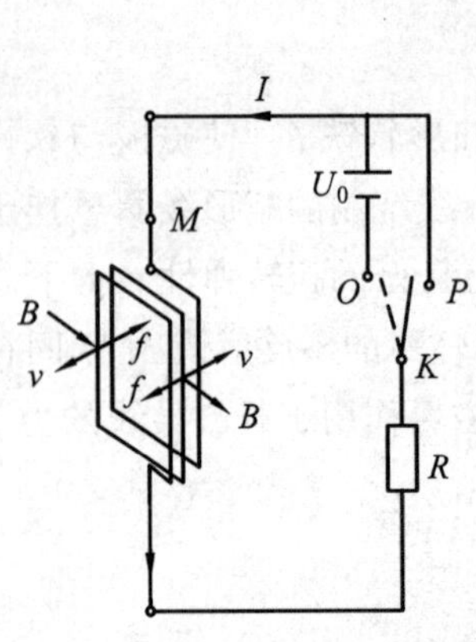

图 47.3 线圈运动的电路

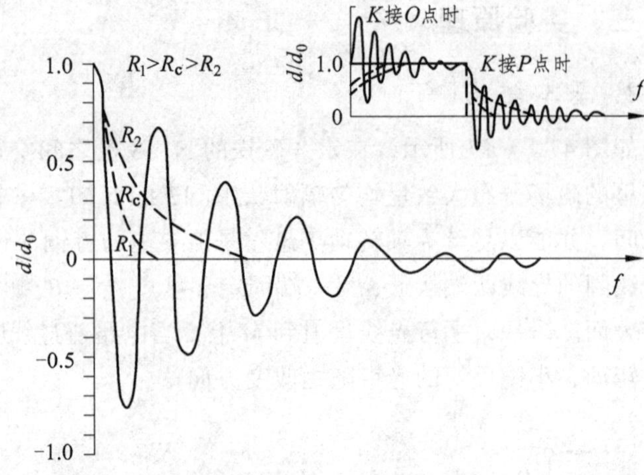

图 47.4 线圈运动状态

在图 47.3 的电路中，R 是外接电阻，开关 K 停留在 O 点上，光标停止在标尺的刻度上。当开关 K 从 O 点拨到 P 点时，外电流在磁场中所受到的磁力转矩消失，悬丝上的扭力使线圈转向零点平衡位置，转动的方向和速度如图所示。于是线圈的导线切割磁力线，产生方向如图所示的感应电流，有电流通过的线圈又受到磁场 B 的作用力 f，使转动速度 v 减小。不论线圈是正转还是反转，v 和 f 的方向总是相反的，所以 f 称为电磁阻力。电磁阻力的大小与 I 和 v 成正比，而感应电动势除以总电阻等于 I，所以电磁阻力与回路总电阻成反比。当外接电阻取不同阻值时，线圈的运动分别处于欠阻尼、临界阻尼和过阻尼状态，如图 47.4 所示。上述的三种阻尼状态，不仅在电流为零时发生，而且在被测电流通入电流计时也出现。当开关 K 从 P 接到 O 时，光标从标尺零点开始，可以接三种不同的运动状态（在 $R = R_1$，R_c，R_2 时），到达新的平衡位置。如图 47.4 右上角的曲线所示。

使用电流计测量电流时，光标从开始转动到最终停在指示值上所需的时间越短越有利。因此，我们总是希望电流计在接近临界阻尼状态下工作，以便迅速读数。

过阻尼状态并不是始终不利的，在有些场合，它可以被利用。例如，用冲击电流测电荷量，当光标在零点左右摆动不停时，只需利用按键使电流计短路一下（外电阻为零），光标就可停下来，以便迅速转到下一步测量。这个按键通常称为阻尼开关。

实验电路如图 47.5 所示，由于灵敏电流计不能通入大电流，故采用二次分压电路。一次分压可由电压表读数，二次分压取自电阻 R_0 两端电压。由于 R_0 很小，故 R_0 的端电压 U_0 很微弱。设电流计的内阻为 R_g，则通过电流计的电流 $I_g = U_0/(R_2 + R_g)$，当 $R_2 \gg R_0$ 时，U_0 可以准确的表示为

$$U_0 = \frac{UR_0}{R_1 + R_2}$$

式中：U 是电压表读数。

将 U_0 表达式代入 $I_g = U_0/(R_2 + R_g)$ 可得

$$I_g = \frac{UR_0}{(R_1 + R_2)(R_2 + R_g)} \tag{47.2}$$

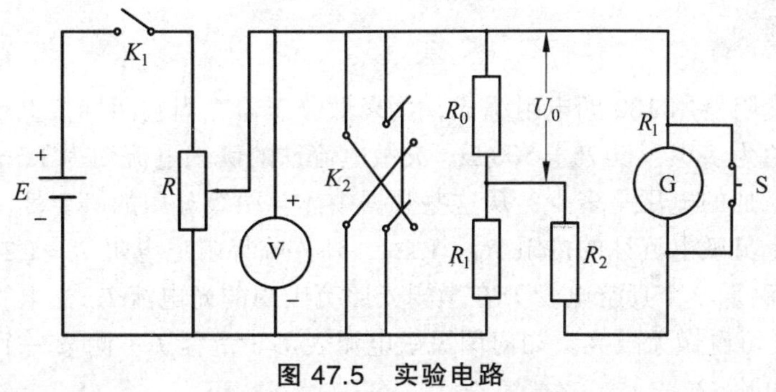

图 47.5 实验电路

四、实验内容

1. 观察阻尼运动特性

（1）按照图 47.4 连接电路，开关 K_1，K_2 要预先断开，经教师检查后方可接通电源。电路中的小电阻 R_0 取 2 Ω，R_2 的值先取外界临界电阻 R_c（由仪器铭牌上读得）的 4～5 倍（即观察欠阻尼情况），R_1 取 20 000 Ω。

（2）电流计应水平放置（如仪器带有水准仪，应仔细调节底角螺丝），调整光与弧形标尺零点重合。接着将滑线变阻器滑头置于电压表读数为零的一端，然后接通开关 K_1，再接通开关 K_2，并调节 R 使电压表读数逐渐上升。同时注意观察光标的移动，直全光标达到满刻度时，立即按下开关 S，重复数次，直至光标停止不动。如果停止后与零刻度不一致，应稍微调整弧形标尺。然后可反向接通 K_2，重复观察光标的反向欠阻尼振动。

（3）先调 R 使电压表读数为零，然后可取 $R_2<R_c/4$，分别接通 K_1 与 K_2，再逐渐改变 R 的大小（必要时可稍调 R_1），使光标偏转达到满刻度一半，此时断开 K_2，观察过阻尼运动的情形。

（4）取 $R_2 = R_c$，重复步骤（3），观察是否为临界阻尼运动。

2. 用半偏法测电流计的内阻 R_g

（1）适当改变 R_2 的值，同时每次都跟着调整 R，以保证光标位于满刻度的一半，按前述过程观察振动情况（最好限于标尺一边，否则时间不允许），直到 R_2 减小到刚能使光标处于临界阻尼状态。记录此时的 R_2''，则外临界阻尼的阻值 $R_c = R_2'' + R_0$。

（2）由测得的 R_g 与 R_0 计算出全临界电阻 $R_k = R_c + R_g$。

3. 测定电流计的电流常数 K_i

（1）将 R_2 调到外界临界电阻 R_c 的数值（或稍大些）。调整电压的读数（必要时微调 R_1），使电流计的光标偏转到满刻度的 2/3 或附近的一个整数。记录此时的电压表读数 U 以及 R_1，R_0，R_2 和光标的偏转 d_1[对零点在标尺中央的电流计，为消除悬丝左右扭转时的不对称，需要将双向开关 K_2 反向，再读出光标在零点另一侧的偏转 d_2，然后以平均值 $d = (d_1 + d_2)/2$ 为准]。

（2）由式（47.2）算出 I_g，再由式（47.1）计算 K_i。取不同的 U 值，重复 5 次。

五、思考题

（1）设滑线变阻器用 180 圈电阻绕成，用来做分压器，当它两端接上 5 V 电压时，可调电压的最小分压值为多少？设 $R_g = 500\ \Omega$，灵敏电流计的满偏电流约为 1.5×1.0^{-7} A，达到满偏电流时，两端所加的电压是多少？从这些数据中体会两级分压的必要性。

（2）已知一个灵敏电流计的内阻 $R_g = 1\ \text{k}\Omega$，外界临界阻尼电阻 $R = 1.3\ \text{k}\Omega$，灵敏电流计的量程 I_{gm}，用来测量一个真空电管 F 在微弱光照范围内的光电流 I，光电管的内阻很大，相对于 R_g 和 R_c 来说可看做无限大。如何用灵敏电流表 G（量程 I_g）测量一个真空电管 F 在微弱光照范围内的电流 I?

六、实验总结

实验 48　示波器的使用

示波器是科研、生产中最常用的电子仪器之一。本实验用的双踪示波器结构比较复杂，用途也较多，在这里着重介绍其功能、用法。

一、实验目的

（1）了解双踪示波器的主要结构和用途；

（2）知道示波器各旋钮、开关的作用与用法，会使用示波器观察周期信号，测量信号的频率与幅值；

（3）了解互相垂直的正弦振动产生的李萨如图形，并会用示波器进行观察；

（4）会使用较复杂的信号发生器。

二、实验仪器

YB4320G 型示波器、EE1641D 型函数发生器。

三、实验原理

YB4320G 型示波器的简单方框图如图 48.1 所示。它由示波器，衰减放大输入系统，扫描、触发系统和电源供给系统组成。

YB4320G 型示波器为双踪示波器，垂直偏转板可同时输入两路信号。两路信号分别经“衰减器”“放大器”加于“垂直开关放大器”上，经“垂直开关”电路的控制，可实现两信号分别单独显示、两路同时显示、两信号相加显示和相减显示。

触发、扫描系统的作用是由观测信号产生触发信号，使锯齿波发生器产生扫描锯齿波，加于 X 偏转板，使屏上显示扫描波形。

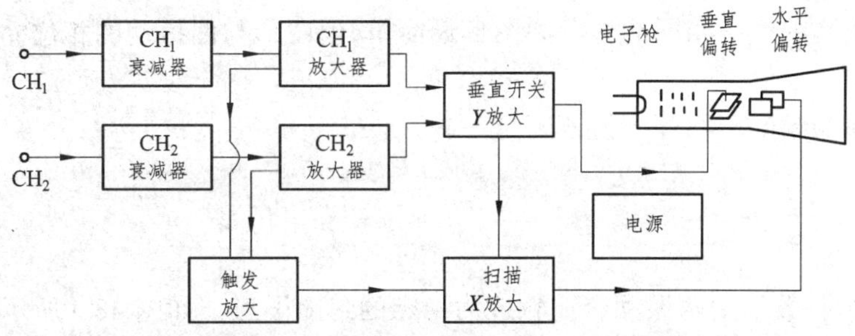

图 48.1　YB4320G 型示波器结构简图

1. 用示波器测量信号幅值与频率

（1）周期信号频率测量。X 轴上锯齿波的扫描时间（即每横格所代表的时间），可以从仪器“扫描时基”开关的示数 TIME/DIV 读得（见附录说明）。若信号在屏上图形为正弦信号，其相邻波峰之间的水平距离为 x 格，此时“扫描时基”示数为 t，则该信号的周期 T 即为

$$T = x \cdot t \tag{48.1}$$

其倒数即为该信号的频率 f。

（2）周期信号幅值测量。y 轴上的垂直电压灵敏度（即每竖格所代表的电压），可以从仪器“垂直输入衰减”开关的示数值 V/DIV 读得（见附录说明）。若显示为正弦信号，其波峰与波谷之间竖直距离为 y 格，此时垂直衰减示数值为 N（V/DIV），则该信号的幅值 u_0[“峰—谷”间电压值，一般用（p—p）表示]为

$$u_{0(\text{p-p})} = y \cdot N \tag{48.2}$$

2. 用示波器观测李萨如图形

如果在示波器垂直和水平偏转板同时加上正弦电压，那么光点在屏幕上的运动将是两个相互垂直的谐振动合成。如果两信号的频率等于整数比，则合振动的轨迹就是“李萨如图形”，如图 48.2（a）所示。

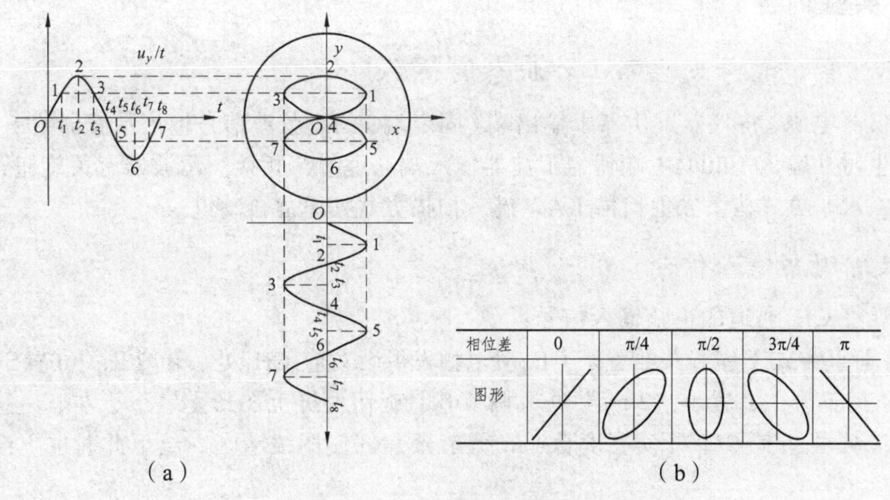

图 48.2　李萨如图形

两垂直谐振动的频率相同的李萨如图形最简单，但图形与两振动的相位差有关，如图 48.2（b）所示。

如果两振动的频率不相等，但若满足

$$\frac{f_x}{f_y}=\frac{n_1}{n_2} \tag{48.3}$$

式中：n_1 与 n_2 为整数。则两振动合成轨迹为稳定的封闭图形，如图 48.3 所示。

李萨如图形的特点是：在图形下端作一水平切线，为 x 轴，在侧面作一垂直切线，为 y 轴，如图 48.4 所示，则 x 轴上切点数与 y 轴上切点数之比与两谐振动的频率比关系为

$$\frac{f_x}{f_y}=\frac{x\text{轴上切点数}}{y\text{轴上切点数}} \tag{48.4}$$

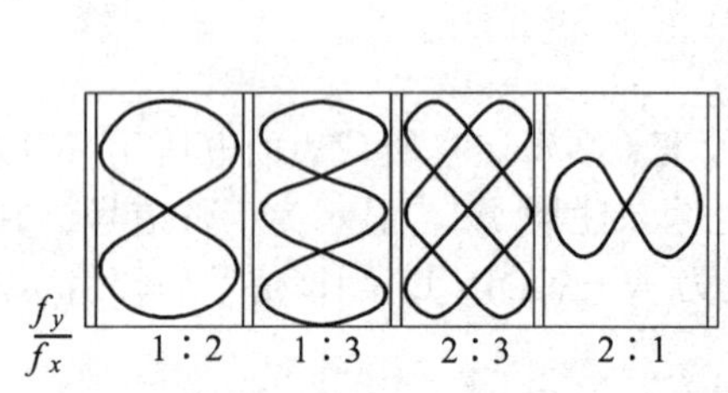

图 48.3　振动合成

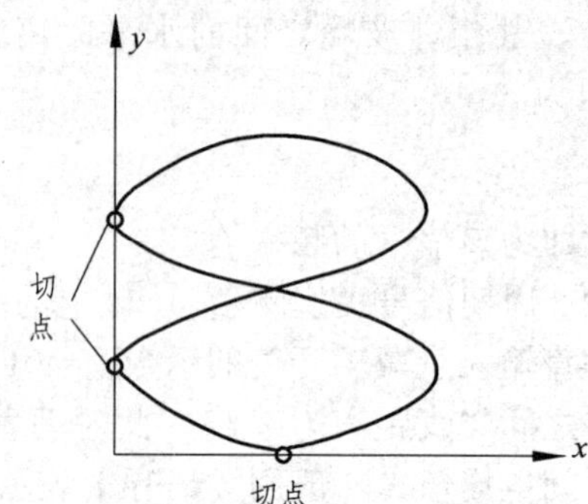

图 48.4　李萨如图形特点

图形也可以不与坐标轴相切，而是相交，只要将式（48.4）中“切点数”换成“交点数”，结果相同。因此，我们可以利用李萨如图形，由式（48.4），用一已知频率的正弦信号去测量一未知频率的正弦信号的频率。

四、实验内容

1. 示波器、信号发生器工作状态调整

接通仪器电源，将仪器发生器Ⅰ输出端（固定端）的正弦波信号输入示波器 CH_1 通道④，将信号发生器Ⅱ输入（50 Ω）端钮与示波器输入端通道②⑤相接。示波器有关旋钮开关置于如下位置：水平方式按下⑰主扫描（A）键，扫描方式按下⑲自动键。

2. 双踪观察输入信号

（1）观察 CH_1 通道的正弦输入信号：

① 将垂直方式工作开关⑫置于 CH_1 处，触发源㉒对应 CH_1 处，衰减开关⑥置于 2V 处，TIME/DIV 扫描开关⑬置于“2 ms”处，调节⑧⑯旋钮使屏上图形上、下、左、右移动位置适中。调节辉度②在 2/3 处使亮度合适，调节聚焦③使图线清晰，绘下此时屏上图形于表 48.1 中。

② 改变扫描时基⑬，使屏上出现 2 ~ 3 个周期完整波形，绘下此图形于表 48.1 中。

（2）观察 CH_2 通道的输入波形信号：

① 垂直方式工作开关⑫置于 CH_2 处，触发源㉒置于 CH_2 处，衰减开关置于 0.2 V，信号发生器Ⅱ的输出频率调为 1 kHz 的正弦信号。适当选择扫描时基⑬，使屏幕上出现 2 ~ 3 个周期图形。绘下此图形于表 48.1 中。

② 改变信号发生器Ⅱ输出频率为 100 kHz 的三角波信号，适当选择扫描时基⑬，同样使屏幕上出现 2 ~ 3 个周期图形。绘下此图形于表 48.1 中。

③ 双踪信号观察：将“垂直方式”开关置于双踪处，扫描时基⑬置于 5 cm 处，可将信号发生器Ⅱ输出频率调节为 100 Hz 的三角波信号；适当调节⑥⑩旋钮，使屏上的两种波形幅度大小合适（约 3 ~ 4 格）；此外，调节⑧⑨⑯，使屏上波形稳定后绘下此图形于表 48.2 中。

3. 测量信号波形的幅度与频率

（1）测量 CH_1 输入正弦信号的幅值（u_{p-p}），需将信号发生器Ⅰ输出端接 CH_1 通道，触发源㉒置于 CH_1 处，垂直方式开关⑫置于 CH_1 处，扫描微调⑥顺时针旋转到底。调整扫描时基⑬，使屏上出现 2 ~ 3 个完整波形，待图形稳定后，测出“峰-谷”之间垂直距离 y（格数）记下此时⑥CH_1V/DIV 的值 N，填于表 48.3 中。

（2）测量 CH_2 正弦信号的频率。将信号发生器Ⅱ输出端（50 Ω）接 CH_2 通道，输出频率调节 1 kHz，垂直开关⑫置于 CH_2 处，触发源㉒置于 CH_2 处，扫描微调⑪顺时针旋转至底。适当选择扫描时基⑬及垂直衰减幅度⑩，使屏上图形大小合适，稳定后测出屏上相邻两峰之间水平方向的距离 x（格数），记下此时扫描时基⑬的示值 t，填于表 48.4 中。

（3）观察李萨如图形

将 X-Y 键⑱按下，垂直开关置于 CH_2 处，此时 X 偏转板由信号发生器Ⅰ输入到 CH_1 端，输出频率为 50 Hz 的正弦信号，Y 偏转板由信号发生器Ⅱ输入到 CH_2 端，输入频率分别为 50 Hz，100 Hz，150 Hz，仔细调节信号发生器Ⅱ频率，使屏上图形稳定。调节示波器⑥⑩及信号发生器输出幅度，可使屏上图形大小、位置合适。将图形及信号发生器输出频率填于表 48.5 中。

五、数据记录及处理

表 48.1　CH_1、CH_2 信号观察

观察信号	频率 f/Hz	扫描时基 TIME/DIV	屏上图形

表 48.2　信号双踪显示

信号	频率 f/Hz	扫描时基 TIME/DIV	屏上图形
CH_1			
CH_2			

表 48.3　测量正弦信号幅度 u_{p-p}

频率 f/Hz	CH_1 V/DIV	u_{p-p} 格数	幅值 u_{p-p}	屏上图形

表 48.4　测量正弦信号频率

CH_2 频率示值 f/Hz	扫描时基 TIME/DIV	x/格	周期 $T(t \cdot x)$ /s	频率 f/Hz	屏上图形

表 48.5　观察李萨如图形

f_x/Hz	f_y/Hz	屏上图形	$\frac{x\text{轴上切点数}}{y\text{轴上切点数}}$	f_x / f_y
50	50			
	100			
	150			

六、思考题

测信号幅值与频率时，最重要的注意事项是什么？

七、注意事项

本示波器功能较多，旋钮、开关较多，一定要按照说明使用，切不可乱动。

八、实验总结

附录：仪器装置

1. 示波器

本实验使用 YB4320G 示波器，它的功能较多，下面只介绍与本实验有关的部分。如图 48.5 所示。

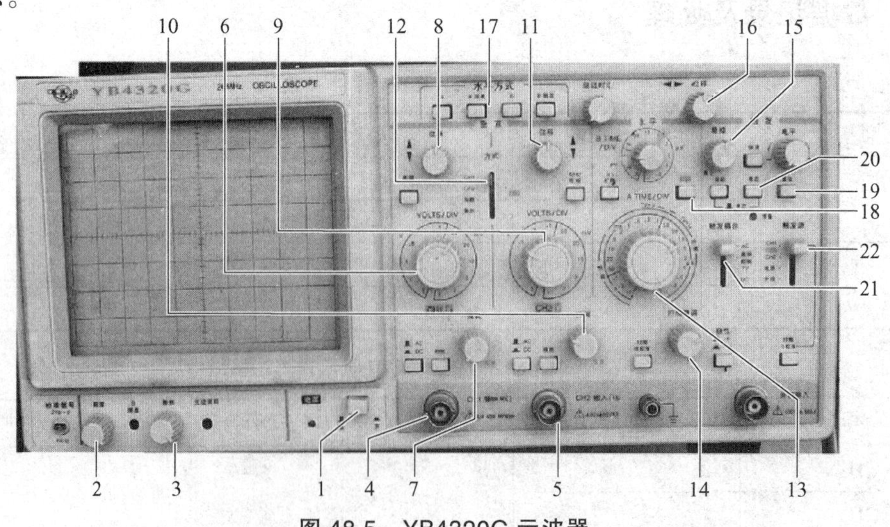

图 48.5　YB4320G 示波器

（1）示波管部分：

① 电源开关，接通后示波器各部分即正常工作。

② 辉度调节旋钮，可改变屏幕图线的亮度，一般置于顺时针 2/3 处。

③ 聚焦、调节旋钮，可使屏幕图像清晰。

（2）垂直（Y）方向控制部分：

④ 通道 1 输入端 CH_1。该输入端用于垂直方向的输入，由屏幕显示其波形，在观察李萨如图形时，作为 x 轴的输入端。

⑤ 通道 2 输入端 CH_2。与通道 1 作用相同，但在观察李萨如图形时，作为 Y 轴输入端。

⑥ CH_1/VOLTS/DIV 衰减开关，表示屏幕上的踪迹 1 图线在 Y 方向的幅值，即每格（DIV）电压值（V）。

⑦ CH_1 微调旋钮，顺时针旋至底为校准位置。

⑧ CH_1 位移旋钮，可使屏幕踪迹的图形上、下移动。

⑨⑩⑪ 分别为控制通道 2，CH_2 的相应键，与前面 CH_1 类似，不赘述。

⑫ 垂直方式工作开关：选择 CH_1，屏幕上仅显示 CH_1 的信号；选择 CH_2，仅显示 CH_2 的信号图线；选择双踪，屏幕上同时显示 CH_1 和 CH_2 的信号；选择叠加，显示 CH_1 和 CH_2 输入信号的代数和。

（3）水平控制部分：

⑬ 主扫描时间系数选择开关，共 20 挡，在 0.1 μs ~ 0.5 s/DIV 范围选择扫描速率即表示屏幕上水平（x）方向每格（DIV）的扫描时间。

⑭ 扫描微调控制键，此旋钮按顺时针方向旋转到底时，处于校准位置。

⑮ 释抑，当信号波形不稳定时，可用此旋钮使波形稳定同步。

⑯ 水平移位，用于调节光迹在水平方向（左、右）移动。

⑰ 水平工作方式选择：按下主扫描（A）键扫描时，其单独工作，一般用于波形观察，A 加亮以高度显示。

⑱ X-Y 控制键，按下此键，垂直偏转信号接入 CH_2 输入端，水平偏转信号接入 CH_1 输入端。

（4）触发方式选择：

⑲ 自动：在自动选择扫描方式时，扫描电路自动进行扫描。

⑳ 常态：有触发信号才能选择，否则屏幕上无扫描显示。

㉑ 触发耦合开关，本实验置于“AC”或“DC”位置均可。

㉒ 触发源开关：对应选择 CH_1，CH_2 输入信号。

2. 信号发生器

本实验使用 E16441D 型函数发生器。本仪器是一种精密的测试仪器，具有连续信号、扫描信号、函数信号、脉冲信号、单脉冲等多种输出信号和外部测频功能，可输出频率 0.2 Hz ~ 2 MHz，按十进制分类，共分七挡。频率值可从显示字屏上读出，函数输出有正弦波、三角波、方波，其输出幅度为 $1u_{p-p} \sim 10u_{p-p}$，可连续改变。

实验 49　电子束线的偏转

示波器中用来显示电信号波形的示波管和电视机里显示图像的显像管都属于电子束线管，尽管它们的型号和结构不完全相同，但都有产生电子束的系统和对电子加速的系统；为了使电子束在荧光屏上清晰地成像，还要有聚焦、偏转和强度控制等系统。本实验仅讨论电子束线的偏转特性及其测量方法。

一、实验目的

（1）研究带电粒子在电场和磁场中偏转的规律；
（2）了解电子束线管的结构和原理。

二、实验仪器及用具

电子束线实验仪、万用表、电源、灵敏电流表、电阻箱、滑线变阻器。

三、实验原理

1. 电子束线在电场中的偏转

假定由阴极发射出的电子其平均速度近似为零，在阳极电压作用下，沿 z 轴方向作加速运动，则其最后速度 v_z 可根据功能原理求出来，即

$$eU_A = \frac{1}{2}mv_z^{\ 2}$$

$$v_z^2 = \frac{2eU_A}{m} \tag{49.1}$$

式中：U_A 为加速阳极相对于阴极的电势；e/m 为电子的荷质比。

如果在垂直 z 轴的 y 方向上设置一个匀强电场，那么以 v_z 速度飞行的电子将在 y 方向上发生偏转，如图 49.1 所示。若偏转电场由一个平行板电容器构成，板间距离为 d，极间电势差为 U，则电子在电容器中所受到的偏转力为

$$F_y = eE = \frac{eU}{d} \tag{49.2}$$

根据牛顿第二运动定律

$$F_y = ma = \frac{eU}{d}$$

因此

$$a = \frac{e}{m}\frac{U}{d} \tag{49.3}$$

即电子在电容器的 y 方向上作匀加速运动，而在 z 方向上作匀速运动，电子穿越电容器的时间为

$$t = l / v_z \tag{49.4}$$

当电子飞出电容器后，由于受到的合外力近似为零，于是电子几乎作匀速直线运动，一直打到荧光屏上。由此得到：

$$x = \frac{1}{2}at^2 = \frac{1}{2}\frac{eU}{md} \cdot \frac{l^2}{v_z^2} = \frac{1}{2}\frac{eUl^2}{md} \cdot \frac{m}{2eU_A} = \frac{l^2}{4d} \cdot \frac{U}{U_A}$$

$$v_t = at = \frac{eU}{md} \cdot \frac{l}{v_z}$$

$$N' = v_t t' = \frac{eU}{md}\frac{l}{v_z} \cdot \frac{L}{v_z} = \frac{Ll}{2d} \cdot \frac{U}{U_A} \qquad \left(t' = \frac{L}{v_z}\right)$$

$$N = N' + x = \frac{Ll}{2d}\left(1 + \frac{l}{2L}\right)\frac{U}{U_A} = K_z \cdot \frac{U}{U_A} \tag{49.5}$$

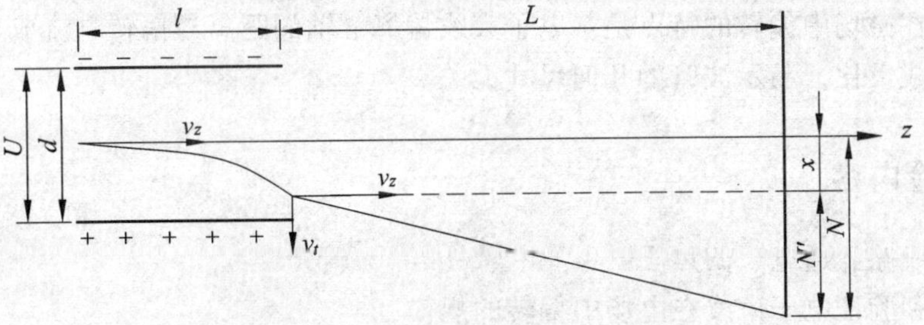

图 49.1　电子在匀强电场中偏转

所以电子在电场中偏转的特点是：电子束线偏离 z 轴的距离与偏转板两端的电压成正比，与加速电压 U_A 成反比，与示波管的几何尺寸无关。

2. 电子束线在磁场中的偏转

如果在垂直于 z 轴的 x 方向上设置一个由亥姆霍兹线圈所产生的恒定均匀磁场，那么以 v_z 速度飞越的电子在 y 轴方向上也将发生偏转，如图 49.2 所示。假设使电子偏转的磁场在 l 范围内均匀分布，则电子受到的洛伦兹力大小不变，方向与速度垂直，因而电子作匀速圆周运动，洛伦兹力就是向心力。当电子飞到 A 点时将沿着切线方向飞出，直射荧光屏。由此得到

$$F = ev_z B = m\frac{{v_z}^2}{R}$$

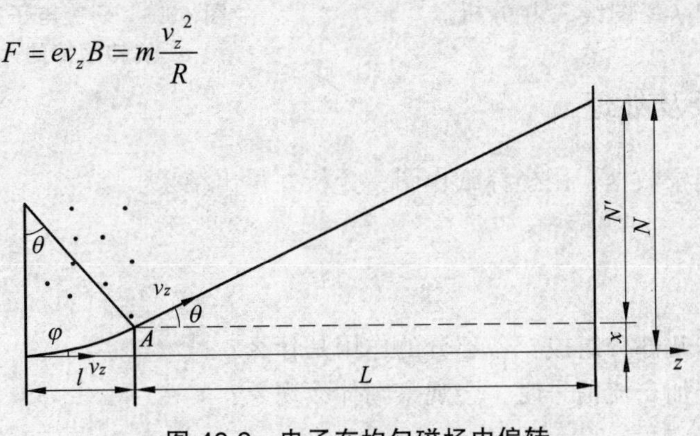

图 49.2　电子在均匀磁场中偏转

因为 $B = KI$

所以 $R = \frac{\sqrt{2}}{KI}\sqrt{\frac{m}{e}} \cdot \sqrt{U_A}$

$$\tan\theta \approx \theta \approx \frac{l}{R}$$

$$x = \tan\varphi \cdot l = \tan\frac{1}{2}\theta \cdot l \approx \frac{1}{2}\theta \cdot l = \frac{l^2}{2R} = \frac{l^2 K}{2\sqrt{2}}\sqrt{\frac{e}{m}} \cdot \frac{I}{\sqrt{U_A}}$$

$$N' = \tan\theta \cdot L \approx \theta \cdot L = \frac{l}{R}L = \frac{LlK}{\sqrt{2}}\sqrt{\frac{e}{m}}\frac{I}{\sqrt{U_A}}$$

$$N = N' + x = \frac{KLl}{\sqrt{2}}\sqrt{\frac{e}{m}}\frac{I}{\sqrt{U_A}}\left(1 + \frac{l}{2L}\right) \tag{49.6}$$

所以电子在磁场中偏转的特点是：电子束线偏离 z 轴的距离与偏转电流成正比，与加速电压的平方根成反比，与示波管的几何尺寸无关。

四、实验内容

（1）接好线路、通电、调焦。

（2）研究和验证电子束线在电场中偏转的规律：

在仪器允许的范围内取 3 个不同的加速电压 U_A，对每一 U_A 分别测量偏转距离为 -4，-3，-2，-1，0，1，2，3，4 格时的偏转电压 U_x，U_y。作出 U-N 图线，并分析。

（3）研究和验证电子束线在磁场中偏转的规律：

按图 49.3 连接好外电路，将 R 置于 500～1 000 Ω，R' 置于最大，接通电源，调节 R'，从灵敏电流表读出电流 I 值。

分别测量 3 个不同加速电压 U_A 时，I 与 N 的一一对应关系，作出 I-N 图线，并分析。

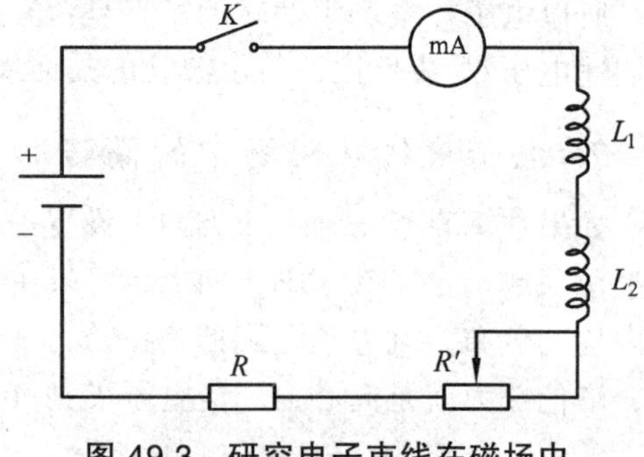

图 49.3　研究电子束线在磁场中偏转规律的外接电路

五、数据记录及处理

自己设计表格记录数据，用坐标纸作图，分析并得出结果。

六、思考题

（1）示波管由哪几部分组成？各部分的作用是什么？

（2）在偏转板上加交流信号时，会观察到什么现象？

七、注意事项

（1）正确操作测试仪，防止损坏仪器。

（2）正确调节高压，注意安全，防止触电。

（3）示波管的亮度要调节适中，以免烧坏荧光屏。

八、实验总结

实验 50　用磁聚焦法测定电子荷质比

带电粒子的电荷量与质量的比值，称为荷质比，是带电粒子的基本参量之一，是研究物质结构的基础。

一、实验目的

（1）加深电子在电场和磁场中运动规律的理解；

（2）了解电子射线束磁聚焦的基本原理；

（3）学习用磁聚焦法测定电子荷质比（e/m）的值。

二、实验仪器及用具

BHB-Ⅱ型电子荷质比测定仪、双路电源。

三、实验原理

1. 磁聚焦

如图 50.1 中电子的运动情况，B 沿 Z 轴方向。将示波管第一阳极、第二阳极、x 和 y 偏转板都连在一起，使电子进入第一阳极后在等势的空间运动。由于栅极和第一阳极之间的距离很短，只有 1 mm 左右，又由于电子从阴极发射出来时速度很小（仅相当于 0 ~ 1.5 V 下获得的速度）。而阳极加速电压高达 1 000 V 以上，所以可以认为各电子进入第一阳极时的轴向速度 $v_{/\!/}$ 是相等的，其大小由加速电压 U_A 决定。

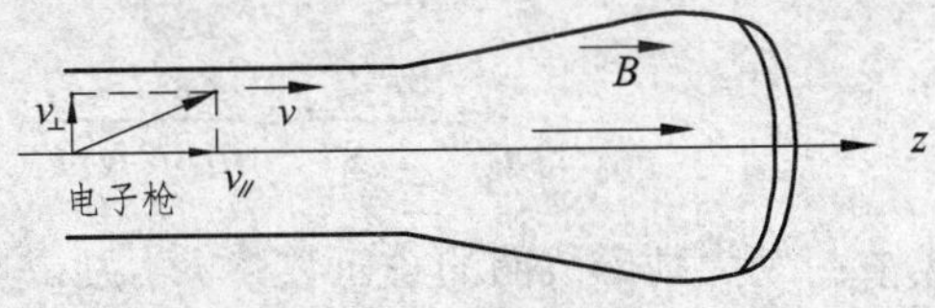

图 50.1　电子运动

$$\frac{1}{2}mv^2{}_{/\!/}=eU_A$$

$$v_{/\!/}=\sqrt{\frac{2eU_A}{m}}$$（m 为电子质量，e 为电子电荷量）

进入第一阳极的各电子的径向速度 $v_{\perp}$则有明显差异，在洛伦兹力 $F = ev_{\perp}B$ 作用下，使电子在垂直于 B 的平面内作匀速圆周运动。

$$m\frac{v_{\perp}^2}{R} = ev_{\perp}B$$

$$R = \frac{mv_{\perp}}{eB}$$

$$T = \frac{2\pi R}{v_{\perp}} = \frac{2\pi m}{eB}$$

说明无论 $v_{\perp}$ 的大小如何，电子完成一个周期的时间都相等。又由于电子同是从轴线上一点出发作圆周运动的，因而在经过时间 T 后又会回到轴线上，不过由于 $v_{/\!/}$，再次回到轴线上时，已前进了螺距 $h = v_{/\!/}T = 2\pi\frac{mv_{/\!/}}{eB}$，电子的轨迹因 $v_{\perp}$ 不同而不同，但螺距 h 相同。即在距第一交叉点一个螺距 h 之后重新会聚。如调节磁场 B 使螺距等于第一交叉点到荧光屏的距离 l，则屏上将出现电子束会聚的小亮斑，这就是磁聚焦。

2. 电子荷质比的测定

由上述讨论可知，调节 B 使屏上出现聚焦亮点时

$$h = l = \frac{2\pi m}{eB}v_{/\!/} = \frac{2\pi m}{eB}\sqrt{\frac{2eU_A}{m}}$$

$$\frac{e}{m} = \frac{8\pi^2 U_A}{l^2 B^2}$$

继续调节励磁电流，改变 B，使 $h = \frac{1}{2}l$，$\frac{1}{3}l$，屏上将出现第二次、第三次聚焦亮点。

螺线管中磁感应强度 B 与励磁电流的关系：

$$B = \frac{\mu_0}{2}nI(\cos\beta_1 - \cos\beta_2)$$

中央

$$B = \frac{\mu_0 NI}{\sqrt{L^2 + D^2}} \approx \frac{\mu_0 NI}{L}$$

$$\frac{e}{m} = \frac{8\pi^2 U_A}{l^2 B^2} = \frac{8\pi^2 L^2 U_A}{\mu_0{}^2 l^2 N^2 I^2}$$

式中：N 为励磁线圈的总匝数；I 为励磁电流；L 为励磁线圈总长度。

四、实验内容

（1）观察电子束线的电聚焦现象：

① 接通电源，将偏转电压 U_x，U_y 调至为零，顺时针慢慢的旋转栅极电压 U_G 旋钮，此时示波管上可逐渐显现出亮斑，并使亮斑亮度适中。

② 调聚焦电压，使光斑聚焦（注意：光斑切勿过亮，以免烧坏荧光屏）。

（2）观察电子束线的磁聚焦现象：

① 将偏转电压 U_x 调至某一数值，如 50 V，U_y 调为零，并将聚焦电压旋钮逆时针调至最大，使聚焦变为散焦。

② 调节加速电压 U_A 达到需要值，此时电子一进入加速电极就在零电场中作匀速运动。来自电子交叉点的发散电子将不再会聚，而在屏上形成一光斑。

③ 将电源（0 ~ 32 V）串联，接入螺线管电源输入插座并开启电源，产生匀强磁场 B，调节励磁电流，观察聚焦现象，继续加大励磁电流 I，以加大 B，这时将出现第二次、第三次聚焦。

（3）电子荷质比的测定：

① 选择加速电压 $U_A = 1\,000$ V，测量第一次、第二次、第三次磁聚焦时的励磁电流 I_1，I_2，I_3，仔细测量，为了减小误差重复 5 次，求平均值。用 $\overline{I}_1$，$\overline{I}_2$，$\overline{I}_3$ 计算 I 值和电子荷质比。

$$I = \frac{\overline{I}_1 + \overline{I}_2 + \overline{I}_3}{1+2+3}$$

② 改变加速电压 $U_A = 1\,100$ V，1 200 V 重复步骤①。

③ 将螺线管磁场方向反向，再重复前面实验①②，计算电子荷质比。

（4）断开电源，整理好仪器。

（5）记录螺线管 N、L 以及 l（第一交叉点到荧光屏之间的距离）。

五、数据记录及处理

$l = 0.199$ m，$L = 0.27$ m，$N = 1\,400$ 匝

表 50.1 测电子荷质比

加速电压 U_A/V		励磁电流/A						平均值	平均 I	e/m	$\Delta(e/m)$
正向	1 000	I_1									
		I_2									
		I_3									
	1 100	I_1									
		I_2									
		I_3									
	1 200	I_1									
		I_2									
		I_3									
反向	1 000	I_1									
		I_2									
		I_3									
	1 100	I_1									
		I_2									
		I_3									
	1 200	I_1									
		I_2									
		I_3									

平均值：$\overline{e/m}$ = ____________，$\Delta\overline{(e/m)}$ = ________

测量结果：$e/m = \overline{e/m} \pm \Delta\overline{(e/m)}$ = ______ ± ______

将测得的 e/m 值与公认值（$1.759\times10^{11}\ \text{C}\cdot\text{kg}^{-1}$）进行比较，求出相对误差。

$$E = \frac{\left|(e/m)_{测} - (e/m)_{公认}\right|}{(e/m)_{公认}} \times 100\%$$

六、误差分析

七、注意事项

（1）实验线路中因有高压，操作时需加倍小心，先断开电源再动手操作。

（2）为了减小干扰，各种磁铁物体应远离螺线管。

（3）聚焦光点尽量减小，且不要太亮，并尽量减少光点停留时间。

（4）改变 U_A，应重新调节亮度。

（5）改变励磁电流 I 方向时，应将励磁电源关掉或调输出为零。

八、实验总结

实验 51　铁磁性材料的磁化曲线和磁滞回线

铁磁材料分为硬磁和软磁两类。硬磁材料（如铸铁）的磁滞回线宽，剩磁和矫顽力较大（约为 $120\sim2\,000\ \text{A}\cdot\text{m}^{-1}$，甚至更高），因而磁化后，它的磁感应强度能保持，适合制作永久磁铁。软磁材料（如硅钢片）的磁滞回线窄，矫顽力小（一般小于 $120\ \text{A}\cdot\text{m}^{-1}$），但其磁导率和饱和磁感应强度大，容易磁化和去磁，通常被用来制造电机、变压器和电磁铁。作为铁磁材料的重要特性——磁化曲线和磁滞回线，是设计电磁机械或仪表的依据之一。

磁学量的测量一般比较困难，所以通过一定的物理规律，把磁学量转换为易于测量的电学量，这种转换测量法是物理实验中的基本方法之一。

用示波器观测铁磁性材料的动态磁特性，具有直观、方便、迅速等优点，能在交变磁场下观察、拍摄和定量测绘铁磁材料的基本磁化曲线和磁滞回线，现已在工厂广泛用于快速检测矿石和成品分类等方面。

一、实验目的

（1）掌握磁滞、磁滞回线和磁化曲线的概念，加深对铁磁材料的饱和磁感应强度 B_s、剩磁 B_r、矫顽力 H_c、磁滞损耗及磁导率 μ 等主要物理量的理解；

（2）认识铁磁材料的磁化规律，比较两种典型的铁磁物质的动态磁特性；

（3）掌握用示波器法测绘基本磁化曲线和磁滞回线。

二、实验仪器及用具

FB310 型磁滞回线测量仪、双踪示波器。

三、实验原理

1. 起始磁化曲线、基本磁化曲线和磁滞回线

铁磁材料（如铁、镍、钴和其他铁磁金属）具有独特的磁化性质。下面以密绕线圈的钢圆环样品为例进行讨论。当线圈流过的磁化电流从零逐渐增大时，钢圆环中的磁感应强度 B 随着磁场强度 H 的变化如图 51.1Oa 段所示。这条曲线称为起始磁化曲线。继续增大磁化电流，即增加磁场强度 H 时，磁感应强度 B 上升很缓慢。如果磁场强度 H 减小，则磁感应强度 B 相应减小，然而并不沿 Oa 段下降，而是沿另一条曲线 ab 段下降。

B 和 H 二者变化的对应关系如下：

当 H 按：$O \to H_s \to O \to -H_c \to -H_s \to O \to H_c \to H_s$ 的顺序变化时，B 对应沿：$O \to B_s \to B_r \to O \to -B_s \to -B_r \to O \to B_s$ 的顺序变化。通过对上述各点连接，得到一条封闭曲线 $abcdefa$，这条曲线称为磁滞回线。

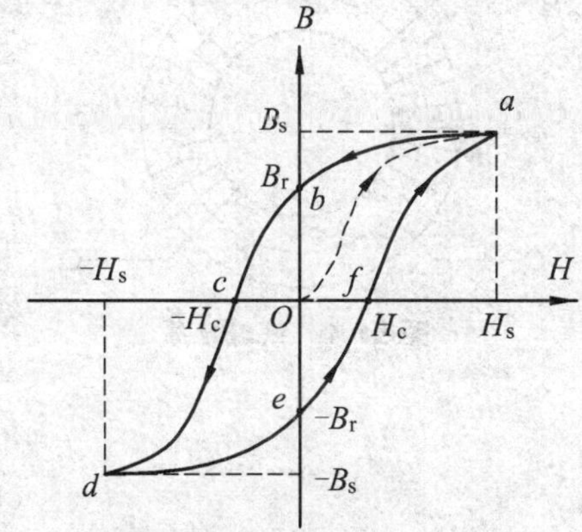

图 51.1 钢圆环的 B-H 曲线

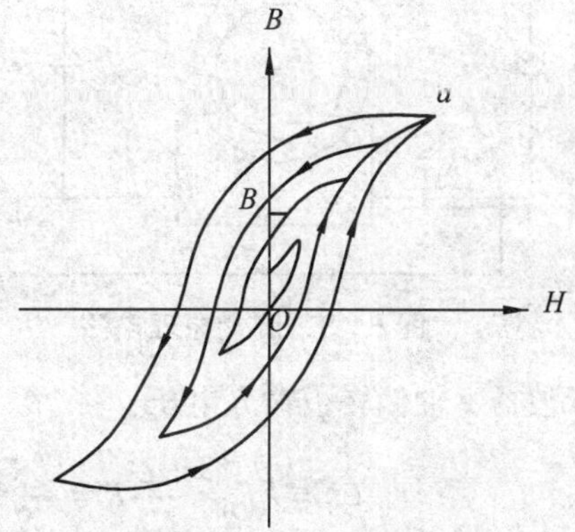

图 51.2 基本磁化曲线

根据图可知：

（1）当 $H=0$ 时，B 不为零，铁磁材料还保留一定的磁感应强度 B_r，通常称 B_r 为铁磁材料的剩磁（剩余磁感应强度）。

（2）当加一个反方向磁场 H，可消除剩磁 B_r，使磁感应强度 B 降为零。通常称这个反方向磁场强度 H_c 为该铁磁材料的矫顽磁力。

（3）当 H 增加至某一定值 H_s 时，B 增加缓慢，逐渐趋于定值 B_s。此状态被称为铁磁材料的磁化饱和，B_s 称为饱和磁感应强度，H_s 称为饱和磁场强度，此时的磁滞回线称为饱和磁滞回线。

（4）H 上升至某一值与下降至某一值时，铁磁材料内的 B 值却不相同，由此可见，磁化过程与铁磁材料过去的磁化经历有关。

当我们依次对起始均不带磁性的铁磁材料的线圈通以磁化电流，线圈两端电压分别为 U_1, U_2, U_3，…，$U_m(U_1 < U_2 < U_3 < \cdots < U_m)$，对应磁场强度分别为 H_1, H_2, H_3，…，H_m（注

意每次测量前应对样品进行退磁，方法见实验内容)，由此获得一组逐渐增大的磁滞回线，将原点 O 和各个磁滞回线顶点 $a_1, a_2, a_3 \cdots$， a_m 所连成的曲线，称为铁磁材料的基本磁化曲线，如图 51.2 所示。

由于铁磁材料在交流条件下磁化与在直流条件下磁化的磁化曲线和磁滞回线不同，并且交流条件下磁化时与交流频率有关，所以测量时，条件的选择应尽可能接近实际情况。通常材料的直流特性用冲击电流计法测量，而本实验将介绍用示波器和 FB310 磁滞回线测量仪测材料的交流磁特性。

2. 示波器测量 *B-H* 曲线的原理电路（如图 51.3 所示）

本实验研究的铁磁物质是一个环状式样（如图 51.4 所示）。在式样上绕有励磁线圈 N_1 匝和测量线圈 N_2 匝。若在线圈 N_1 中通过磁化电流 I_1 时，此电流在试样内产生磁场，根据安培环路定律：

$$I_1 N_1 = HL \tag{51.1}$$

式中：L 为圆环的平均周长。

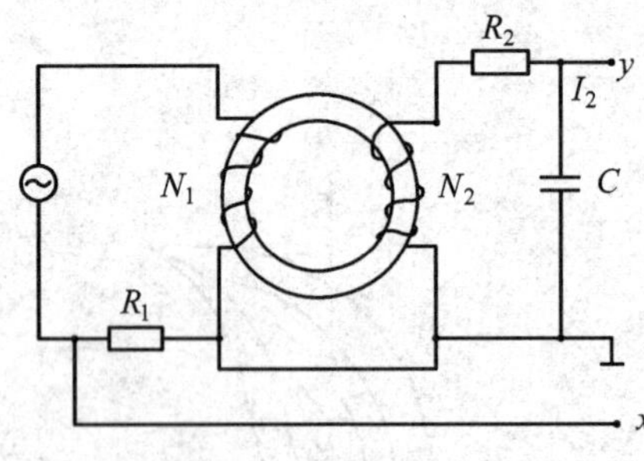

图 51.3　测量原理电路

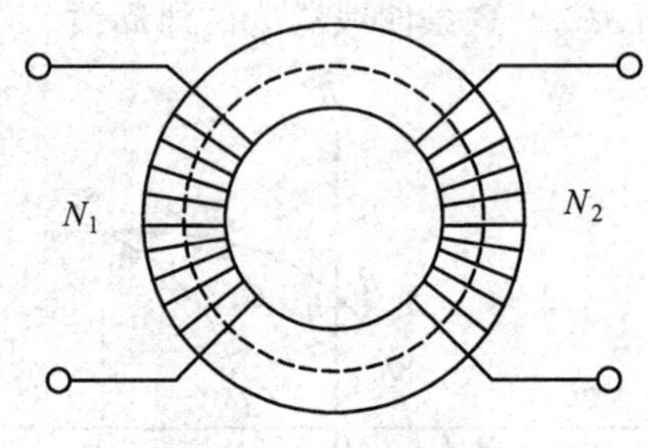

图 51.4　铁磁物质

示波器 x 轴偏转板输入电压：

$$U_x = I_1 R_1 = \frac{HL}{N_1} R_1 = \frac{LR_1}{N_1} H \tag{51.2}$$

式（51.2）表示在交变磁场下，任一时刻电子束线在 x 轴的偏转正比于磁场强度 H 。

为了测量磁感应强度 B，在次级线圈 N_2 上串联一个电阻 R_2 与电容 C 构成一个回路，同时 R_2 与 C 又构成一个积分电路。取电容 C 两端电压 U_C 至示波器 y 轴输入，若适当选择 R_2 和 C 使 $R_2 \gg \frac{1}{\omega c}$，则

$$I_2 = \frac{E_2}{\left[R_2{}^2 + \left(\frac{1}{\omega c}\right)^2\right]^{1/2}} \approx \frac{E_2}{R_2}$$

式中：ω 为电源角频率；E_2 为 N_2 的感应电动势。

因交变的磁场 H 在样品中产生交变的磁感应强度 B，则：

$$E_2 = N_2 \frac{\mathrm{d}\phi}{\mathrm{d}t} = N_2 S \frac{\mathrm{d}B}{\mathrm{d}t}$$

$$U_y = U_C = \frac{Q}{C} = \frac{1}{C}\int I_2 \cdot \mathrm{d}t = \frac{1}{CR_2}\int E_2 \cdot \mathrm{d}t = \frac{N_2 S}{CR_2}\int \mathrm{d}B = \frac{N_2 S}{CR_2}B \qquad (51.3)$$

式中：S 为铁芯截面积，$S = \frac{(D_2 - D_1)}{2}h$。

式（51.3）表明接在示波器 y 轴的电压 U_y 正比于 B。

R_2C 电路称为积分电路（输出电压 U_C 正比于感应电动势 E_2 对时间的积分）。U_y 与 B 成正比，因 $\frac{1}{2\pi fC} \ll R_2$，所以 U_C 振幅很小，不能直接得到大小适合需要的磁滞回线，为此，需将 U_C 经过示波器 y 轴放大器放大后加至 y 轴偏转板上。这就要求在实验磁场的频率范围内，放大器的放大系数必须稳定，不会带来畸变，事实上示波器难以完全达到这个要求。因此，观察时将 x 轴输入选择“AC”，y 轴输入选择“DC”挡，并选择合适的 R_1 和 R_2 的阻值可得到最佳磁滞回线。

这样，在磁化电流变化的一个周期内，电子束的径迹描出一条完整的磁滞回线。适当调节示波器 x 和 y 增益，再由小到大调节信号发生器的输出电压，即能在屏上观察到由小到大扩展的磁滞回线。逐次记录其正顶点的坐标，并在坐标图上把它连成光滑的曲线，就得到样品的基本磁化曲线。

3. 示波器的定标

设 x 轴的灵敏度为 S_x(V/格)，y 轴灵敏度为 S_y(V/格)（S_x，S_y 均可从示波器面板上直接读出），则

$$U_x = S_x \cdot x, \qquad U_y = S_y \cdot y$$

式中：x，y 分别为测量时记录的坐标值，单位：格（指一大格）。

本实验使用的 R_1, R_2, C 都是阻抗值已知的标准元件，误差很小。

综合上述分析，本实验定量计算公式为：

$$H = \frac{N_1 S_x}{LR_1}X \qquad (51.4)$$

$$B = \frac{R_2 C S_y}{N_2 S}Y \qquad (51.5)$$

四、实验内容

（1）连接好电路，调节示波器，使电子束线光点在坐标中心。

（2）接通电源，调节调频旋钮为 50 Hz，单调增加磁化电流，荧光屏将出现由小到大扩展的磁滞回线图形。调节 R_1, R_2，改变 x，y 轴增益并锁定电位器，使示波器显示出典型美观的磁滞回线图形，然后逐渐减小幅度（磁化电流）至为零（目的是对样品退磁）。

（3）读出 S_x，S_y。

（4）绘基本磁化曲线：

调节调幅旋钮，让磁化电流从零开始，分 8 ~ 12 次单向增加，分别记录每条磁滞回线正顶点坐标，并按公式（51.4）和（51.5）计算 B，H 值。在坐标纸上将各点连成光滑曲线，即为

基本磁化曲线。

（5）动态磁滞回线：

调节磁化电流幅度，使磁滞回线接近饱和，记录 10 ~ 12 个点坐标（包括 $\pm B_s$，$\pm B_r$，$\pm H_c$，$\pm H_s$ 等特殊点）。在坐标纸上描出动态磁滞回线。

五、数据记录及处理

$L = 0.13\,\text{m}$，$S = 1.24\times10^{-4}\,\text{m}^2$，$N_1 = N_2 = 100$，$C = 1.0\times10^{-6}\,\text{F}$

$R_1 =$ ________，$R_2 =$ ________，$S_x =$ ________，$S_y =$ ________

表 51.1　测基本磁化曲线

次数	1	2	3	4	5	6	7	8	9	10	11	12
x/格	0	0.20	0.40	0.60	0.80	1.00	1.50	2.00	2.50	3.00	4.00	5.00
H/A · m^{-1}	0											
y/格	0											
B/mT	0											

由表中数据作出基本磁化曲线。

表 51.2　测磁滞回线

x/格	H/A · m^{-1}	y/格	B/mT	x/格	H/A · m^{-1}	y/格	B/mT
5.0						4	
4.0						3	
3.0						2	
2.0						1	
1.0						0	
0						−1	
−1.0						−2	
−2.0						−3	
−3.0						−4	
−4.0							
−5.0							

得出：$B_s =$ ________，$-B_s =$ ________，$B_r =$ ________，$-B_r =$ ________，$H_c =$ ________，$-H_c =$ ________

六、思考题

（1）为什么测量前必须先进行退磁？如何进行？

（2）何为软磁材料和硬磁材料？试举出使用软磁材料和硬磁材料的某些仪器设备。

七、注意事项

（1）为了避免磁化后温度过高，应尽量减小通电时间，且电流不要过大。

（2）调好磁滞回线的大小、形状后必须进行退磁，保证测量是从原始状态（$H=0$，$B=0$）开始的，测量过程中不再调 S_x，S_y。

（3）实验结束后，必须将磁化电流调至为零，然后再拆线。

八、实验总结

实验 52　LC 电路的谐振现象

一、实验目的

（1）研究 LC 电路的谐振现象；

（2）了解 LCR 电路的相频特性和幅频特性。

二、实验仪器及用具

标准电感、标准电容、电阻箱 1 个、SS7802 读出示波器、功率函数发生器、隔离变压器。

三、实验原理

同时具有电感和电容两类元件的电路，在一定条件下会发生谐振现象。谐振时电路的阻抗、电压与电流以及它们之间的相位差、电路与外界之间的能量交换等处于某种特殊状态，因而在实际中有着重要的应用，如放大器、振荡器，滤波器电路常用作选频等。本实验中，通过 LCR 电路的相频特性、幅频特性的测量，着重研究 LC 电路的谐振现象。

1. 串联谐振

LCR 串联电路如图 52.1 所示。其总阻抗|Z|，电压 u 与电流 i 之间的相位差 φ 分别为

$$|Z|=\sqrt{R^2+\left(wL-1/wC\right)^2} \tag{52.1}$$

$$\varphi=\arctan\frac{wL-1/wC}{R} \tag{52.2}$$

$$i=\frac{u}{\sqrt{R^2+\left(wL-1/wC\right)^2}} \tag{52.3}$$

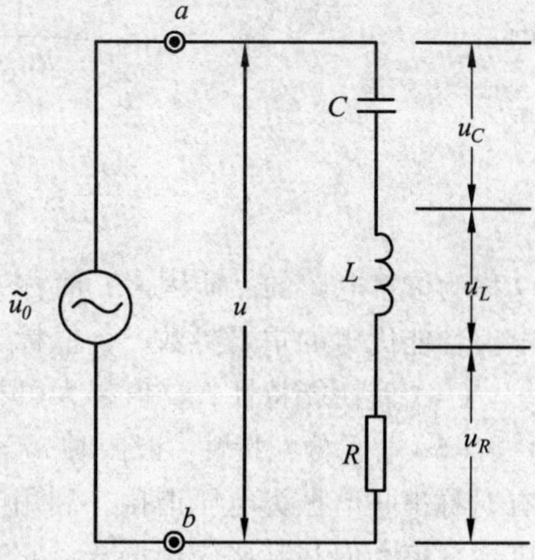

图 52.1　LCR 串联电路

式中：$w=2\pi f$ 为角频率（f 为频率），$|Z|$，φ，i 都是 f 的函数，当电路中其他元件参数确定时，它们的特性完全取决于频率。

图 52.2（a）（b）（c）分别为 LCR 串联电路的阻抗、相位差、电流随频率的变化曲线。其中，图（b）φ-f 曲线称为相频特性曲线；图（c）i-f 曲线称为幅频特性曲线，它表示在总电压保持不变的条件下 i 随 f 的变化曲线。相频特性曲线和幅频特性曲线，有时称为频率响应曲线。

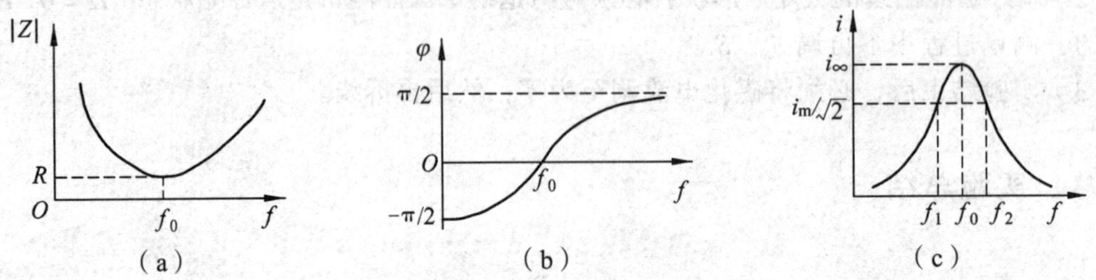

图 52.2 LCR 串联电路特性曲线

由曲线可以看出，存在一个特殊的频率 f_0，特点为：

（1）当 $f<f_0$ 时，$\varphi<0$，电流的相位超前于电压，整个电路呈电容性，且随 f 降低，$\varphi\to-\pi/2$；而当 $f>f_0$ 时，$\varphi>0$，电流的相位落后于电压，整个电路呈电感性，且随 f 升高，$\varphi\to\pi/2$。

（2）f 偏离 f_0 越远，电流越小。

（3）当 $wL-1/wC=0$，即

$$w_0=\frac{1}{\sqrt{LC}}\quad 或\quad f_0=\frac{1}{2\pi\sqrt{LC}} \tag{52.4}$$

时，$\varphi=0$，电压与电流同相位，整个电路呈纯电阻性，总阻抗达到极小值 $Z_0=R$，而总电流达到极大值 $i_{\mathrm{m}}=u/R$，这种特殊状态称为串联谐振，此时角频率 w_0（或频率 f_0）称为谐振角频率（或谐振频率）。在 f_0 处，i-f 曲线有明显尖锐的峰显其谐振状态。因此，有时也称它为谐振曲线，谐振时

$$u_L=i_{\mathrm{m}}|Z|=\frac{w_0L}{R}u\qquad \frac{u_L}{u}=\frac{w_0L}{R}=\frac{1}{R}\sqrt{\frac{L}{C}}$$

而

$$u_C=i_{\mathrm{m}}|Z_C|=\frac{1}{Rw_0C}u\qquad \frac{u_C}{u}=\frac{1}{Rw_0C}=\frac{1}{R}\sqrt{\frac{L}{C}}$$

令

$$Q=\frac{u_L}{u}=\frac{u_C}{u}\qquad Q=\frac{w_0L}{R}=\frac{1}{Rw_0C} \tag{52.5}$$

Q 称为谐振电路的品质因素，简称 Q 值。它是由电路的固有特性决定的，是标志和衡量谐振电路性能优劣的重要参数，Q 值标志着：

（4）储耗能特性：Q 值越大，相对（储能的）耗能越小，储能效率越高。

（5）电压分配特性：谐振时 $u_L=u_C=Qu$，电感、电容上的电压均为总电压的 Q 倍，因此，有时称串联谐振为电压谐振。利用电压谐振，在某些传感器、信息接收中，可显著提高灵敏度或效率，但在某些应用场合，它对系统与人员却具有一定不安全性，故在设计与操作中应予注意。

（6）频率选择性：设 f_1，f_2 为谐振峰两侧 $i = i_{\mathrm{m}}/\sqrt{2}$ 处所对应频率[如图 52.2（c）所示]，则$\Delta f = f_2 - f_1$ 称为通频带宽度，简称带宽。不难证明：

$$Q = f_0 / \Delta f \tag{52.6}$$

显然 Q 值越大，带宽越窄，峰越尖锐，频率选择性越好。Q 值对放大器、滤波器的选频特性影响很大。因此在有关电路设计中是一个很重要的参数。

2. 并联谐振电路

如图 52.3 所示电路，其总阻抗$|Z_{\mathrm{p}}|$、电压与电流之间相位差φ、电压 u（或电流 i）分别为

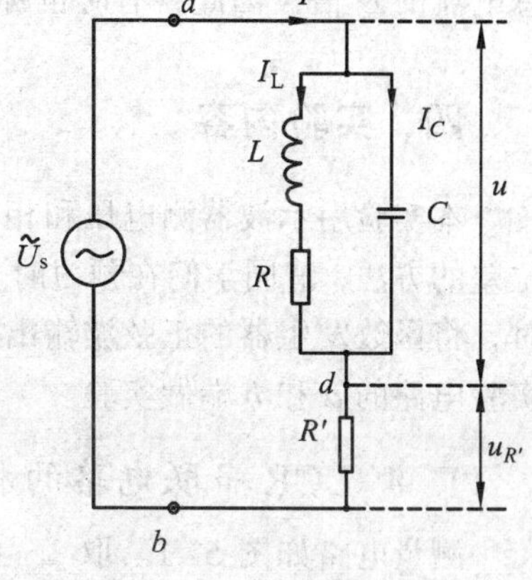

图 52.3　并联谐振电路

$$\left|Z_{\mathrm{p}}\right| = \sqrt{\frac{R^2 + (wL)^2}{\left(1 - w^2LC\right)^2 \left(wCR\right)^2}} \tag{52.7}$$

$$\varphi = \arctan \frac{wL - wC\left[R^2 + (wL)^2\right]}{R} \tag{52.8}$$

$$u = i\left|Z_{\mathrm{p}}\right| = \frac{u_{R'}}{R'}\left|Z_{\mathrm{p}}\right| \tag{52.9}$$

显然，它们都是频率的函数。当$\varphi = 0$ 时，电流和电压同相位，整个电路呈纯电阻性，即发生谐振。由式（52.8）求得并联谐振的角频率 w_{p}（或并联谐振频率 f_{p}）为

$$w_{\mathrm{p}} = 2\pi f_{\mathrm{p}} = \sqrt{\frac{1}{LC} - \left(\frac{R}{L}\right)^2} = w_0\sqrt{1 - \frac{1}{Q^2}} \tag{52.10}$$

式中：

$$w_0 = 2\pi f_0 = 1/\sqrt{LC}\,, \qquad Q = \frac{w_0 L}{R} = \sqrt{L/C}\,/\,R$$

可见，并联谐振频率 f_{p} 与 f_0 稍有不同，当 $Q \gg 1$ 时，$w_{\mathrm{p}} \approx w_0$，$f_{\mathrm{p}} \approx f_0$。

图 52.4（a）（b）（c）分别为 LCR 并联电路的阻抗、相位差、电流或电压随频率的变化曲线。由图（b）曲线可见，在谐振频率 $f = f_{\mathrm{p}}$ 两侧，当 $f < f_{\mathrm{p}}$ 时，$\Psi > 0$，电流的相位落后于电压，整个电路呈电感性；当 $f > f_{\mathrm{p}}$ 时，$\Psi < 0$，电流的相位超前于电压，整个电路呈电容性。显然，在谐振频率两边区域，并联电路的电抗性与串联电路时截然相反。由图 52.4（a）$|Z_{\mathrm{p}}|$-f 曲线和图（c）i-f 曲线可见，在 $f = f_{\mathrm{p}}$ 处总阻抗达到极大值，总电流达到极小值，而在 f_{p} 两侧，随 f 偏离 f_{p} 越远，阻抗越小，电流越大。这种特性与串联电路完全相反。图（c）u-f 曲线为在总电流保持不变的条件下，电感（或电容）两端电压 u 随频率的变化曲线。

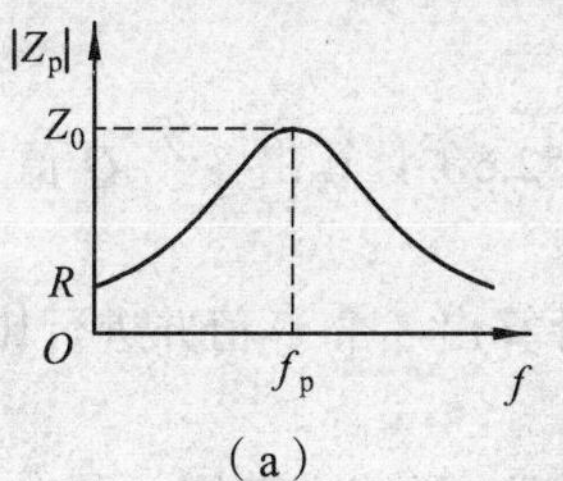

（a）

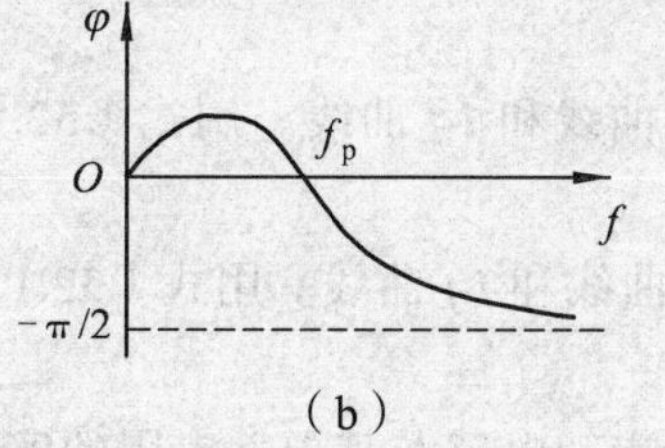

（b）

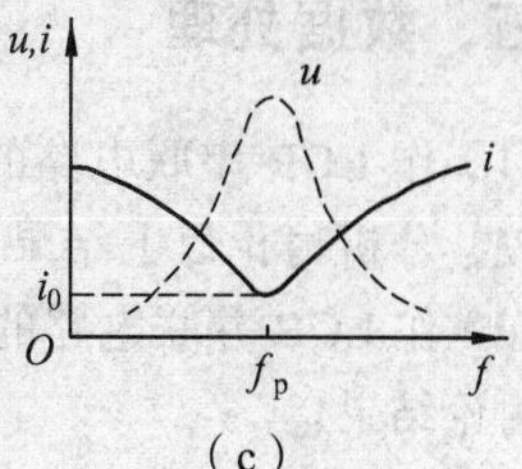

（c）

图 52.4　LCR 并联电路特性曲线

和串联谐振时类似，可用品质因素 Q，即

$$Q_1=\frac{w_0L}{R}=\frac{1}{Rw_0C}，Q_2=\frac{i_C}{i}\approx\frac{i_L}{i}，Q_3=\frac{f_0}{\Delta f} \tag{52.11}$$

标志并联谐振电路的性能优劣，其意义也类似。不过此时 $i_L\approx i_C\approx Qi$，谐振支路中的电流为总电流的 Q 倍。因此，有时也称并联谐振为电流谐振。

四、实验内容

本实验用示波器测电压和相位差。关于示波器的使用方法，用示波器测电压、时间、相位差的方法，请同学们在预习时，参阅实验 48 示波器的使用中的有关内容。在连接实验电路时，将函数发生器的正弦波输出电压接隔离变压器的初级，从其次级输出电压作为 u_s，接本实验电路的 a 和 b 端做实验。

1. 测 LCR 串联电路的相频特性和幅频特性曲线

测量电路如图 52.1。取 $L = 0.1$ H，$C = 0.05$ μF，$R = 100$ Ω，用 CH_1，CH_2 分别观测总电压 u 和电阻两端电压 u_R。注意：两个通道输入线的地（黑色）端与 b 点共地。

（1）测相频特性曲线：先用李萨如图法确定谐振频率 f_0 后，用读出示波器（在双踪显示下）测出电压、电流间相位差 ψ。信号频率约在 1.40 ~ 3.10 kHz 范围内，选择相位差约 ±15°，±30°，±45°，±60°，±72°，±80°所对应的频率，进行测量。

（2）测幅频特性曲线：在总电压 $u_C = 1.0$ V 或 $u_{p-p} = 3.0$ V 保持不变的条件下选择在 1（1）中所选频率，再加选其相邻两频率间某一合适频率，测相应的 u_R。

在谐振频率 f_0 下，测 u_L，u_C（总电压仍取 $u_{p-p} = 3.0$ V）。注意：在测 u_L，u_C 时，为防止 CH_1，CH_2 不共地而造成局部短路，去掉一个通道的输入线，只用一个通道观测。

2. 测 LCR 并联电路的相频特性和幅频特性曲线

测量电路如图 52.3，取 $L = 0.1$ H，$C = 0.05$ μF，$R' = 5$ kΩ（电阻 R' 是为监测总电流 i 保持不变而串入的）。为观测相位差 φ，把 CH_1，CH_2 的输入线地端接 d 点作共地，并用 CH_1 观测 u，用 CH_2（把其“极性转换”钮“推入”状态下）观测 $u_{R'}$。

（1）测相频特性曲线：参照 1（1）中方法，自行测量（选择频率范围约 1.70 ~ 2.80 kHz）。

（2）测幅频特性曲线：固定 $(u_{R'})_{p-p} = 2.0$ V 不变，参照 1（2）中方法，进行测量。

五、数据处理

（1）作 LCR 串联电路的 φ-f 曲线和 i-f 曲线。用式（52.5）（52.6）计算出 3 个 Q 值并进行比较，分析讨论以上结果。

（2）作 LCR 并联电路的 φ-f 曲线和 i-f 曲线。用式（52.11）计算出 3 个 Q 值并进行比较，分析讨论结果。

*（3）写出谐振法测定一个未知电感及其损耗电阻的实验原理，画出电路图，写出测量

步骤，由测量数据算出结果。

六、实验总结

实验 53　RC 串联电路暂态过程的研究

在 RC 串联电路中，接通和断开回路供电的短暂时间内，电容上的电压不会瞬时突变，而是从一个平衡态很迅速地过渡到另一个平衡态，这个转变过程称为暂态过程。本实验就是研究 RC 串联电路的暂态过程中电压与电流的变化规律。研究这个规律在电子电路中具有重要的意义和实际用途。

一、实验目的

（1）通过实验方法研究 RC 串联电路的暂态过程；

（2）通过研究 RC 串联电路的暂态过程，加深对电容特性的认识；

（3）提高对 RC 串联电路暂态过程的分析技能，学习和了解进行科学实验的一般程序和方法。

二、实验仪器及用具

RC 串联电路板、电压表（数字式）、稳定电源、停表（数字式）、信号发生器、示波器。

三、实验原理

1. RC 串联电路的充电过程

如图 53.1 所示，在 RC 串联电路中，当开关 K 置于 1 时，电源 E 通过 R 对电容 C 充电，电路方程为

$$U_R + U_C = iR + \frac{q}{C} = E \tag{53.1}$$

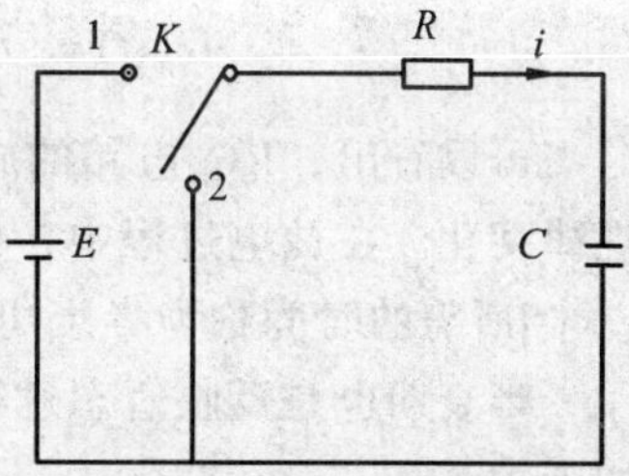

图 53.1　RC 串联电路

充电前，电容上电荷为零，即电压也为零。

充电过程中电源为电容提供电荷，同时在电路中形成电流 i，因为 $i = \mathrm{d}q/\mathrm{d}t$，代入式（53.1）后得

$$R\frac{\mathrm{d}q}{\mathrm{d}t} + \frac{q}{C} = E \tag{53.2}$$

设初始条件为：$t = 0$ 时，$q = 0$，微分方程的解为

$$q(t) = CE(1 - \mathrm{e}^{-\frac{t}{RC}})$$

相应可得电容两端的电压为

$$U_C(t) = E(1 - \mathrm{e}^{-\frac{t}{RC}}) \tag{53.3}$$

充电电流为

$$i(t) = \frac{E}{R}\mathrm{e}^{-\frac{t}{RC}} \tag{53.4}$$

电阻 R 两端的电压为

$$U_R(t) = E\mathrm{e}^{-\frac{t}{RC}}$$

由以上公式知 $U_C(t)$ 按指数规律上升，$i(t)$ 和 $U_R(t)$ 按指数规律下降。上升和下降的快慢取决于参数 RC，因而称 RC 为 RC 电路的时间常数 τ，它反映了指数函数变化的快慢，是 RC 电路放电速度的标志。

2. RC 串联电路的放电过程

当电路稳定后，把开关 K 置于 2，此时电容 C 将通过电阻 R 放电，其电路方程为

$$R\frac{\mathrm{d}q}{\mathrm{d}t} + \frac{q}{C} = 0 \tag{53.5}$$

由初始条件 $t = 0$，$q = CE$，可得式（53.5）微分方程的解为

$$q(t) = CE\mathrm{e}^{-\frac{t}{RC}}$$

相应得

$$U_C(t) = E\mathrm{e}^{-\frac{t}{RC}}$$

$$i(t) = -\frac{E}{R}\mathrm{e}^{-\frac{t}{RC}}$$

$$U_R(t) = -E\mathrm{e}^{-\frac{t}{RC}}$$

可以看出，RC 电路的放电过程与充电过程是相符的，其中 $U_C(t)$，$U_R(t)$，$i(t)$ 都按指数规律变化。在放电过程中，$U_C(t)$下降至初始值的一半[或在充电过程中 $U_C(t)$上升至最终值的一半]所需的时间称为半衰期。

半衰期也是反映暂态过程快慢的又一个重要物理量，用 $T_{1/2}$ 表示，它与时间常数之间有如下关系

$$U_C(t) = \frac{1}{2}E = E\mathrm{e}^{-\frac{T}{2\tau}}, \quad T_{1/2} = 0.693\,1\tau$$

四、实验内容

（1）分别用电压表和示波器研究 RC 串联电路充、放电电压曲线。

（2）计算 RC 电路的时间常数。

（3）研究不同 R 值和不同 C 值的 RC 串联电路的各种特性。

（4）研究 RC 串联电路的半衰期。

（5）设计出一种实验方法来验证电容的串、并联公式。

（6）总结使用有关测试仪器的经验、方法技巧、实验电路选择等。

五、思考题

（1）用电压表测量 RC 串联电路暂态过程时，发现在电容充电过程中，电容两端的电压不能达到电源电压值，为什么？

（2）用实验中实际测算出的 $T_{1/2}$ 算出 $\tau = RC = \dfrac{T_{1/2}}{0.693\,1}$，与由 R/C 标识值算得的 τ 相比，误差较大，这是为什么？

（3）怎样用示波器和信号发生器研究 RC 串联电路暂态过程特性？

（4）为什么说时间常数是 RC 电路充放电速度的标志？

六、注意事项

（1）使用各种仪器前，应仔细阅读有关说明材料，避免因操作失误引起仪器损坏。

（2）电解电容有耐压限定值，接线时要注意，不要将电源正负极接反，也不要超过耐压限定值。

（3）在使用示波器时注意扫描频率的选择。

七、实验总结

实验 54　用箱式电势差计校正电表

电势差计是一种应用广泛的电磁学基本测量仪器，可用来测量电压、电动势、电流、电阻等电学量，也可用来测量多种非电学量，如温度、位移等。

电势差计是将被测电压与标准电压进行比较而实现电压测量的，因此它具有准确度高、测量结果稳定可靠等优点。

一、实验目的

（1）了解箱式电势差计的结构和原理；

（2）熟练掌握箱式电势差计的使用；

（3）运用箱式电势差计校正电表。

二、实验仪器及用具

箱式电势差计（UJ36a 型）、直流电源（干电池）、滑线变阻器、电阻箱、待校正电表。

三、实验原理

1. 电势差计的基本原理 —— 补偿法

如果要测量一个未知电动势 E_x，只要有一个大于 E_x，并且是可以调节的已知电源 E_0，如图 54.1 所示连接，调节 E_0，使检流计 G 的指针指零，就表明此时的 E_0 值与 E_x 大小相等、方向相反，这时就称电路达到补偿。用这种方法可测电动势或电压。

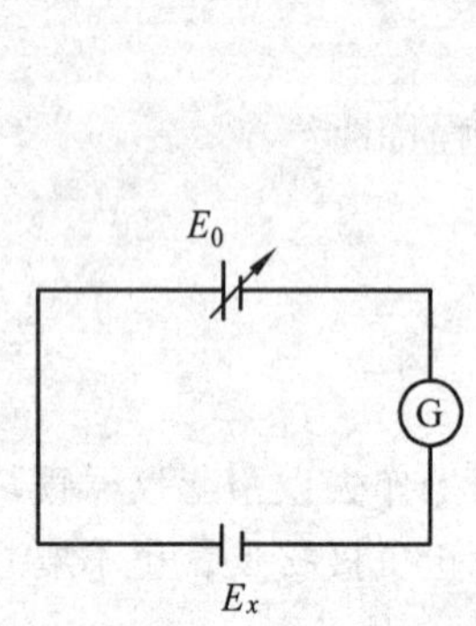

图 54.1　补偿法电路

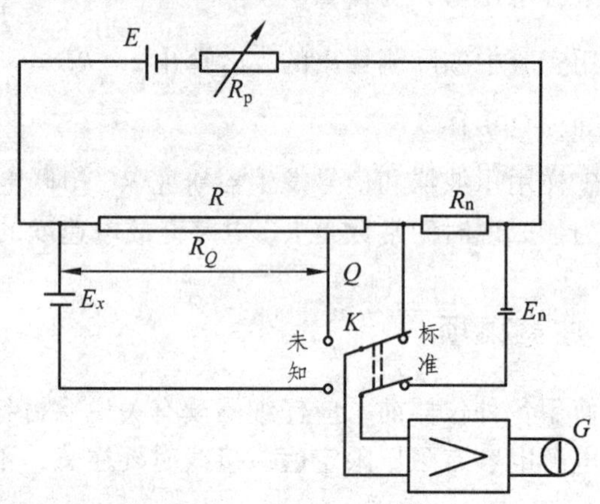

图 54.2　箱式电势差计

2. 箱式电势差计的工作原理

箱式电势差计是利用补偿测量法原理制成的一种精密而使用方便的仪器，它虽有多种型号，但一般都包括三部分（如图 54.2 所示）。

（1）工作回路：主要由 E、R_p、R、R_n 等组成。它为电势差计提供工作电流，工作电流的大小可通过调 R_p 加以改变。

（2）校正回路：主要由 E_n、R_n、检流计 G 等组成。

（3）待测回路：主要由 E_x、R_Q、G 表等组成。

这三部分构成一个有机的整体，缺任何一部分都不能测量电动势或电压。

E —— 工作电源；　　　　R —— 被测电势差的补偿电阻；

E_n —— 标准电池电动势；　　K —— 双刀双掷开关；

R_n —— 标准电池电动势的补偿电阻；　　G —— 晶体管放大检流计；

R_p —— 工作电流调节电阻。

当 K 拨向标准，调 R_p，使 G 表指针指零，则

$$I_0 = E_n / R_n \text{（工作电流）}$$

再将 K 拨向未知（调 R_Q），使 G 表指针指零，则

$$E_x = R_Q \cdot I_0 = \frac{R_Q}{R_n} \cdot E_n$$

四、实验内容

（1）观察电势差计面板，了解各旋钮的作用。

（2）校正工作电流：将开关拨向标准，调节 R_p 使 G 表指针指零，以后测量中不要再动 R_p，实验中途应检查 I_0 是否变化，如有需要重新调节。

转换开关置于 ×1 挡时，$I_0 = 5\ \text{mA}$

转换开关置于 ×0.2 挡时，$I_0 = 1\ \text{mA}$

（3）测电源电动势，测量电路见图 54.3。

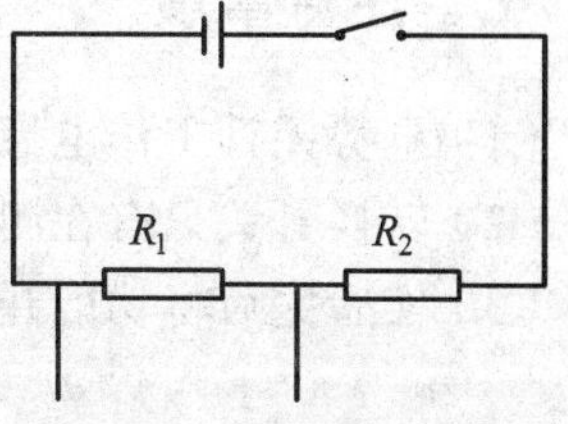

图 54.3　测电源电动势

注意电势差计的测量范围和 R_1，R_2 的取值。E_x 大约 1.5 V。

（4）校正电压表。自己设计并画出校正电路图（特别注意当电压表量程大于电势差计量程时的处理）。校正时，在电表的全量程中，从小到大选 10～15 个点进行，即用电压表和电势差计同时逐点测量。

对同一电压，电压表读数为 U，电势差计读数为 U_p。找出 $|U-U_p|$ 的最大值，并用以确定电表的等级。

$$\frac{|U-U_p|}{U_{max}} = a\%$$

电表的等级有 0.1，0.2，0.5，1.0，1.5，2.5，5.0 七个。

以 U 为横坐标，$|U-U_p|$ 为纵坐标作误差图线，用折线连接。

（5）测量电势差计的灵敏度。

当电势差计平衡时，从面板上可读出被测电动势的值 E_x，如果这时移动 Q 点使面板上读数改变 δE，平衡被破坏，检流计相应的发生偏转 λ，则电势差计灵敏度 S_p 定义为：

$$S_p = \frac{\lambda}{\delta E}\text{（注意统一单位）}$$

UJ36a 型电势差计：×1 挡，检流计一个刻度为 50 μA；

×0.2 挡，检流计一个刻度为 10 μA。

五、数据记录及处理

（1）测电动势。

表 54.1　测电源电动势

R_1/Ω	R_2/Ω	$E_{测}/\text{mV}$	E_x/mV

（2）校正电表。自己设计表格记录数据，确定电表的等级，用坐标纸作出误差图线。

（3）δE = ________，λ = ________

计算 S_p = ________

六、思考题

在实验过程中，如果检流计指针总是向一边偏转，试问有哪些可能的原因？

七、注意事项

（1）电势差计工作电流调节旋钮不要用力扭，容易损坏。
（2）转换开关只有在测量时拨到未知，G表指到零立即拨到中间。
（3）实验完后将功能开关转换到断开的位置，转换开关拨到中间。

八、实验总结

实验 55　霍尔效应

1879 年，霍尔发现：置于磁场中的载流体，当电流方向与磁场方向垂直时，在垂直于电流和磁场的方向上产生一附加的横向电场，此现象称为霍尔效应，产生的电势差称为霍尔电势差。霍尔效应的研究在半导体理论中起了重要推动作用。如今，霍尔效应不但是测定半导体材料电学参数的主要手段，而且利用半导体材料制成的霍尔器件已广泛用于非电学量检测、自动控制和信息处理中。在工业生产要求自动检测和自动化控制的今天，用做敏感元件之一的霍尔器件将有更广泛的前景。

一、实验目的

（1）了解霍尔效应原理，以及有关霍尔元件对材料的要求；
（2）测绘霍尔元件的霍尔电压 U_H 与工作电流 I_s、励磁电流 I_m 的关系曲线，并判断样品的导电类型；
（3）利用霍尔效应测量螺线管磁场分布；
（4）了解副效应的产生并学会运用“对称交换测量法”减小副效应的影响。

二、实验仪器及用具

CHY－LS 螺线管磁场实验仪、ZHY-H/L 霍尔效应螺线管磁场测试仪。

三、实验原理

1. 霍尔效应

霍尔效应从本质上讲是运动的带电粒子在磁场中受洛伦兹力作用而引起的偏转。当带电粒子（电子或空穴）被约束在固体材料中，这种偏转就导致在垂直电流和磁场的方向上产生正负电荷在不同侧面的聚集，从而形成附加的横向电场。

如图 55.1 所示，磁场 B 位于 z 的正向，与之垂直的半导体薄片上沿 x 正向通以电流 I_s（称为控制电流或工作电流），假设载流子为电子（N 型半导体材料），它沿着与电流 I_s 相反的 x 负向运动。由于洛伦兹力 f_L 的作用，电子即向图中虚线箭头所指的位于 y 轴负方向的 N 侧偏转，而使 N 侧形成电子积累，而相对的 M 侧形成正电荷积累。与此同时，运动的电子还受到由于两侧积累的异种电荷形成的反向电场力 f_E 的作用。随着电荷积累量的增加，f_E 增大，当两力大小相等（方向相反）时，$f_E = -f_L$，电荷积累达到动态平衡。这时在 M，N 两端面之间建立的电场称为霍尔电场 E_H，相应的电势差称为霍尔电压 U_H。

设电子以均匀速度 $\bar{v}$ 向图示的 x 轴负方向运动，在磁场 B 作用下所受洛伦兹力 $f_L = -e\bar{v}B$，同时电场作用于电子的力 $f_E = eE_H = eU_H / l$。

当达到动态平衡时：

$$f_E = -f_L$$

$$eU_H / l = e\bar{v}B$$

得：

$$U_H = B\bar{v}l \tag{55.1}$$

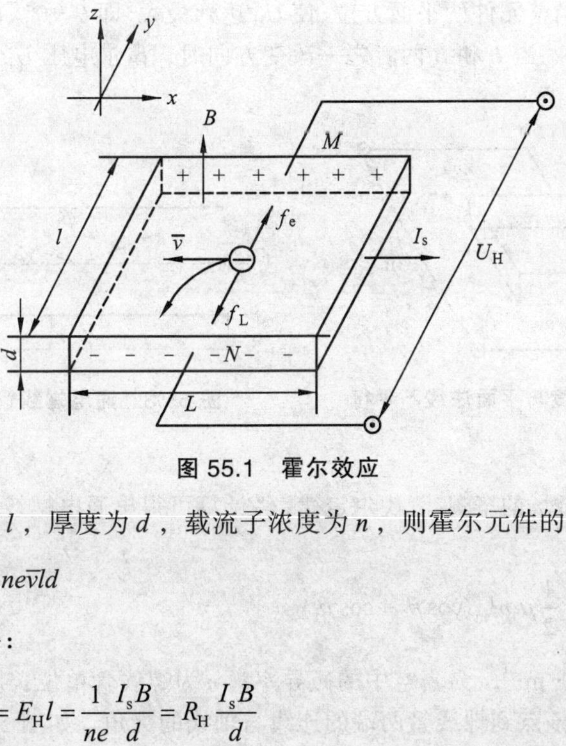

图 55.1　霍尔效应

设霍尔元件宽度为 l，厚度为 d，载流子浓度为 n，则霍尔元件的工作电流为

$$I_s = ne\bar{v}ld \tag{55.2}$$

由式（55.1）（55.2）得：

$$U_H = E_H l = \frac{1}{ne}\frac{I_s B}{d} = R_H \frac{I_s B}{d} \tag{55.3}$$

即霍尔电压 U_H 与 I_s，B 的乘积成正比，与霍尔元件的厚度成反比，比例系数 $R_H = 1/ne$ 称为霍尔系数，它是反映材料霍尔效应强弱的重要参数。根据 R_H 的正负可以判断样品的导电类型：R_H 为负，样品为 N 型；R_H 为正，样品为 P 型。

当霍尔元件的厚度确定时，设

$$K_H = R_H / d = 1/ned \tag{55.4}$$

将式（55.4）代入式（55.3）得：

$$U_H = K_H I_s B \tag{55.5}$$

式中：K_H称为元件的灵敏度，它表示霍尔元件在单位磁感应强度和单位工作电流下的霍尔电势差大小，其单位是 $mV \cdot mA^{-1} \cdot T^{-1}$。

根据上面可以知道，要得到较大的霍尔电压，关键是要选择霍尔系数 R_H 大（迁移率高，电阻率亦较高）的材料。就金属而言，迁移率和电阻率均很低，而不良导体电阻率虽高，但迁移率极小，因此上述两种材料的霍尔系数都很小，不能用来制造霍尔元件。半导体迁移率很高，电阻率适中，是制造霍尔元件较理想的材料。由于电子的迁移率比空穴迁移率大，所以霍尔元件常采用 N 型材料。此外，元件厚度越薄，K_H 越大，所以制作时，往往采用减小厚度 d 的办法来增加灵敏度，但不能认为厚度 d 越小越好，因为此时元件的输入和输出电阻将会增加。

应当注意，当磁感应强度和元件平面法线成一角度时（图 55.2），作用在元件上的有效磁场是其法线方向的分量 $B\cos\theta$，此时

$$U_H = K_H I_s B\cos\theta \tag{55.6}$$

所以一般在使用时应调整元件两平面方位，使 U_H 达到最大，即 $\theta = 0°$，$U_H = K_H I_s B\cos\theta = K_H I_s B$。

由式（55.6）可知，当 I_s 和 B 两者之一改变方向时，霍尔电压 U_H 的方向改变；若两者同时改变，则 U_H 方向不变。

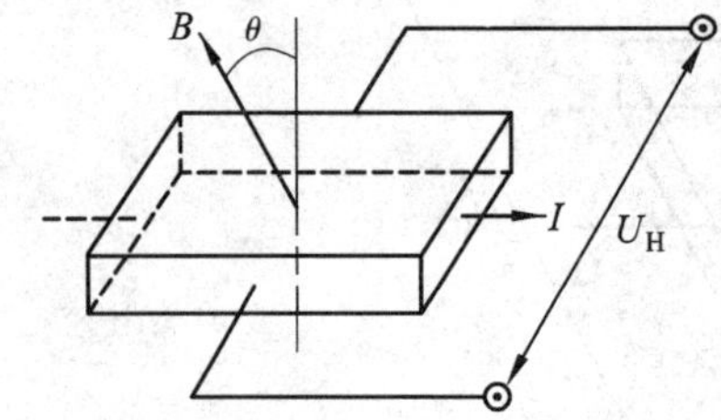

图 55.2　磁感应强度与平面法线不平行

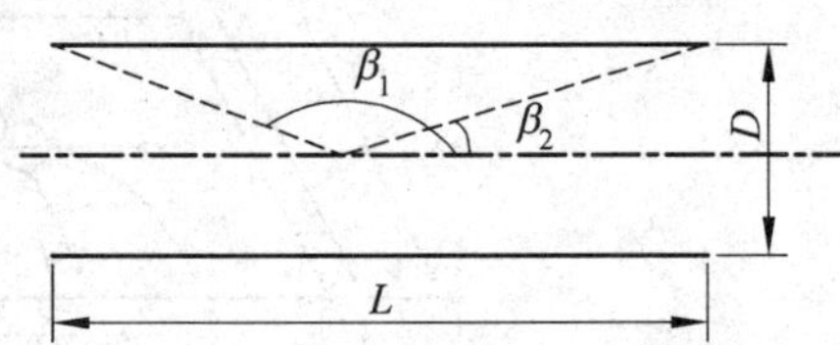

图 55.3　通电螺线管中磁感应强度

2. 螺线管磁场

由描述电流产生磁场的毕奥-萨伐尔定律，经计算可得出通电螺线管内部轴线上某点的磁感应强度 B 为：

$$B = \frac{1}{2}\mu_0 n I_m(\cos\beta_2 - \cos\beta_1) \tag{55.7}$$

式中：$\mu_0 = 4\pi\times10^{-7}\,H \cdot m^{-1}$，为真空中的磁导率；$n$ 为螺线管单位长度的匝数；I_m 为励磁电流；β_1 和 β_2 分别表示该点到螺线管两端的连线与轴线的夹角，如图 55.3 所示。

在螺线管轴线中央：

$$-\cos\beta_1 = \cos\beta_2 = L/\sqrt{L^2 + D^2}$$

代入式（55.7）得：

$$B = \mu_0 n I_m L\Big/\sqrt{L^2 + D^2} = \frac{\mu_0 N I_m}{\sqrt{L^2 + D^2}} \tag{55.8}$$

式中：N 为螺线管的总匝数，如果螺线管为"无限长"，即螺线管的长度与管的直径相比很大时，式（55.7）中 $\beta_1=\pi$，$\beta_2=0$，所以

$$B=\mu_0 n I_m \tag{55.9}$$

这一结果说明，任何绕得很紧密的长螺线管内部沿轴线的磁场是匀强的，由安培环路定理易于证明，无限长螺线管内部非轴线处的磁感应强度也由式（55.9）描述。

在无限长螺线管轴线的端口处，$\beta_1=\pi/2$，$\beta_2=0$，磁感应强度 B 为

$$B=\frac{1}{2}\mu_0 n I_m \tag{55.10}$$

为中心处的一半。

用霍尔元件测定螺线管轴线上的磁场分布时，把霍尔元件垂直放入待测磁场中，由测得 I_s 和 U_H 值，代入式（55.5）便可求得 B 值

$$B=U_H/K_H I_s \tag{55.11}$$

四、实验内容

（1）按仪器上的文字和符号提示连接电路，开机预热 15 min。

（2）判断霍尔元件载流子的类型。

（3）测绘 U_H-I_s 曲线：将霍尔元件垂直于磁场方向并使其位于螺线管中心位置，取 $I_m=800$ mA，依次调节 I_s 等于 2.00，3.00，…，10.00 mA，按对称交换法测量相应的 U_1，U_2，U_3，U_4 值，计算 U_H，用坐标纸作 U_H-I_s 曲线。

（4）测绘 U_H-I_m 曲线：取 $I_s=10$ mA，I_m 依次取 100，200，…，1 000 mA，用对称交换法测量相应的 U_1，U_2，U_3，U_4 值，计算 U_H，用坐标纸作 U_H-I_m 曲线。

（5）测绘螺线管轴线上磁感应强度的分布：将霍尔元件置于螺线管的中心，调节 $I_s=10$ mA，$I_m=800$ mA，测相应的 U_H。保持 I_s，I_m 不变，以螺线管轴线为 x 轴，以螺线管中央为坐标原点，将霍尔元件从中心向边缘移动，每隔 10 mm 选一个点，测相应的 U_H 值，计算出 B，绘出 B-x 图，显示螺线管内 B 的分布情况。

五、数据记录及处理

表 55.1　U_H-I_S 关系（$I_M=800$ mA）

I_s/mA	U_1/mV	U_2/mV	U_3/mV	U_4/mV	$U_H=\frac{\lvert U_1\rvert+\lvert U_2\rvert+\lvert U_3\rvert+\lvert U_4\rvert}{4}$
	$+I_m$，$+I_s$	$+I_m$，$-I_s$	$-I_m$，$-I_s$	$-I_m$，$+I_s$	
2.00					
3.00					
4.00					
⋮					
10.00					

表 55.2　U_H-I_m 关系（$I_s = 10$ mA）

I_m/mA	U_1/mV	U_2/mV	U_3/mV	U_4/mV	$U_H = \frac{\lvert U_1\rvert+\lvert U_2\rvert+\lvert U_3\rvert+\lvert U_4\rvert}{4}$
	$+I_m$，$+I_s$	$+I_m$，$-I_s$	$-I_m$，$-I_s$	$-I_m$，$+I_s$	
100					
200					
300					
⋮					
1 000					

表 55.3　B-x 关系（$I_s = 10$ mA，$I_m = 800$ mA，$K_H =$ ______）

x /mm	U_1/mV	U_2/mV	U_3/mV	U_4/mV	$U_H = \frac{\lvert U_1\rvert+\lvert U_2\rvert+\lvert U_3\rvert+\lvert U_4\rvert}{4}$	$B = \frac{U_H}{K_H I_s}$
	$+I_m$，$+I_s$	$+I_m$，$-I_s$	$-I_m$，$-I_s$	$-I_m$，$+I_s$		
0						
10						
20						
⋮						

六、误差分析及其消除

测量霍尔电势差 U_H 时，不可避免地会产生一些副效应。由此而产生的附加电势叠加在霍尔电势上，形成测量系统误差。这些副效应有：

（1）不等位电势 U_0：霍尔电极未置在同一等位线上而产生的不等位效应的电势差 U_0，$U_0 = I_s$ 且其正负随 I_s 的方向而改变。

（2）爱廷豪森效应：由于霍尔片中的载流子速度从统计分布，有快有慢，在达到动态平衡时，慢速和快速的载流子将在洛伦兹力和霍尔电场力的共同作用下，分别沿 y 轴向相反的两侧偏转。这些载流子的动能将转化为热能，使两侧的温度升高，因而造成霍尔片两侧的温差。因为霍尔电极和元件两者材料不同，电极和元件之间形成温差电偶，这一温差在 y 方向的两侧间产生温差电动势 U_E，$U_E \propto I_m$。

（3）伦斯脱效应：由于工作电流的两个电极与霍尔元件的接触电阻不同，工作电流在两电极处将产生不同的焦耳热，引起两电极间的温差电动势 U_N，且 $U_N \propto I_B$，正负与 B 的方向有关。

（4）里纪-勒杜克效应：由上所述霍尔元件在 x 方向有温度梯度，引起载流子沿温度梯度方向扩散而有热电流 Q 通过元件，在此过程中载流子受 z 方向的磁场 B 作用，在 y 轴方向引起类似爱廷豪森效应的温差，由此产生的电势差 $U_R \propto QB$，其正负与 B 的方向有关，与 I_s 无关。

为了减少和消除以上效应引起的附加电势差，利用这些附加电势差与霍尔元件工作电流 I_s、磁场 B 的关系，采用对称（交换）测量法进行测量。

当 $+I_m$，$+I_s$ 时：$U_{AB1}=U_H+U_0+U_E+U_N+U_R$

当 $+I_m$，$-I_s$ 时：$U_{AB2}=-U_H-U_0-U_E+U_N+U_R$

当 $-I_m$，$-I_s$ 时：$U_{AB3}=U_H-U_0+U_E-U_N-U_R$

当 $-I_m$，$+I_s$ 时：$U_{AB4}=-U_H+U_0-U_E-U_N-U_R$

对以上四式作如下运算，得：

$$\frac{1}{4}(U_{AB1}-U_{AB2}+U_{AB3}-U_{AB4})=U_H+U_E$$

可见，除爱廷豪森效应以外的其他副效应产生的电势差全部消除，因 U_E 的符号和 U_H 的符号与 I_s 和 B 的方向关系相同，故无法消除。但在非大电流、非强磁场下，$U_H \gg U_E$，因此 U_E 可以忽略不计。一般情况下，当 U_H 较大时，U_{AB1} 与 U_{AB3} 同号，U_{AB2} 与 U_{AB4} 同号，而两组数据反号，故：

$$\frac{1}{4}(U_{AB1}-U_{AB2}+U_{AB3}-U_{AB4})=\frac{1}{4}(|U_{AB1}|+|U_{AB2}|+|U_{AB3}|+|U_{AB4}|)$$

七、思考题

（1）制造霍尔元件时，为什么用半导体材料较为理想？

（2）对称交换法能否完全消除影响？你能想出更好的实验方法吗？

（3）霍尔元件通以交变电流时如何测量霍尔电压？画出实验线路图。

（4）在测量 U_H-I_m 曲线中，当 I_m 为 0 时，仍有霍尔电压，为什么？

八、注意事项

（1）霍尔元件及二维标尺易折断、变形等损坏，应注意避免挤压、碰撞等，实验前应检查其是否完好。

（2）为了不使螺线管过热而受到损害，或影响测量精度，除在短时间内读取数据，通以励磁电流 I_m 外，其余时间必须断开励磁电流开关。

附录：实验仪器简介

本套仪器由 ZKY-LS 螺线管磁场实验仪和 ZKY-H/L 霍尔效应螺线管磁场测试仪两部分组成。

1. ZKY-LS 螺线管磁场实验仪

霍尔元件测量磁场的基本电路如图 55.4，将霍尔元件置于待测磁场的相应位置，并使元件平面与磁感应强度 B 的方向垂直，在其控制端输入恒定的工作电流 I_s，霍尔元件的霍尔电势输出端接灵敏电压表，测量霍尔电势 U_H 的值。实验仪由螺线管、装在二维移动尺

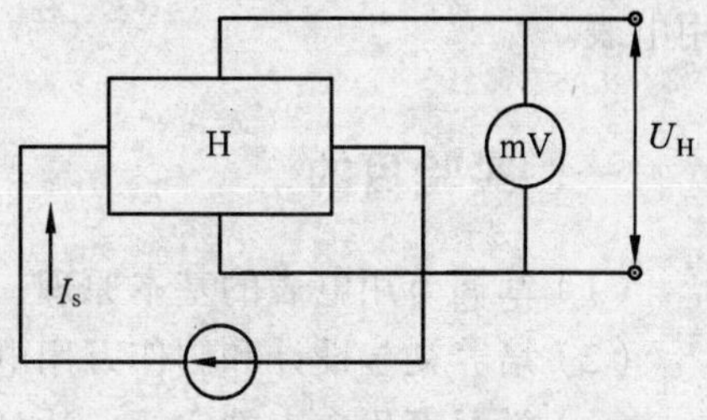

图 55.4　霍尔元件测磁场基本电路

上的霍尔元件及引线、3 个双刀双掷换向闸刀开关组成。霍尔片上有 4 条引出线，其中编号为 1，2 的两条为霍尔工作电流极，编号为 3，4 的两条为霍尔电压输出极，同时将这 4 条引线焊接在玻璃丝布板上，然后引到仪器换向闸刀开关上，3 个双刀双掷闸刀开关分别对螺线管电流 I_m、工作电流 I_s、霍尔电势 U_H 进行通断和换向控制，并用铭牌标明，能方便进行实验（具体位置关系见霍尔实验仪标示）。

2. ZKY-H/L 霍尔效应螺线管磁场测试仪

仪器面板如图 55.5 所示，分为霍尔元件工作电流 I_s 的输出、调节、显示，霍尔电压 U_H 的输出、显示，励磁电流 I_m 的输出、调节、显示三部分。

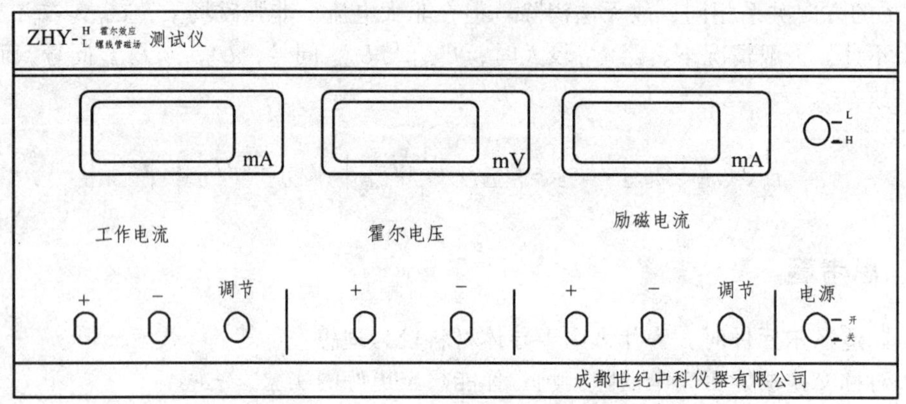

图 55.5 ZKY-H/L 霍尔效应螺线管磁场测试仪面板

工作电流输出直流电流，调节范围为 1.5 ~ 10 mA，四位数码管显示输出电流值；励磁电流输出直流电流，调节范围为 0 ~ 1 000 mA，四位数码管显示输出电流值；霍尔电压测量范围 − 200 ~ + 200 mV，其显示灵敏度可用面板右边的“L、H”按钮调节，四位数码管显示输入电压。

实验 56 简易万用电表的设计制作和定标

万用电表是一种常用的多功能电表，是电学实验中不可缺少的工具。其设计原理就是将一只电流表（表头）进行改装，以扩大量程。若改装成能测量电流、电压、电阻等多种用途的电表，并借助一单级转换开关，使多种用途的电表具有公共轴头，就构成了一只简易的万用电表。

一、实验目的

（1）掌握万用电表的基本原理；

（2）培养初步设计和制作万用电表的能力；

（3）学习万用电表的定标，达到熟练使用万用电表。

二、实验仪器及用具

表头（50 μA）、直流电流表、直流电压表、电阻、直流稳压电源、可变电阻、干电池。

三、实验任务

将一灵敏电流表（微安级）设计制作成一只有五个挡位的简易万用电表。

四、实验内容

用实验室提供的表头和需要的其他元件，设计、装配一只简易万用电表。要求五个挡位：电流量程 $I_1 = 1\ \text{mA}$，$I_2 = 10\ \text{mA}$；电压量程 $U_1 = 1\ \text{V}$，$U_2 = 10\ \text{V}$ 及欧姆表量程。实验室提供的表头量程 $I_g = 50\ \mu A$、内阻 $R_g = 1\ 400\ \Omega$。

（1）万用电表电路的初步设计：设计总电路，算出并联、串联电阻和欧姆表调零电阻（干电池电压为 1.3 ~ 1.65 V）。要求在预习时完成，进实验室教师要检查。

（2）到实验室按电路完成制作。

（3）校正 10 mA 挡电流表。画出校正电路图，连好电路，经老师检查无误后进行校正。逐一使 10 mA 挡读数为 10 mA，8 mA，6 mA，4 mA，2 mA，读出并联电阻的实际值和标准表上的相应读数，用坐标纸作出校正曲线。

（4）校正 1 V 挡电压表。画出校正电路图，连好电路，经老师检查无误后进行校正。逐一使 1 V 挡读数为 1 V，0.8 V，0.6 V，0.4V，0.2 V，读出串联电阻的实际值和标准表上的相应读数，用坐标纸作出校正曲线。

（5）标定欧姆表的标度尺。以电阻箱作为标准电阻（即被测电阻），标定表盘上刻度为 0，10，15，18，20，22，25，30，35，40，50 所对应的电阻值，绘制欧姆表的标度尺（即表盘）。

五、数据记录及处理

（1）分项列出计算各个电阻的公式和阻值，画出万用电表的总电路图。

（2）自拟表格列出数据，用坐标纸作出电流表、电压表的校正曲线（$\Delta I_x - I_x$，$\Delta U_x - U_x$，并用折线连接）。

（3）绘制欧姆表的标度尺（即表盘）。

六、误差分析

七、思考题

（1）校正 10 mA 挡电流表时，如果发现改装万用表的读数相对于标准表的读数偏高，试问要达到标准表的读数，分流电阻应如何调节？

（2）试说明用欧姆表测电阻时，如果表头指针正好指在满刻度的一半处（即指在表盘标度尺中央），则读出的电阻值就是该欧姆表的内阻值。

八、实验总结

附录：实验提示

1. 灵敏电流表微安表头改装成毫安表头

灵敏电流表微安表头只适用于测量微安级的电流。若要测量较大的电流，就需要扩大电流表的量程，办法是在表头两端并联一个分流电阻，使超过量程部分的电流从分流电阻流过。由微安表头和分流电阻组成的整体就是灵敏电流表毫安表头。选用不同的分流电阻可得到不同量程的电流表，分流电阻大小视量程而定，可根据欧姆定律求得。

本实验在表头上并联两个阻值不同的分流电阻，便可制成双量程的电流表，其电路如图 56.1 所示。

$$\begin{cases} I_g R_g = (I_1 - I_g)(R_1 + R_2) \\ I_g (R_g + R_2) = (I_2 - I_g) R_1 \end{cases}$$

$R_1 =$ ________

$R_2 =$ ________

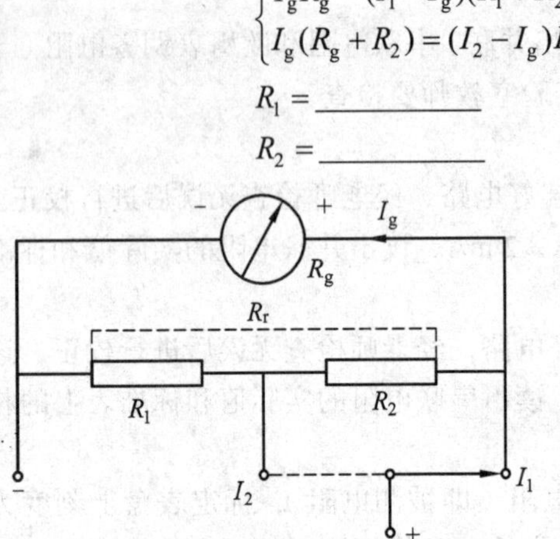

图 56.1 双量程电流表电路

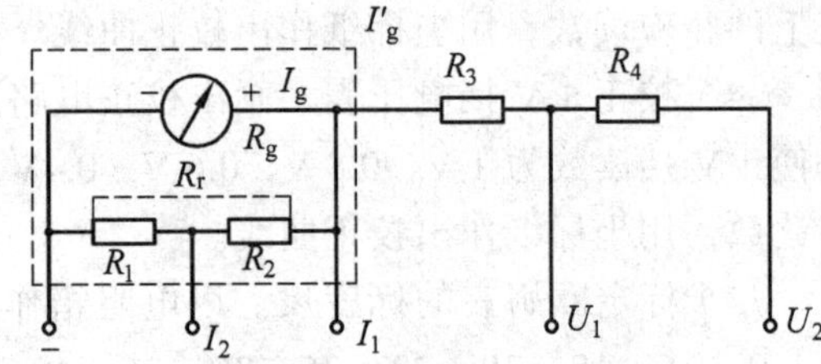

图 56.2 双量程电压表电路

2. 将灵敏电流表改装成电压表

由于万用电表的多个挡位（如电压挡）共用一个微安表头，在设计时电压应以改装后的 1 mA 电流表作为等效表头。这时，等效表的量程为 I_1（1 mA），而内阻变为 R'_g。电流表能测的电压很小，为了能把电流表当做电压表用，办法是在电流表上串联一个大电阻，称为分压电阻，选用不同的分压电阻可得到不同量程的电压表。分压电阻可根据欧姆定律求得。

本实验是在改装后的 1 mA 电流表上串联两个不同阻值的电阻，便可制成双量程的电压表，其电路如图 56.2 所示。

$$I'_g = 1\ \text{mA}$$

$$R'_g = \frac{(R_1 + R_2) R_g}{R_1 + R_2 + R_g}$$

$$\begin{cases} I'_g R'_g + R_3 I'_g = U_1 \\ I'_g R'_g + (R_3 + R_4) I'_g = U_2 \end{cases} \Rightarrow \begin{cases} R_3 = \dfrac{U_1}{I'_g} - R'_g \\ R_4 = \dfrac{U_2}{I'_g} - R'_g - R_3 \end{cases}$$

3. 欧姆表的制作

欧姆表的表头也是以改装后的 1 mA 电流表作为等效表头。

欧姆表基本原理是以电流大小显示被测电阻的阻值，当被测电阻大小不同时，流过表头的电流大小不同，电阻和电流之间有一一对应的关系，其原理电路如图 56.3 所示。被测电阻 R_x 与电流 I 之间的关系为：

$$I=\frac{U}{R_x+R_c}$$

$$R_x=\frac{U}{I}-R_c$$

$$R_c=R'_g+r \text{（欧姆表内阻）}$$

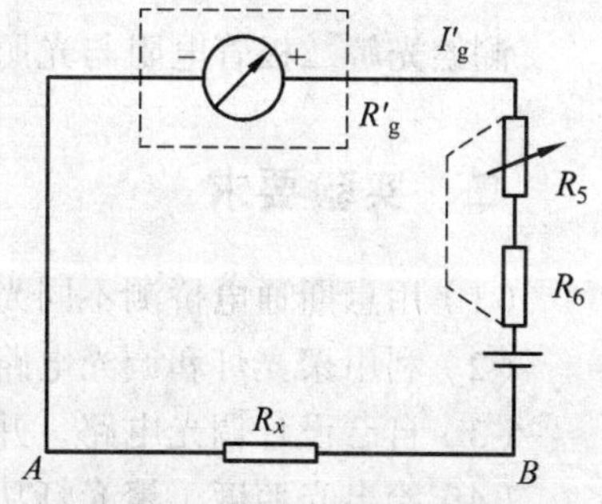

图 56.3 欧姆表原理电路

测试时，表笔 A，B 短接，调节 R_5，使电表指针偏转到满刻度，表示被测电阻等于 0。表笔 A，B 断开时指针不动，表示被测电阻是无限大，也就是被测电路不通；表笔 A，B 接被测电阻 R_x，指针指在满刻度的一半（欧姆表中心值）时，表示被测电阻 R_x 等于欧姆表的内阻，即 $R_x=R_c$，称为中值电阻。

图中 r 为限流器，使待测电阻为零时流过等效表头的电流为 I'_g。由于使用过程中干电池电压会降低，为了满足调零的需要，限流器电阻 r 用一个固定电阻 R_6 和一个可调电阻 R_5 来组合。设计时考虑新电池电压为 1.65 V，用到 1.30 V 时换掉，利用欧姆定律可以算出 r 的最大值和最小值，并确定 R_5 和 R_6 的大小。

调零时：

$$I'_g=\frac{U}{R'_g+r}，\quad r=\frac{U}{I'_g}-R'_g$$

新电池时 R_5 调至最大：

$$r_{\max}=R_5+R_6=\frac{1.65\text{V}}{I'_g}-R'_g$$

1.30 V 时 R_5 调至最小：

$$r_{\min}=R_6=\frac{1.30\text{V}}{I'_g}-R'_g$$

4. 标定欧姆表的标度尺

欧姆表是一种非线性分度的指示仪器，不同量程共用一个标度尺（即表盘）。表盘分度时一般以中值电阻为几十欧姆量级的挡作为基准，将这一挡标以“×1”，其他挡则标以“×10”“×100”“×1 k”等。基准挡中值电阻 R_c 确定后，表盘分度可按下式确定

$$n_x=\frac{R_c}{R_c+R_x}n_m$$

式中：n_x 对应于 R_x 的表盘刻度；n_m 为表盘总刻度（原表盘刻度是均匀分度的）。

实验 57　用惠斯通电桥给光敏二极管定标

一、实验任务

测绘光敏二极管电阻与光照强度的关系曲线。

二、实验要求

（1）用惠斯通电桥测不同光强度光敏二极管电阻的电阻值；
（2）利用聚光灯和调光电路调节光照强度；
（3）自己设计调光电路，并推算聚光灯电流与光照的关系；
（4）绘出光照度（聚光灯功率）与光敏二极管电阻的关系曲线。

三、实验仪器及用具

惠斯通电桥、聚光灯稳压源、调压器、光敏二极管。

实验 58　表头参数的测定

电流表、电压表和欧姆表等在电学测量中广泛应用。它们都有一个共同部件“表头”，表头实际上就是“灵敏的直流电流表”。表头内阻 R_g、量程 I_g 和等级是描述表头的三个重要参数。学习表头参数测定对生产和应用都有重要的意义。

一、实验任务

用箱式电位差计测量表头参数。

二、实验要求

（1）设计用箱式电位差计测量表头参数的附加电路，简述测量方法、原理及公式。
（2）拟定实验步骤及数据记录表格。
（3）测量有关数据，作出校准曲线，计算测量结果。

三、实验提示

（1）用电位差计测电流表的内阻：设 R_s 是标准电阻，R_g 是待测电流表内阻，请自行设计一个电路，用电位差计分别测出电压 U_g 与 U_s，求出 R_g。

（2）用电位差计校准电流表：设 R_s 是标准电阻，用电位差计可测出 R_s 上的电压 U_s，则

流过 R_s 的电流实际值为

$$I_0 = U_s / R_s$$

再从电流表上读出电流指示值 I 与 I_0 进行比较，其差值 $\Delta I = I - I_0$ 称为电流表指示值的误差。找出所测值中的最大误差 ΔI_m，按下式确定电流表级别 a：

$$a = \frac{\Delta I_m}{I_{量限}} \times 100$$

为了使被校准的电流表校准后有较高的准确度，电位差计与标准电阻的准确度等级必须比校准的电表的级别高。

（3）表头量程的测量：调节表头电流为最大（即所标电流），用提示（2）方法多次测量 R_s 上的电压值 U_{max}，可得 I_g。

（4）箱式电位差计的操作程序很严格，在实际操作时尽可能预置测量值，在拟定实验方法和步骤时应予考虑。

参 考 文 献

[1] 杨述武. 普通物理实验一. 3 版. 北京：高等教育出版社，2001.
[2] 杨述武. 普通物理实验二. 3 版. 北京：高等教育出版社，2001.
[3] 杨述武. 普通物理实验三. 3 版. 北京：高等教育出版社，2001.
[4] 王琰，等. 大学物理实验. 北京：清华大学出版社，2008.
[5] 王国栋. 大学物理实验. 北京：高等教育出版社，2008.
[6] 陈玉林. 大学物理实验. 北京：科学出版社，2007.
[7] 曹惠贤. 普通物理实验. 北京：北京师范大学出版社，2007.
[8] 吴正怀. 普通物理实验指导. 上海：华东师范大学出版社，1998.
[9] 李平. 大学物理实验. 北京：高等教育出版社，2006.
[10] 侯宪春. 大学物理实验. 哈尔滨：哈尔滨工业大学出版社，2005.
[11] 张训生. 大学物理实验. 杭州：浙江大学出版社，2004.
[12] 王云才. 大学物理实验教程. 北京：科学出版社，2003.
[13] 邓金祥. 大学物理实验. 北京：北京工业大学出版社，2005.
[14] 肖苏. 大学物理实验. 合肥：中国科学技术大学出版社，2004.
[15] 曾金根. 大学物理实验教程. 上海：同济大学出版社，2002.
[16] 丁慎训. 物理实验教程. 北京：清华大学出版社，1992.
[17] 袁冬媛. 大学物理实验教程. 长沙：中南大学出版社，2002.
[18] 吕斯骅. 基础物理实验. 北京：北京大学出版社，2002.